脊椎动物的呼吸生理学

有氧和无氧生存

Respiratory Physiology of Vertebrates
Life with and without Oxygen

主 译 李庆云

译 者 李庆云 李红鹏 闫雅茹 郭 倩 林莹妮
孙娴雯 冯 宇 张 柳 陈培莉 李 宁

翻译秘书 李诗琪 李红鹏

上海交通大学出版社
SHANGHAI JIAO TONG UNIVERSITY PRESS

内容提要

  本书为脊椎动物呼吸生理学的学术专著，重点阐述有氧生存和无氧生存的生物学基础及机制，介绍氧感知、摄取和转运等内容，是比较生理学的参考书。其中前 4 章节详细介绍脊椎动物呼吸生理的基础知识，后 5 章节讲述脊椎动物特定的呼吸生理学问题，并列举一些极端的呼吸系统适应性调节案例。本书可供医学和生物学研究人员和学生学习与参考，也可供对相关领域感兴趣的人员阅读。

图书在版编目(CIP)数据

脊椎动物的呼吸生理学：有氧和无氧生存/(挪)
戈兰·尼尔森主编；李庆云等译.—上海：上海交通
大学出版社,2020
ISBN 978 - 7 - 313 - 23858 - 0

Ⅰ.①脊… Ⅱ.①戈… ②李… Ⅲ.①脊椎动物门－
呼吸生理学 Ⅳ.①Q47

中国版本图书馆 CIP 数据核字(2020)第 189671 号

脊椎动物的呼吸生理学：有氧和无氧生存
JIZHUI DONGWU DE HUXI SHENGLIXUE：YOUYANG HE WUYANG SHENGCUN

主　　编：	[挪]戈兰·尼尔森	译　者：	李庆云 等
出版发行：	上海交通大学出版社	地　址：	上海市番禺路 951 号
邮政编码：	200030	电　话：	021 - 64071208
印　　制：	常熟市文化印刷有限公司	经　销：	全国新华书店
开　　本：	710 mm×1000 mm　1/16	印　张：	17
字　　数：	304 千字		
版　　次：	2020 年 12 月第 1 版	印　次：	2020 年 12 月第 1 次印刷
书　　号：	ISBN 978 - 7 - 313 - 23858 - 0		
定　　价：	98.00 元		

译者序

　　氧被称为生命分子，人和动物暴露于低氧或无氧环境下所面临的危险不言而喻，细胞缺氧几乎是所有人类死亡过程的终点，而且与代谢紊乱乃至肿瘤的发生和发展均存在一定的关系。低氧或无氧的相关问题一直是生物医学研究最为深入的领域之一。

　　进化是自然界漫长发展过程的记录，其中充满了神奇和未知。达尔文的进化论虽然历经百余年的拷问，但是自然选择和适应性变化使大部分物种得以生存，特别是应对低氧和无氧环境的挑战。对于脊椎动物来说，其呼吸系统的结构和生理功能对低氧的耐受性及适应性变化在不同物种间大相径庭，而这些异同点对人类的健康和生活有何借鉴作用？对生物医学领域能否有所启示？这是我一直思考的问题，也一直在寻觅此领域的书籍。

　　2013年，我在美国宾夕法尼亚大学访学期间，浏览亚马逊网站，购得几本关于脊椎动物生理学和呼吸生理学的书籍。最终还是这本《脊椎动物呼吸生理学：有氧和无氧呼吸》深深吸引了我，我发现其无论从内容上，还是从借鉴意义上来说，都不失为一部经典著作，于是萌生翻译引入国内之念。感谢我的团队中几位青年学者的不懈努力，终使书稿成形，同时感谢上海交通大学出版社付梓成书。

　　本书含9章内容，前4章主要介绍脊椎动物呼吸系统结构和生理功能的基础知识，后5章则描述脊椎动物特定环境下面临的生理挑战，同时列举了一些极端条件下的呼吸适应性调节实例。本书的读者对象为已具备基础生理学知识的生物学家、生物医学研究人员、内科医生、兽医，以及相关专业领域的本科生和研究生。

在本书的翻译过程中，我们参考了大量生物学书籍及文献，逐字逐句进行反复校对，力求做到翻译的精准性和可读性并举。尽管如此，鉴于才疏学浅，不足之处希望读者在阅读过程中给予批评和指正。此外，由于原书成书时间较早，相关领域必有进展，如读者能结合新文献及相关进展阅读此书，则裨益大增。

成书之时，正值我国抗击新冠肺炎疫情取得阶段性胜利之际，谨以此书献给曾经同我一起奋战在武汉前线的战友们，献给参与此次抗疫战斗的所有同道和青年学生们，献给一直默默支持我的家人和朋友们。

李庆云

2020 年 4 月 1 日

前　言

　　氧对人类和动物的生死存亡起关键作用,因而人们对其兴趣浓厚。此书构思于 2006 年 4 月,当时我与来自剑桥大学出版社的 Jacqueline Garget 在坎特伯雷市举办的实验生物学学术会议上相遇。大会期间,我组织了一场关于"有氧和无氧生存"的讨论,以此来纪念我的朋友 Peter L. Lutz(他于 2005 年 2 月永远地离开了我们)。经讨论,Jacqueline 和我一致决定应该尝试编写一部全面介绍脊椎动物呼吸生理学的书籍,而不仅仅是出版一卷关于 Peter 与参会学者的谈话记录。我知道有两本杂志(《实验生物学》和《比较生物化学与生理学》)正以 Peter 的名义出版系列专刊和一部基于坎特伯雷会议内容的书籍,但这仅仅是当时会议中一些专业论文的汇编,内容难免不够正式。在本书的编著过程中,为避免出现低级错误,我严格审编,并邀请众多拥有丰富的脊椎动物呼吸生理学知识的杰出研究人员共同讨论。令人欣慰的是,他们都欣然接受了邀请,并充满热忱。在此,我由衷地感谢他们,是他们成就了本书。

　　本书的主题包括脊椎动物如何获得所需氧,以及如何应对短期或长期的低氧状态?本书共 9 章,前 4 章涵盖了脊椎动物呼吸系统的基础知识,后 5 章描述了脊椎动物在特定环境下面临的生理挑战,同时列举了一些极端的呼吸适应性调节实例。因此,我们希望本书可拥有广泛的阅读群体,目标是为业已具备基础生理学知识的生物学家、生物医学研究人员、兽医以及内科医生等提供全面的脊椎动物呼吸生理学知识。我们也希望本书能成为硕士研究生和博士研究生的教科书。同时，在编写过程中，我们努力让内容更加简单易懂，以使刚刚开始学习生物学(包括生理学)的大学一年级新生也能从中有所收获。

目　录

第一部分　基础知识

第二部分　案例介绍

第一部分

基础知识

1

我们为什么需要氧

戈兰·尼尔森(Göran E. Nilsson)

　　本书的目的不仅在于描述脊椎动物呼吸系统的基本功能及其功能的多样性,同时还探究脊椎动物的呼吸系统在低氧或无氧等极端环境下的适应性改变。

　　生物体对环境氧的感知能力是其应对氧浓度变化的前提,包括直接感知和间接感知。间接感知是通过组织和细胞能量代谢状态的变化来感知氧含量。尽管部分氧感受器(如哺乳动物的颈动脉体)的结构和功能已获得充分研究,但仍有许多氧感知机制尚未阐明,特别是许多(甚至大多数)细胞均具有感知并响应氧含量变化的神奇能力。本书将在第 2 章中阐述这一热点领域的研究进展;第 3、4 章节将描述空气呼吸及水下呼吸的脊椎动物呼吸系统的基本功能;第 5~9 章则主要探讨高原、潜水、低氧或无氧等特殊环境下脊椎动物呼吸系统的适应过程。

　　氧又被称为生命分子,人们能直观地意识到暴露于低氧或无氧环境下的危险。众所周知,低氧可降低血氧含量导致组织缺氧,从而威胁生命。为什么低氧、无氧、窒息、低氧血症和缺血的危害如此之大? 实际上,卒中、心肌梗死等低氧相关疾病是导致发达国家人群死亡的主要原因。此外,低氧与肿瘤细胞生存及糖尿病并发症亦密切相关。因此,低氧是生物医学领域研究最为深入的热点之一。事实上,细胞缺氧几乎是所有人类死亡过程的终点。

　　目前,生物医学在对抗低氧相关疾病造成的不良影响方面成效甚微。不过,近年来针对脊椎动物的呼吸适应及其在低氧环境中生存方式等多种研究结果可为人类对抗低氧相关疾病提供新思路。自然界中低氧现象是普遍存在的,如水生环境或高海拔地区。海拔 6 000 m 地区的氧分压(partial pressure of oxygen,

PO_2)不足海平面 PO_2 的一半,珠穆朗玛峰最高处(8 848.43 m)的大气 PO_2 水平仅为海平面 PO_2 的1/3。同样,相较于空气,水中溶解的氧非常少。由于水的流动性相对较差,且水中溶解的氧易于耗尽,因此,低氧是水生环境的普遍现象。即便是在空气平衡状态下(空气饱和),1 L 水中最多容纳 10.2 ml 分子氧,相同体积的空气内则可容纳 210 ml 氧。此外,水中氧含量随着水的温度和含盐量的上升而下降(见表1-1)。鱼类生存的水中氧含量低,水黏度比空气高50倍,密度高 800 倍,氧扩散速率低 30 万倍,这更增加了鱼类呼吸的困难程度(见图1-1)。关于水中和空气中氧利用率的差异将在第6章详细描述。

表1-1　标准大气压条件下空气饱和的淡水和
海水内氧分压(PO_2)和氧浓度

温度		PO_2	淡　　水			海水（35‰盐含量）		
℃	℉	mmHg	mg/L	ml/L	mmol/L	mg/L	ml/L	mmol/L
0	32	158	14.6	10.2	0.457	11.2	7.8	0.349
5	41	158	12.8	9.1	0.399	9.9	7.0	0.308
10	50	157	11.3	8.2	0.353	8.8	6.4	0.275
15	59	156	10.1	7.5	0.315	7.9	5.9	0.248
20	68	156	9.1	6.8	0.284	7.2	5.4	0.225
25	77	154	8.3	6.3	0.258	6.6	5.0	0.206
30	86	153	7.6	5.9	0.236	6.1	4.7	0.190
35	95	151	7.0	5.5	0.218	5.6	4.5	0.176
40	104	148	6.5	5.2	0.202	5.3	4.2	0.165

注：以上数值测定条件为 100％的空气饱和度。在空气饱和度较低时,数据可以通过计算对应的 PO_2 或氧浓度乘以空气饱和度的百分比(％)获得。

1.1　氧和细胞能量

腺苷三磷酸(adenosine triphosphate，ATP)是生物体内最直接的能量来源,氧与 ATP 的生成紧密关联。ATP 来源于生物体内线粒体呼吸链氧化磷酸化过程,氧是该过程的重要参与分子。由于 ATP 是生物体众多关键细胞的能量供体,ATP 水平的下降将威胁大部分脊椎动物的生命。ATP 缺乏时,细胞膜表面的钠-钾泵(Na^+/K^+- ATP 酶)等离子泵停止工作,打破细胞内外原有的离子平衡,导致细胞膜去极化、细胞内外渗透压改变、细胞形态难以维持以及细胞内

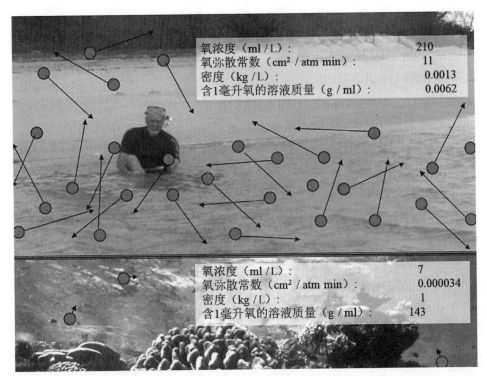

图 1-1　水和空气的理化特性差异巨大，这意味着对水呼吸器官（主要是鳃）和空气呼吸器官（主要是肺）要求亦不同。在某些方面，通过水呼吸比通过空气呼吸更具挑战性。数据表明：空气中的氧含量比饱和空气水中氧含量高约 30 倍，氧在空气中的弥散速度比在水中弥散的速度快 30 万倍。此外，低氧含量和高水密度意味着，为了获取相同量的氧，水呼吸器官所动用的氧的载体的质量是空气呼吸器官的 20 000 倍。此外，由于水中含有的氧相对较少，并且水移动缓慢，水生环境易发生低氧，尤其是在停滞的水生环境中，这给水呼吸器官带来了额外的挑战。然而，水呼吸生物体通过呼吸道蒸发流失则远远低于空气呼吸生物

环境去稳态等改变，迅速引起细胞坏死。

　　低氧还将影响细胞线粒体功能。有氧呼吸时，线粒体内膜中的质子泵（H^+泵）将 H^+ 泵出，形成线粒体内膜两侧的 H^+ 浓度梯度和电位梯度；低氧时，呼吸链上的质子泵停止工作，线粒体内膜两侧电位梯度难以维持，导致线粒体膜去极化，进而引起细胞凋亡，即细胞程序性死亡或"细胞自杀"。此时，即使恢复氧供，已经启动程序性死亡的细胞仍会在未来数小时或数天内凋亡[1]。St-Pierre 等[2]发现青蛙在低氧条件下可利用某种蛋白逆转 ATP 合成酶的功能，从而预防线粒体膜去极化。正常情况下，这种蛋白可利用跨线粒体内膜 H^+ 浓度梯度促进 ATP 产生，当 H^+ 被泵出线粒体内膜外时，该蛋白可以分解 ATP 并回归线粒体基质，然而，鉴于这是一项耗能且非持续性过程，只能暂时性解决 ATP 不足，不

足以维持低氧下 ATP 的持续生成,因此被称为"低氧下的细胞叛逆"[2]。

除了能量代谢,生物体许多生理过程亦需耗氧,包括生物解毒、DNA 合成和神经递质的合成和分解代谢等。然而,无氧期间上述生理过程活动停滞不太可能对生物体造成即刻的生命危险,因此对于不能维持 ATP 水平的动物而言,研究该现象具有重要的学术意义。

1.2 脑：第一累及器官

脑是质量特异性能量需求率较高的器官,对低氧尤为敏感。这与脑电活动时需要离子泵的高效运转有关,其中仅 Na^+/K^+ 泵活动即消耗脑内 50% 的 ATP[3],脑内 ATP 周转率是整个机体组织 ATP 平均周转率的 10 倍[4-5]。当脑氧储备耗竭时,大多数动物脑内 ATP 水平迅速下降。哺乳动物脑血流停止的几秒钟内,脑氧储备即消耗殆尽[3]。哺乳动物脑内 ATP 浓度约为 3 mmol/kg[6],脑内 ATP 池周转速度为每 $5 \sim 10$ s/次[7],尽管脑储备的磷酸肌酸(phosphocreatine, PCr),浓度为 3~5 mmol/kg,可以临时补给 ATP,哺乳动物脑内 ATP 水平仍将在 1 min 内消耗一半,2 min 内消耗殆尽[6]。鱼类等冷血动物脑内 ATP 浓度普遍低于 2 mmol/kg[8-12],12~26 ℃时冷血动物脑内 ATP 合成速度为 1.3~5.0 mmol/(kg·s)[5,13],意味着鱼类脑内 ATP 池每分钟更新一次,因此冷血动物脑内 ATP 储备情况似乎更不容乐观。

因此,严重低氧甚至无氧时,脑为第一受累器官。这造成两个后果:首先,脑失去氧供使得细胞坏死和凋亡途径迅速启动;其次,脑内能量供应不足导致细胞膜去极化,失去细胞体积调节能力,细胞发生肿胀。对于大多数脊椎动物而言,其颅腔体积相对固定,无法增加脑容量,脑细胞肿胀将导致颅内压升高,当颅内压高于血压时,血流无法进入脑。即使有最好的卫生保健条件,脑灌注停滞仍不可逆转,因此在许多国家将脑血流停滞作为脑死亡的主要法律依据。对鱼类和大多数冷血动物而言,其颅腔容积远大于脑组织的体积,因此冷血动物脑细胞肿胀不会导致脑血流停滞。例如,无氧条件下的鲤鱼脑组织体积仅增加 10%,并不影响其后续脑血流的恢复过程[14]。

自然界的动物遭遇无氧环境时没有机会得到急救和复苏。对它们而言,在脑内神经元受到不可逆转的损害之前,脑内能量缺乏更为致命。激发呼吸运动以维持肺内气体交换是脑的重要功能之一,但在自然界,如果脑能量缺乏使脑内激发呼吸运动的信号通路中断,呼吸运动也随之停止,恢复氧供不能逆转该过程。

在生物医学领域,科学家们正努力揭示低氧后脑损伤的机制,希望找到潜在的干预方法以减少卒中和脑灌注停滞等疾病带来的不良影响。图1-2详细地展示了无氧时哺乳动物脑内的灾难性变化。对人类而言,脑血流停止6～7 s,脑电活动即减弱,意识逐渐模糊[15],这可能是脑为减少ATP消耗的应急反应。此外,当躯体从直立位变成仰卧位时,脑的位置将低于心脏,有利于脑血流的供应及脑灌注压的维持。

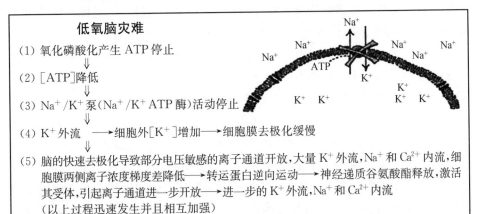

低氧脑灾难

(1) 氧化磷酸化产生ATP停止

(2) [ATP]降低

(3) Na$^+$/K$^+$泵(Na$^+$/K$^+$ATP酶)活动停止

(4) K$^+$外流 ——→ 细胞外[K$^+$]增加 ——→ 细胞膜去极化缓慢

(5) 脑的快速去极化导致部分电压敏感的离子通道开放,大量K$^+$外流,Na$^+$和Ca^{2+}内流,细胞膜两侧离子浓度梯度差降低——→转运蛋白逆向运动——→神经递质谷氨酸酯释放,激活其受体,引起离子通道进一步开放——→进一步的K$^+$外流,Na$^+$和Ca^{2+}内流(以上过程迅速发生并且相互加强)

(6) 细胞肿胀,溶解——→颅内压增加——→永久性脑缺血

(7) 多种机制促进细胞坏死,包括:Ca^{2+}激活的细胞溶解过程,释放胞内蛋白质,脂质和DNA;线粒体膜去极化——→线粒体膜通透性增加——→线粒体内凋亡激活因子的释放,如细胞色素C

图1-2 哺乳动物脑低氧后发生的灾难性事件

如果哺乳动物脑血流或氧供不能在数秒内恢复,脑能量状态及离子平衡紊乱将越来越显著[3,6]。细胞膜对钾离子(K$^+$)渗透性增加以及Na$^+$/K$^+$泵活动减弱,使得细胞外K$^+$浓度缓慢升高。缺氧1 min,ATP水平下降至常氧时的50%,腺苷二磷酸(adenosine diphosphate, ADP)浓度增加至常氧时的3倍,腺苷一磷酸(adenosine monophosphate, AMP)浓度增加一个数量级。与此同时,脑内磷酸肌酸(PCr)储备迅速耗尽。

啮齿类动物的脑在缺血2 min内去极化,该去极化过程以大量K$^+$外流,Na$^+$和Ca^{2+}内流为特征。体积稍大的哺乳动物由于其质量特异性代谢率低于体积较小的动物,因此无氧下的全脑去极化时间要长几分钟。冷血类脊椎动物的无氧去极化时间更长,例如,环境温度为10～15 ℃时,无氧15～30 min后虹鳟鱼的脑开始去极化[16-17]。无氧时,大多数脊椎动物脑去极化的机制相似,脑代谢率的不同决定脑去极化时间差异。

随着脑去极化，大量神经递质从细胞内流出至细胞外，从而激活相应的受体。与预想相反，Ca^{2+}介导突触囊泡内神经递质的释放在该过程中所起作用较小，这是因为神经递质释放过程属于 ATP 依赖性。正如前述，在无氧状态下，脑几乎没有 ATP 供给，那么神经递质是如何释放到胞外呢？事实上，脑内神经递质的释放依赖于反向神经递质转运体。正常情况下，反向神经递质转运体借助跨细胞膜离子梯度回收细胞外的神经递质，使细胞外神经递质处于低浓度水平[18]。但是，当细胞膜内外离子梯度消失时，反向神经递质转运体不能正常回收神经递质，导致细胞外神经递质水平升高。基于此，对于脑而言，无氧导致的最严重状况在于脊椎动物脑内将释放大量兴奋性神经递质——谷氨酸。特别是谷氨酸激活了两种主要的受体 N-甲基-D-天冬氨酸（N-methyl-D-aspartate，NMDA）和 α-氨基-3-羟基-5-甲基-4-异恶唑丙酸（α-amino-3-hydroxy-5-methyl-4-isox-azolepropionic acid，AMPA），并被认为在脑兴奋性神经毒性细胞死亡中起关键作用。这些受体的激活导致大量 Ca^{2+} 和 Na^+ 流入神经元，通过激活蛋白质水解和脂肪分解过程，以及 DNA 降解机制，增加了细胞 Ca^{2+} 内流，进而导致神经细胞严重破坏[7,19]。上述过程可引起完全缺血区域的脑细胞发生急性缺血性坏死，或通过细胞自噬或凋亡机制引起完全缺血区周围发生迟发性细胞死亡。细胞自噬或凋亡机制在血流恢复后数小时至数日内仍存在，影响到脑缺血半暗带的许多细胞，即中心缺血区周围存在的血流抑制带。关于无氧和缺血相关的凋亡存在多种机制，首先是新近命名的 parthanatos[多聚 ADP 核糖聚合酶-1（PARP）依赖性细胞死亡机制]，通常发生于缺血或缺血后脑组织内。Parthanatos 来源于死亡信号 PARP-1 以及希腊死亡之神"Thanatos"的缩写。PARP-1 依赖性细胞死亡在生物化学和细胞形态学上均有别于天冬氨酸依赖的细胞凋亡[20]。

1.3 提高氧摄取：第一选择

本书不仅描述了组织是如何维持氧正常的，还详细介绍了生物体如何调节氧摄入以及如何在低氧环境下保护自己。动物感知环境低氧时，首先通过增加肺部或鳃的通气以及呼吸器官的血液灌注实现氧摄入量的增加。我们将于第 6 章描述，低氧环境下一些动物还将从鳃呼吸切换为肺呼吸以提高通气量。通过调整通气量，大量脊椎动物在不同氧浓度环境下仍能保持稳定的氧摄入能力，因此大部分脊椎动物被称为"氧调控者"。氧摄取调控能力存在物种间差异，而这起源于进化过程,最后形成该有机体独特的生活方式和对环境的反应能力。例如,适应低氧环境的动物通常可使其氧摄取量在低氧的水中得以维持,而其他物种则无此能力。我们常使用临界氧浓度(critical oxygen concentration,$[O_2]$ crit)或临界氧分压(critical oxygen tension,PO_2 crit)来表示某种动物的最低摄氧能力[21]。PO_2 crit 是衡量鱼类低氧耐受力的常用指标(见第 5 章)。

1.4 ATP 的无氧生成途径

当环境中 PO_2 低于 PO_2 crit 时,动物需启动无氧氧化生成 ATP。PCr 可以迅速由 ADP 再生成 ATP,但由于脊椎动物脑内 PCr 含量十分有限(0.5～5.0 mmol/kg)[6,8-9,11],此 ATP 生成方式仅能维持 1 至数分钟。为了维持无氧状态下的 ATP 水平,无氧糖酵解是唯一选择。由于脂肪、蛋白质等非糖物质需分解为三羧酸循环中间产物才能氧化供能,因此,低氧条件下脂肪和蛋白质实际上无法供能。三羧酸循环同呼吸链紧密关联,因此无氧状态下呼吸链中断导致三羧酸循环迅速停止[22]。

遗憾的是,对于大多数脊椎动物而言,脑无氧酵解产生 ATP 的代偿能力远不及有氧生成 ATP。这是因为葡萄糖中大部分化学能储存于糖酵解终产物中,在脊椎动物中通常为乳酸。因此,脊椎动物 1 分子葡萄糖经糖酵解生成乳酸时仅产生 2 分子的 ATP(其中 1 分子来源于糖原分解)。有氧条件下,1 分子葡萄糖经有氧氧化生成二氧化碳(CO_2)和水分子(H_2O)时可以产生 36 分子的 ATP。尽管由于各种原因(包括线粒体部分解偶联)1 分子葡萄糖经有氧氧化过程也能产生 29 分子的 ATP[23]。因此,有氧代谢产生的 ATP 是无氧酵解的 15 倍。另一关键问题是,葡萄糖经糖酵解产生等摩尔量的乳酸和 H^+。事实上,H^+ 在 ATP 水解过程产生而非通过糖酵解产生。但是,其净效应为乳酸生成[22]。H^+ 导致危及生命的酸中毒,而乳酸可造成渗透压紊乱。尽管如此,对大多数脊椎动物而言,糖酵解产生的 ATP 仍可以延长低氧或无氧条件下脊椎动物的生存期,某些情况下甚至长达数天至数月之久(见第 9 章)。

不同种群的脊椎动物无氧死亡的始动因素不同。显然,尽管哺乳动物脑内 ATP 迅速严重下降会导致无氧灾难,但是,某些鱼类可能死于乳酸酸中毒而非 ATP 产生不足。针对无氧状态的虹鳟鱼和云斑鱼的研究发现,当其呼吸停止时,尚能较好维持体内 ATP 水平,但体内乳酸可上升至 12～20 mmol/kg,远远超过其脑的乳酸耐受能力[8-9]。与此相反,有研究发现严重低氧时普通鲤鱼和尼罗罗非鱼脑内可探测到脑内 ATP 水平明显下降。可能存在的机制为：乳酸堆积过多或葡萄糖储备耗尽导致脑内能量代谢障碍，故使 ATP 水平明显下降[9,12]。尽管如此，鱼类的无氧死亡机制与哺乳动物极其相似。通过测量无氧条件下虹鳟鱼脑细胞外的 K+ 和谷氨酸，发现了脑细胞无氧去极化、K+ 和谷氨酸外流，这一过程与对哺乳动物的观察结果非常相似[16-17]。

低氧或无氧条件下，除提高氧摄取率和激活糖酵解过程产生 ATP 外，部分动物还进化出第 3 种生存策略——代谢抑制，即氧缺乏情况下，动物可降低全身 ATP 的利用以维持 ATP 供需平衡。此外，一些脊椎动物通过产生非乳酸终产物，完全避免了无氧条件下因乳酸堆积造成酸中毒，在本书的最后章节将详细论述这种独特的无氧氧化过程。

（闫雅茹、李庆云，译）

参 考 文 献

1 Kakkar P, Singh B K. Mitochondria: a hub of redox activities and cellular distress control[J]. Mol Cell Biochem, 2007, 305(1-2): 235-253.

2 St-Pierre J, Brand M D, Boutilier R G. Mitochondria as ATP consumers: Cellular treason in anoxia [J]. Proc Natl Acad Sc. USA, 2000, 97(15): 8670-8674.

3 Hansen A J. Effect of anoxia on ion distribution in the brain[J]. Physiol Rev, 1985, 65(1): 101-148.

4 Mink J W, Blumenschine R J, Adams D B. Ratio of central nervous system to body metabolism in vertebrates: its constancy and functional basis[J]. Am J Physiol, 1985, 241(3): R203-R212.

5 Nilsson G E. Brain and body oxygen requirements of Gnathonemus petersii, a fish with an exceptionally large brain[J]. J Exp Biol, 1996, 199(Pt 3): 603-607.

6 Erecinska M, Silver I A. Ions and energy in mammalian brain[J]. Prog Neurobiol, 1994, 43(1): 37-71.

7 Lutz P L, Nilsson G E, Prentice H. The Brain Without Oxygen[M]. 3rd ed. Dordrecht: Kluwer Academic Publishers/Springer, 2003.

8 DiAngelo C R, Heath A G. Comparison of in vivo energy metabolism in the brain of rainbow trout, Salmo gairdneri, and bullhead catfish, Ictalurus nebulosus, during anoxia[J]. Comp Bioch Physiol, 1987, 88(1): 297-303.

9 Van Raaij M T M, Bakker E, Nieveen M C, et al. Energy status and free fatty acid patterns in tissues of common carp (Cyprinus carpio L.) and rainbow trout (Oncorhynchus mykiss L.) during severe oxygen restriction[J]. Comp Biochem Physiol, 1994, 109(1): 755-767.

10 DeBoeck G, Nilsson, G E, Elofsson, U, et al. Brain monoamine levels and energy status in common carp after exposure to sublethal levels of copper[J]. Aquatic Toxicol, 1995, 33: 265-277.

11 Van Ginneken V, Nieveen M, VanEersel R, et al. Neurotransmitter levels and energy status in brain of fish species with and without the survival strategy of metabolic depression[J]. Comp Biochem

Physiol, 1996, 114(1): 189 - 196.

12 Ishibashi Y, Ekawa H, Hirata H. et al. Stress response and energy metabolism in various tissues of Nile tilapia Oreochromis niloticus exposed to hypoxic conditions[J]. Fish Sci, 2002, 68: 1374 - 1383.

13 Johansson D, Nilsson G E, To¨rnblom E. Effects of anoxia on energy metabolism in crucian carp brain slices studied with microcalorimetry[J]. J Exp Biol, 1995, 198(Pt 3): 853 - 859.

14 Van der Linden A. Verhoye M, Nilsson G E. Does anoxia induce cell swelling in carp brains? Dynamic *in vivo* MRI measurements in crucian carp and common carp[J]. J Neurophysiol, 2001, 85 (1): 125 - 133.

15 Rossen R, Kabat H, Andersson J P. Acute arrest of cerebral circulation in man[J]. Arch Neurol Psychiatry, 1943, 50: 510 - 528.

16 Nilsson G E, Pérez-Pinzón M, Dimberg K. et al. Brain sensitivity to anoxia in fish as reflected by changes in extracellular potassium-ion activity[J]. Am J Physiol, 1993, 264(2 Pt 2): R250 - R253.

17 Hylland P, Nilsson G E, Johansson D. Anoxic brain failure in an ectothermic vertebrate: release of amino acids and K^+ in rainbow trout thalamus[J]. Am J Physiol, 1995, 269(6 Pt 2): R1077 -R1084.

18 Danbolt N C. Glutamate uptake[J]. Prog Neurobiol, 2001, 65(1): 1 - 105.

19 Lipton P. Ischemic cell death in brain neurons[J]. Physiol Rev, 1999, 79: 1431 - 1568.

20 Harraz M M, Dawson T M, Dawson V L. Advances in neuronal death 2007[J]. Stroke, 2008, 39 (2): 286 - 288.

21 Prosser C L, Brown F A. Comparative animal physiology[M]. Philadelphia: W. B. Saunders, 1961.

22 Hochachka P W, Somero G N. Biochemical adaptation [M]. New York: Oxford University Press, 2002.

23 Brand M. Approximate yield of ATP from glucose, designed by Donald Nicholson[J]. Biochem Mol Biol Educ, 2003, 31(1): 2 - 4.

2

氧 感 知

米科·尼玛（Mikko Niknmaa）

2.1 引言

在有氧能量代谢中，氧是不可或缺的终末电子受体。立足长远，所有脊椎动物都需要氧来支持代谢。然而，短期而言，部分动物可以应对机体完全低氧，另一些动物也可耐受低氧状态（低氧）。此外，在绿色植物光合作用活跃时，富氧的水系可出现高于大气的氧分压（高氧）。高氧状态也可能发生在封闭的循环系统中，特别是在鱼类泌气腺和无血管视网膜附近[1-2]。

就氧的需求而言，产能反应和耗能反应存在着错综复杂的平衡。通常认为，当适应低氧情况时，可通过适应性改变（如离子通道阻滞）使能量和氧消耗减少[3]。然而，即使在氧不受限制的情况下，代谢率也会发生适应性调整[4]，因为无论在整体水平还是分子水平，已证明多种现象与氧感知相关，因此，近年来对氧感知机制的研究也越来越多。

对于氧如何被感知以及氧依赖性的反应如何发生，尚存在以下问题。第一，当发生明显的氧依赖现象时，机体实际感知到了什么？第二，哪些分子参与氧感知？第三，氧感知的途径是什么？即在氧感知的效应系统中，主要信号是如何进行转导？第四，在快速反应中，氧感知机制是否相同？比如转化活性的快速改变，以及更持久的反应（如基因表达的变化）。第五，效应系统在不同的细胞类型和不同种类动物中如何发挥作用？

评估氧感知时需要考虑以下要点。第一，氧感知研究主要从生物医学的角度出发,因此,该工作主要是用对低氧不耐受性哺乳动物(如人、大鼠和小鼠)作为研究对象。而当应用其他群体的动物研究时,其生物学特征常常未被纳入考虑。例如,研究斑马鱼的氧依赖性现象时,很少考虑该物种是低氧耐受性相对良好的热带鲤科鱼类[5-6]。再如,最近一项高质量的研究表明,果蝇中存在低氧诱导因子(hypoxia-inducible factor, HIF)和热休克因子的相互作用,但该实验未考虑所研究动物的变温特性(即外界因素决定变温动物的体温)可能对氧感知反应性造成影响[7]。下面两项研究为证实动物的变温特性对氧感知反应性的影响提供了有力证据。一项利用变温动物秀丽隐杆线虫(Caenorhabditis elegans)进行的研究表明,温度习服需要 HIF[8];同时,对另一种变温动物硬骨鲫的研究发现,适应性温度降低的过程中,热休克蛋白与 HIF 发生关联[9]。第二,虽然单细胞生物(如细菌和酵母菌)看似含有单一的氧感知系统调节氧感知基因的表达[10],但在脊椎动物中似乎没有普适的氧感知器[11]。第三,尽管低氧是氧感知器研究中最常见的应激原,但低氧的生理效应程度尚未完全阐明。通常假定细胞感知了细胞周围的氧分压,但是测量培养细胞氧分压的研究表明细胞所感知的氧水平可能与大气的氧水平明显不同[12]。此外,由于生物体内各细胞所感知的氧分压取决于其部位,特别是其与动脉血管的距离,以及其耗氧量,体内不同细胞类型之间的细胞氧分压存在显著差异。这一事实在探讨体外研究和体内研究的关联时通常被忽略。例如,生理性实际的氧分压(组织中通常小于40 mmHg,1 mmHg=0.133 kPa)不同于细胞培养中常用的氧分压(通常接近大气压,即大约 150 mmHg),巨噬细胞中一氧化氮(nitric oxide, NO)的产生对上述条件下氧分压变化的反应性不同[13]。尽管如此,通常用大气压水平氧分压描述氧对巨噬细胞中 NO 的影响。第四,通常氧依赖现象和一般应激反应的区别尚不清楚。例如,低氧和无氧的反应是否有差异,这些都尚未被考虑[14]。

2.2 氧感知信号

氧感知信号可能参与启动氧感知反应的分子(见表 2-1)。

表 2-1 当依赖氧的反应发生时可感测到的分子列表

分子氧	O_2	一氧化氮	NO	腺苷及其磷酸盐	腺苷
活性氧族	H_2O_2	一氧化碳	CO		AMP
	OH·	硫化氢	H_2S		ADP
	O_2^-				ATP

2.2.1 分子氧

分子氧是血红素分子和脯氨酸/天冬酰胺酰羟化酶的配体或底物[15-16]。

2.2.2 活性氧

对于大多数氧依赖系统而言，活性氧（reactive oxygen species，ROS）可能是影响这些系统活性的感知信号。就这个意义而言，ROS 对正常细胞的功能十分重要。不过，起初认为 ROS 主要具有氧毒性，直到最近的观察表明 ROS 对正常细胞功能是很重要的，它们也是重要的细胞信号分子[17-19]。ROS 是通过影响蛋白质的半胱氨酸残基来发挥作用[20]。ROS 家族中，过氧化氢（H_2O_2）和羟自由基（OH·）可能是氧依赖信号通路中最重要的分子[21]，H_2O_2 相对稳定，且具有膜渗透性，可通过酶催化中心的半胱氨酸氧化，影响酪氨酸磷酸酶的活性[21]。而酪氨酸磷酸酶可调节细胞内蛋白质的磷酸化状态。蛋白质磷酸化是影响细胞功能的主要因素之一，这些酶的活性由 ROS 调控，因此 ROS 在影响细胞功能中至关重要。酪氨酸磷酸酶的半胱氨酸也可以被羟自由基氧化。羟自由基与所有与之接触的分子几乎都会发生反应[19]。羟自由基寿命短（1～7 s），限制了它的作用传播范围（仅 4～5 nm）。因此，羟自由基的效应具有空间维度，甚至仅在细胞内发挥作用[22]。然而，在铁（或铜）离子储备充足的情况下，H_2O_2 可通过芬顿反应（Fenton reaction）转化为羟自由基，因此，H_2O_2 和羟自由基两者的作用很难分开（见图 2-1）[22-24]。此外，超氧阴离子（O_2^-），主要由还原型烟酰胺腺嘌呤二核苷酸磷酸（reduced nicotinamide adenine dinucleotide phosphate，NADPH）氧化和线粒体（主要在呼吸链的复合物 I～III 中）共同产生，可以发挥重要的潜在作用[25]。大量数据提示：导致生理低氧反应的条件不足以增加线粒体中超氧阴离子的生成，但是也有研究显示在低氧线粒体中 ROS 生成增加[25]。

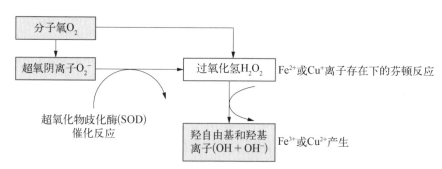

图 2-1　芬顿反应在氧介导下对细胞功能的影响中的可能作用

在这种情况下,分子氧被转化为超氧阴离子,在由超氧化物歧化酶(superoxide dismutase,SOD)催化的反应中,超氧阴离子被歧化为 H_2O_2,或者分子氧被直接转化为 H_2O_2。在存在足够的亚铁或铜离子情况下,H_2O_2 通过芬顿反应产生羟自由基,高活性且寿命短。

2.2.3 一氧化氮、一氧化碳和硫化氢

此外,公认的气体信号分子 NO 可以用于氧依赖的信号转导。NO 可与超氧阴离子反应,形成的过氧亚硝基阴离子是一种强效膜渗透性氧化剂,其寿命大约 0.1 s[26-27]。此外,NO 还可以影响线粒体对氧的亲和力[28]。研究表明低氧可诱导 NO 合成酶同工酶的生成[29]。

一氧化碳(carbon monoxide,CO)和硫化氢(hydrogen sulfide,H_2S)也可能在氧依赖的信号转导中起作用。低氧可调节血红素氧化酶同工酶活性[30],该酶将血红素转化为胆绿素,并最终生成 CO 等。内源性 CO 可影响细胞的呼吸作用[31]。低氧诱导产生的 CO 可能影响血管生成和白细胞跨内皮移行[32]。CO 还可调节大鼠颈动脉体的神经放电[33]。颈动脉体中血红素氧化酶生成的 CO 调节钾通道的功能具有氧敏感[34]。最近的研究表明,H_2S 可能是另一个重要的气体信号分子[35],可能参与氧依赖的血管舒张[36]和膀胱肌紧张性调节[37],因此,它可以在氧感知(或氧传导)中发挥作用。

2.2.4 腺苷及其磷酸盐

低氧条件下,腺苷和腺苷磷酸浓度通常会发生变化。例如,氧供给不足将导致细胞内腺苷三磷酸(ATP)浓度降低[38]。同样,在低氧条件下,胞外 5′-核苷酸酶可将腺苷一磷酸(AMP)去磷酸化为腺苷[39]。低氧使得细胞内腺苷释放增加[40],同时,通过降低核苷平衡转运蛋白的活性和产生数量,从而减少细胞对腺苷的再摄取[41-42],使得细胞外腺苷浓度的增加得以维持。此外,低氧可能会诱导细胞腺苷受体生成[43]。由于低氧对动物的影响多与腺苷相关[43-47],所以认为腺苷可能是氧感知分子之一。同样,由于低氧导致细胞 ATP 浓度降低,揭示氧耗竭下能量代谢失衡的机制对于低氧状态下细胞功能的维持意义重大。从能量学的观点来看,ADP 与 ATP 之比承担主要的调节作用。然而,AMP/ATP 为 ADP/ATP 比率的平方,因此,如果能感知到 AMP/ATP 代替 ADP/ATP,则其对能量平衡调节更为灵敏,从而调节能量产生/消耗系统[48]。腺苷单磷酸激活蛋白激酶可感知 AMP 的变化,从而获得 AMP/ATP 比率[48-49]。因此,酶可以在氧依赖和能量依赖的信号通路中发挥作用。

2.3 感知器分子

图 2-2 描述了可能的氧感知分子及其在细胞中的可能位置。

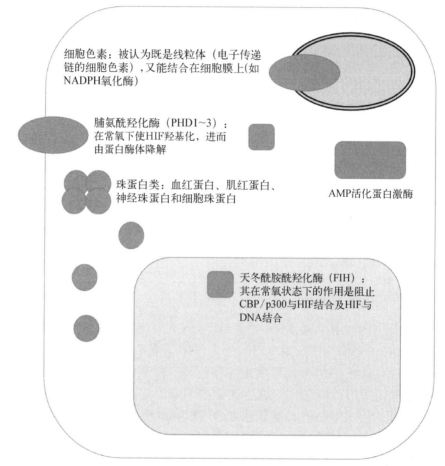

图 2-2 可能的氧感知分子及其在细胞中的定位。天冬酰胺酰羟化酶(FIH)催化低氧诱导因子(HIF)的 ASP803 羟基化，从而阻止 HIF 与 P300/CBP 的相互作用，可以发生在细胞核或细胞质中

2.3.1 血红素分子

脊椎动物体内氧感知的两种主要的含血红素的蛋白质为珠蛋白和细胞色

素。此外，一些 PAS 结构域蛋白也含有血红素。在所有现存生物分化之前最后一个共同祖先(Luca)中，血红素蛋白参与了 O_2^-、NO^-、CO^- 和 H_2S^- 依赖的信号通路，并且血红素氧感知器在原核生物和真核生物中均存在[50-51]。血红素蛋白可逆性地结合分子氧，从而引发了大量的信号级联反应[51]。

2.3.1.1 血红素蛋白和珠蛋白家族

血红蛋白、肌红蛋白、细胞珠蛋白和神经珠蛋白都与氧感知有关。四聚体血红蛋白主要功能为氧的载体，同时也被认为是氧敏感分子，调节红细胞中氧敏感的膜转运[52]。血红蛋白和脱氧血红蛋白与红细胞带 3 蛋白的差异结合是调节氧依赖性转运的关键因素。在人类红细胞中，已有报道血红蛋白氧合可通过带 3 蛋白作用，直接影响硫酸根转运[53]。然而，尚未发现带 3 蛋白之间的相互作用同其他转运蛋白的氧依赖性、运输活性的直接联系。氧对钾/氯共转运体的影响存在于粉红色血影(含有带 3 蛋白的人类血影)，但在白色血影中消失(不含带 3 结合血红蛋白)[54]。虽然这一发现肯定了血红蛋白与带 3 蛋白相互作用在阳离子氧依赖性转运中发挥作用，但以下的观察结果却并非如此：虽然虹鳟鱼红细胞带 3 蛋白的末端(细胞质)和血红蛋白之间没有氧依赖的相互作用，但虹鳟鱼红细胞氧依赖的离子转运是明显存在的[55-56]。此外，七鳃鳗并无阴离子交换途径，但其膜运输仍具氧依赖特性[57-59]。

血红蛋白作为氧感知器调节红细胞转运活性的作用尚不清楚。珠蛋白家族中其他可能的氧感知分子：肌红蛋白、细胞珠蛋白和神经珠蛋白也是如此。肌红蛋白在氧储存[60]和氧从毛细血管到肌肉线粒体的细胞内扩散中起重要作用[61-62]。此外，肌红蛋白还参与调节线粒体中 NO 的功能[61,63-64]。肌红蛋白对 NO 的作用可能在任何氧依赖的功能调节中都是重要的。除肌细胞外，肌红蛋白的亚型在其他组织如肝脏和神经组织中也有表达[65]。低氧可以刺激肌红蛋白基因的转录，但是神经组织并未发现此现象[65-66]。

神经蛋白和细胞珠蛋白为所有脊椎动物特征性珠蛋白[67-70]。在一些脊椎动物中，还存在其他珠蛋白，如两栖类和鱼类中的珠蛋白 X[71]以及存在于雏鸡中的眼特异珠蛋白[72]。目前，所有"新"珠蛋白的功能尚不清楚。与细胞珠蛋白存在于大多数组织不同，神经珠蛋白主要局限于神经来源的组织。细胞珠蛋白在系统发育上属于和肌红蛋白相同的珠蛋白，而神经珠蛋白则属于另一独特的古老家族，存在于脊椎动物和一些无脊椎动物中[73]。颈动脉体是血氧感知的关键组织，神经珠蛋白在其内表达，低氧时其表达增加[74]。事实上，低氧条件通常增加神经珠蛋白转录，而细胞珠蛋白的增加和缺乏变化也早有报道[75-78]，但其改变可能具有组织和物种特异性。例如，硬骨鱼的编码基因已被复制，并且不同亚型的氧结合行为是不同的，这提示了细胞珠蛋白功能的复杂性[79]。除了可能的低氧调节机制外，细胞珠蛋白和神经珠蛋白也可以通过氧化还原反应进行调节[80]。细胞珠蛋白和神经珠蛋白参与氧感知可能与它们在氧合过程中表现出的构象变化有关，这种变化可能触发氧依赖的功能性下游调节级联变化[81]。

2.3.1.2　细胞色素

许多研究表明，细胞色素参与了氧感知[82-86]。细胞色素参与过程认为存在非线粒体相关模式[84]和线粒体相关模式[85-86]。研究[84]显示，CO 可能也参与调节氧依赖的细胞色素功能。NADPH 氧化酶或其类似聚合细胞色素被认为是氧感知中涉及的主要细胞色素。传统观念认为 NADPH 氧化酶是吞噬细胞产生呼吸爆发的成分[87-93]。然而，最近的研究表明，其也存在于非吞噬细胞中[94-95]，包括颈动脉体[83]。NADPH 氧化酶由几个亚基组成：G22 - PHOX、GP91 - PHOX、p67 - PHOX、p47 - PHOX、p40 - PHOX 和 RACL/RAC2[89,95-97]，形成膜结合的多亚基结构（见图 2 - 3）。在这些亚基中，G22 - PHOX 和 GP91 - PHOX 是嵌入膜中的，而其余部分在胞质内[97]。如果 NADPH 氧化酶或类似于 NADPH 氧化酶的蛋白参与氧感知，信号最有可能通过氧调控的 ROS 来介导[83-84,98-102]。虽然吞噬细胞的 NADPH 氧化酶产生的 ROS（主要是超氧阴离子）多释放到胞外，但细胞内产生的 ROS（作为胞内信使）也同样表明在非吞噬细胞中存在 NADPH 氧化酶亚型[97]。在哺乳动物颈动脉体血管球细胞中细胞色素 b558（对应于 NADPH 氧化酶的 GP91 - PHOX 亚基）的吸光度中观察到，有与氧依赖性离子通道功能的变化相适应的氧合改变[100]，但仍有几项研究表明

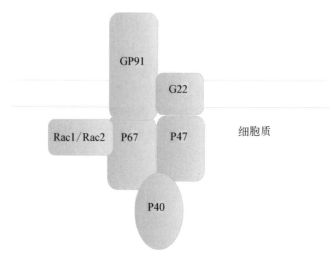

图 2 - 3　多亚基蛋白 NAD(P)H 氧化酶的示意图

GP91 - PHOX 缺陷并不破坏小鼠颈动脉体的氧感知功能[103-104]。同时,有报道表明 P47 - PHOX 可能参与 NADPH 氧化酶的氧感知过程[105]。数据支持 NADPH 氧化酶在肺神经上皮细胞氧感知中的作用[95,106]。与此相反,NADPH 氧化酶在肾脏的促红细胞生成素细胞的氧感知中并没有发挥作用[105]。虽然现有的数据仅限于几种哺乳动物[人和实验室啮齿动物(大鼠和小鼠)],但已经表明 NADPH 氧化酶参与氧感知过程中存在明显的细胞类型差异。

2.3.2 脯氨酸羟化酶、天冬酰胺酰羟化酶及 HIF 的功能

氧依赖的转录调控一般涉及转录因子,例如 HIF。HIF 的功能见图 2 - 4[107-108]。HIF 的转录活性形式是由 α 和 β 亚基组成的二聚体。α 亚基为氧敏感性,而 β 亚基的

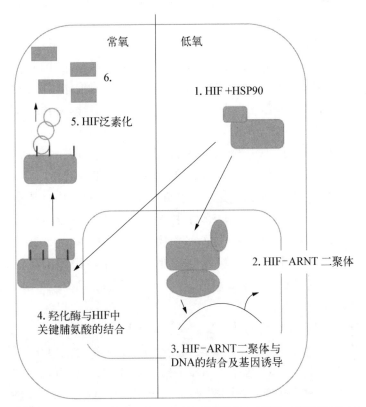

图 2 - 4 HIF - 1 功能的机制。(1) 低氧诱导因子 1α(HIF1α)持续产生并与细胞质中的 HSP90 相互作用;(2) 在低氧条件下,HIF - 1α 稳定并转运到细胞核,与 ARNT(HIFβ)形成二聚体,并募集 p300/CBP;(3) HIF1α - ARNT 二聚体在转录基因的启动子增强子区与低氧应答元件(哺乳动物最小的 HRE: A/GCGTG)结合,从而诱导基因表达;(4) 常氧时,脯氨酸和天冬酰胺酰羟化酶是有活性的(见图 2 - 5);(5) HIF1α 泛素;(6) 蛋白酶体参与的降解

功能似乎对氧不敏感；β亚基是环境调节转录因子的二聚体配体，并且相关研究表明其结构和功能与芳香烃受体（aryl hydrocarbon receptor，AhR）有关，HIF-1β通常被称为芳香烃受体核转运蛋白（aryl hydrocarbon receptor nuclear translocator，ARNT）。α亚基至少有3种不同类型，可表示为 HIF-1α、HIF-2α（也叫作 EPAS1）和 HIF-3α。在硬骨鱼上的 HIF-4α 可能是另一个亚基[109]。迄今为止，尚未在同一物种中发现 HIF-3α 和 HIF-4α 并存。在 HIF-α 亚基家族中，HIF-1α 与低氧相关的研究最多。

HIF-1α 对转录的影响主要是通过保守性脯氨酸（人蛋白脯氨酸 402 和 564）羟基化和分子连续降解从而影响蛋白的稳定性，或通过保守性天冬酰胺残基羟基化（ASP803）从而影响 P300 分子和 DNA 结合分子的相互作用[108]（见图 2-5），尽管现在看来，尤其是在耐低氧动物中，HIF 的转录也可能在 HIF 通路的调节中发挥作用[9,109-110]。

脯氨酸羟基化发生在常氧状态下，使 HIF-1α 和 VHL 蛋白相互作用，随后泛素化并被蛋白酶体降解。低氧时，不发生脯氨酸羟基化，因此 HIF-1α 蛋白是稳定的，从细胞质转运到细胞核，与 ARNT 形成二聚体，并募集一般转录激活因子 CBP/P300（此激活剂只在低氧状态下被募集，因为常氧状态天冬酰胺残基被羟基化，不能进行相互作用）。此后，HIF（HIF-1α+ARNT）与存在于低氧诱导基因启动子/增强子区的低氧反应元件（hypoxia response element，HRE）结合，并激发基因转录。HRE 的含量，特别是在转录基因启动子/增强子区域中的含量，在诱导基因表达中起决定性作用。HRE 也可能存在于氧依赖基因的内含子中[111]。哺乳动物中 HRE 最小的一致性序列是 A/GCGTG[112]。Rees 等[113]研究描述了在鱼类发挥作用的中另一种 HRE，序列为 GATGTG。在某些情况下，仅有 HRE 的存在对于基因的低氧诱导是不够的[114]，可能需要额外的元件，如 APL ATF1/CREB1、HNF4 或 SMAD3 等各种分子的结合位点[108]。

HIF 介导的 DNA 结合和转录激活受氧化还原反应的控制[108,115]。DNA 结合域中特定残基处的丝氨酸-半胱氨酸突变赋予 DNA 结合的氧化还原敏感性，核氧化还原调节剂氧化还原因子 1（redox factor-1，Ref 1）可加强该基因的低氧诱导效果[115]。氧化还原敏感的转录因子和 HIF 有相互作用[116]，细胞氧化还原状态与 HIF 诱导相关[117]，同时 HIF 的功能受氧化还原状态影响，ROS[118] 及钙离子同样影响 HIF 的功能。尽管 HIF 调节基因表达的原理是清楚的，但是氧和其他物质在不同部位可影响 HIF 的功能，且对不同组织和器官的氧水平差异的了解尚有限，因此关于组织和物种间的氧依赖基因表达相关的氧亲和力是否

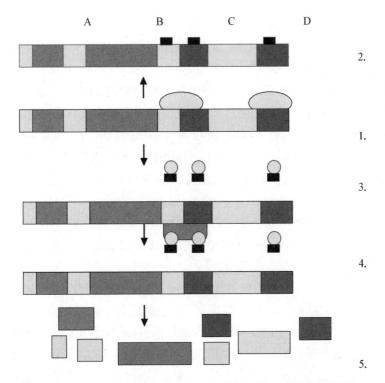

图 2 - 5 脯氨酸/天冬酰胺酰羟化酶的功能示意图。低氧诱导因子 1α
(HIF1α)包含：(A) 与 DNA 结合的基本螺旋-环-螺旋(BHLH)结构域；
(B) PAS结构域参与和 ARNT 形成二聚体；(C) N-末端反式激活域(N-TAD)
是脯氨酸羟化酶(脯氨酸 564，基于人类序列的编号)的一个靶点，另一个靶点
(脯氨酸 402)在 N-TAD 的前端；(D) C-末端反式激活域(C-TAD)，其中天冬
酰胺酰羟化酶(天冬酰胺 803)的靶点位于此。羟化酶的靶标用黑色矩形标记。
常氧时(1)，脯氨酸和天冬酰胺酰羟化酶(3)羟化它们的靶标，之后(4)羟基化的
天冬酰胺不能与 P300/CBP 相互作用，抑制 HIF 的 DNA 结合，而羟基化脯氨酸
与 VHL 蛋白相互作用。VHL 蛋白是 E3 泛素蛋白连接酶的识别组分，它可以
靶向结合 HIF1α 蛋白酶体降解(5)。低氧时(2)，脯氨酸和天冬酰胺未被羟基
化。其结果是，该分子未被降解且能与 P300/CBP 相互作用。因此，HIF 可以
与 DNA 结合，诱导 HIF 依赖的基因转录

存在差异尚无定论。

　　羟化酶(脯氨酸和天冬酰胺酰羟化酶)以分子氧为底物，催化相应反应，使脯
氨酸和天冬酰胺发生羟基化。Ivan 和 Jaakkola 等[119-120]首次证明它们的功能是
氧依赖的，因此它们也可影响缺氧诱导基因的表达从而发挥氧感知器的作用。
脯氨酸羟化酶的功能最近已有总结，可见于相关综述[121-123]。在哺乳动物中，存
在 3 种类型的氧依赖性脯氨酸羟化酶(PHD1～3、EGLN1～3)，并且基于基因组
信息推导出第 4 种酶(PHD4)的存在，尽管细胞类型可能会出现特异性的差

异[124]，但其中 PHD2 羟化酶（EGLN1）对氧感知最为重要[125]。虽然保守性脯氨酸的羟基化（在 LXXLAP 序列中）是由脯氨酸羟化酶实现的，但其余残基对于 PHD 的正常功能也很重要[118]。这表明，除酶本身的性质外，HIF-1α 的三维结构也影响羟化。值得注意的是，来自不同脊椎动物的 HIF-1α 的疏水性曲线表明保守性脯氨酸残基处于疏水环境中，这说明残基位于蛋白质内[126]。正因如此，ROS 和 Ca^{2+} 影响 HIF-1α 的一种可能性是通过影响对 HIF-1α 蛋白折叠有重要作用的残基实现的。因此，HIF-1α 蛋白三维结构的可变性将影响脯氨酸羟基化的反应进程。由于 ROS 水平是氧依赖性的，故而这也可能是氧调节 HIF-1α 功能的另一种机制。同样，它也可以解释为什么尽管酶的羟基化和连续的蛋白酶体分解的蛋白均不需要 ROS[118]，但在许多实验中，HIF 的功能是依赖于 ROS 的[102,127-128]。另一种可能性是脯氨酸羟化酶的定位在调节其活性中起作用，或者其功能是 Ca^{2+} 敏感的[118]。

HIF 与 DNA 结合的氧依赖性调节通过天冬酰胺酰羟化酶（又称因子抑制性低氧诱导因子）介导[122]。在高氧压下，天冬酰胺 803 被天冬酰胺酰羟化酶羟化。阻断低氧诱导因子与 CBP/P300 的相互作用，减少 HIF 与 DNA 低氧反应元件的结合。因为脯氨酸羟化酶和天冬酰胺酰羟化酶具有不同的氧亲和力——天冬酰胺酰羟化酶的氧亲和力要高得多，所以不同的氧水平下两种酶调节 HIF 功能可能有所差异。如果氧可诱导基因表达的改变，那么不同的基因也可能受到这两种酶的调节[129]。脯氨酸和天冬酰胺酰羟化酶氧亲和力的不同，或许可以解释不同动物群基因功能的氧依赖性调节差异：羟化酶的氧亲和力、HIF 稳定性、DNA 结合以及不同物种氧分布不同均与之相关。然而，由于不同物种中羟化酶活性的氧依赖性难以测定，故只能行推断假设。

羟化酶需要 α-酮戊二酸、抗坏血酸和亚铁离子作为辅助活化因子[19,122]。由于 α-酮戊二酸酯是柠檬酸循环的中间体，因此可将氧依赖性羟化酶功能和有氧代谢结合起来。NO 对 HIF 依赖性基因表达的调控，主要是由于 NO 可影响脯氨酸羟化酶活性[130]，同时，NO 可增加常氧下的 HIF 水平。而抑制羟化酶中的氧与亚铁离子之间的相互作用可能导致脯氨酸羟化酶的活性降低。

2.3.3 AMP 活化蛋白激酶

AMP 活化蛋白激酶（AMP-activated protein kinase，AMPK）可以耦合氧和能量感知[48-49,131]。AMPK 由 3 个亚基组成，即催化亚基 α、调节亚基 β 和 γ 亚基。该酶在苏氨酸残基未磷酸化时，即便有 AMP 的存在，仍然是失活的[132]。由于酶通过耗能减少而激活，该功能与人类糖尿病肥胖、葡萄糖/脂质的关系已有研究[133-134]。AMPK 的功能也受 ROS[135] 和 NO[136] 的调节,不同调控途径之间也可能存在相互作用。由于 AMPK 参与调节细胞能量平衡,它在产能时激活,耗能时失活,而细胞中的主要耗氧过程之一包括 mRNA 翻译成蛋白质。值得注意的是,AMPK 在低氧时抑制翻译过程,此调节过程也不依赖于 HIF 调节[137],这表明能量感知在低氧调节中的重要性。

2.4 氧效应转导系统

氧分压变化可在离子转运水平上产生显著的即刻效应,也可对氧依赖的基因表达产生长期影响。两个系统之间相互作用过程中,较为重要的是,对低氧的长期应答(包括基因表达)可能导致速发型氧依赖性应答的基因产物量的变化。

线粒体为细胞有氧运动提供能量,被认为是短期和长期氧效应的一种可能的换能器。鉴于脯氨酸羟化酶可作为氧依赖基因表达的主要氧感知器,故目前认为,线粒体可调节脯氨酸羟化酶活性从而对氧依赖性基因表达产生影响[138]。虽然氧化磷酸化不参与氧效应的转导,但低氧线粒体在电子传递链中产生的 ROS 可能影响羟化酶的活性[138]。低氧状态下可观察到 ROS 增加和减少[139]。氧分压增加可导致线粒体外 ROS 生成增加;而在低氧条件下,线粒体内 ROS 生成增加发生在电子传输系统的某个特定位点。不同的细胞类型可能有不同的反应性,这取决于线粒体外和线粒体本身所产生 ROS 的相对贡献大小。

含有大量金属离子的囊泡(富含铁的核周囊泡)可能参与产生羟自由基的芬顿反应[84,102](见图 2-1),其可能调节氧依赖的基因表达。此外,内质网中的铁颗粒在芬顿反应中也有重要的作用[140]。亚铁离子通过影响脯氨酸羟化酶活性来改变 HIF-1α 的稳定-降解周期:细胞内铁含量的降低影响 HIF-1α 的稳定性[141]。

2.4.1 速发型氧依赖反应

速发型氧依赖反应通常发生在膜水平上,从而调控离子转运蛋白活性。此外,一些酶的活性也具有调节作用。缓慢的氧依赖基因表达变化事件的发生必然涉及某些组分的快速应答。例如,氧快速应答可调节 HIF 羟化酶的活性,但这种效应在后来才发现对基因表达也有影响。

2.4.1.1 血红蛋白氧(hemoglobin-oxygen, Hb-O_2)亲和力的调节

最古老的脊椎动物,如盲鳗和鳃目动物(无颌纲动物)的阴离子(包括 HCO_3^- 碳酸氢根)可迅速穿过红细胞膜,因此,此类动脉膜内外阴离子很难平

衡[57-58,142]。其他脊椎动物的红细胞膜含有足量的带 3 蛋白,使小的单价阴离子在动物体温下几秒钟内快速达到平衡,与七鳃鳗几个小时的平衡时间形成对照[57]。尽管阴离子、碳酸氢盐的运输速率与酸碱程度有关,但由于红细胞膜上许多 H^+ 转运蛋白对氧敏感,而细胞内的 pH 值是血红蛋白功能的主要调节器[52,143-144],因此,通过氧敏感离子通道,红颌鱼和硬骨鱼可调控红细胞的 pH 值[145],从而快速调节血红蛋白的氧结合能力。图 2-6 是这种可能机制的说明。也有综述总结了膜转运对 Hb - O_2 亲和力的调节作用[145],低氧可激活 Na^+/H^+ 交换,细胞内 pH 值增加,Hb - O_2 亲和力上升,从而在有限的氧利用率环境中改善呼吸道上皮的氧负荷。尽管有大量文献报道红细胞 Na^+/H^+ 交换在低氧习服中的作用[146-148],但是高氧分压激活 K^+/Cl^- 共转运体尚无明确报道[148]。红细胞 pH 值和体积的下降可降低 Hb - O_2 亲和力。高氧状态可能导致血液循环的高氧分压,使得有限的氧从正常氧亲和力的血红蛋白中释放。然而,如果 K^+/Cl^- 共转运体被激活,红细胞 pH 值降低,从而降低 Hb - O_2 亲和力,那么在高氧分压下将比没有反应的情况下释放更多的氧。由于红细胞中含有大量的氧和亚铁离子,其反应可产生大量的超氧化物离子[19],因此,为使亚铁离子被大量地释放到细胞质中,氧敏感离子转运体对于防止氧化还原反应紊乱也十分重要。

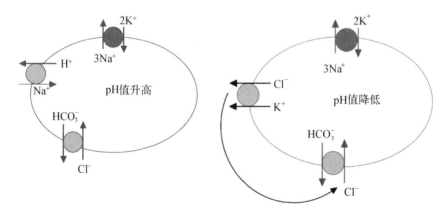

图 2-6 红细胞中氧依赖离子转运的功能。低氧时 Na^+- H^+ 离子交换使 H^+ 离子被运输到细胞外,使细胞内 pH 值升高。由于血红蛋白-氧亲和力随着 pH 值的升高而增加,这种效应可以改善在低氧利用率时的氧负荷。细胞内的碱化程度取决于碳酸氢盐／CO_2 缓冲体系的钠氢交换和细胞外脱水的相对速率:钠氢交换速率越大,pH 值增加越多。K^+/Cl^- 共转运的活化(通常在高氧分压下活化)导致 Cl^- 从细胞质中去除,Cl^- 与碳酸氢盐通过阴离子转运体发生交换可重新建立离子平衡,从细胞质中去除碳酸氢根离子会导致细胞质酸化和 Hb - O_2 亲和力降低

2.4.1.2 通气调节 I

由于颈动脉体在决定通气反应(例如低氧)中起重要作用,故其可能是研究

最为深入的氧依赖效应系统。

　　除此以外,主动脉体也很重要,但对颈动脉体的氧感知研究更多。多篇综述介绍了颈动脉体的功能[16,150-155]。图 2-7 展示出颈动脉体发挥功能的通路,由中枢神经系统呼吸中枢调控。虽然对颈动脉体氧感知器已有深入研究,但其机制尚不清楚。由于颈动脉体能对广泛的氧分压做出适当反应,故认为可能存在大量对氧具有不同亲和力的氧感知器[154]。但氧分压在颈动脉体细胞中的作用还知之甚少[150]。除了感知氧,颈动脉体的细胞也可感知二氧化碳分压(partial pressure of carbon dioxide,PCO_2)、细胞内 pH 值和葡萄糖的变化。值得注意的是,呼吸空气的脊椎动物的通气速率对 CO_2 的变化比氧更敏感。氧和葡萄糖感知之间的相互作用已被详细研究[156],并进行了综述[153,157],这种相互作用连接了细胞代谢——能量产生和能量有效利用两方

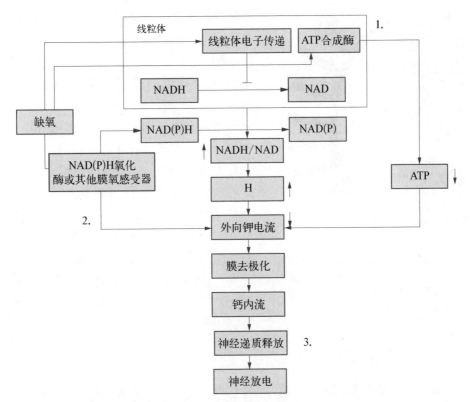

图 2-7　颈动脉体球细胞功能的氧依赖性调节两种模型示意图。(1)线粒体模型和(2)细胞膜模型。在这两种情况下,低氧都会导致膜去极化,通常发生在氧敏感钾通道引导钾外流受到低氧抑制之后。细胞膜去极化使细胞质 Ca^{2+} 浓度增加,促发神经递质释放,随之产生神经放电。释放的神经递质(3)为 5-羟色胺、乙酰胆碱、去甲肾上腺素、多巴胺、ATP、腺苷、NO 和 CO

面。虽然 HIF 似乎不直接参与颈动脉体中的急性氧感知，但它对颈动脉体功能的发挥以及在慢性低氧中起调节作用[158-160]。此外，促红细胞生成素（与颈动脉体血管球和脑干细胞中促红细胞生成素受体结合）可能参与通气活动的氧依赖性调节[161]。

2.4.1.3　通气调节 Ⅱ

与呼吸空气的脊椎动物不同，水下生物的呼吸主要感知环境中氧水平的变化[162]，但也可对 PCO_2 和 pH 值的变化做出反应[163-164]。大多数鱼类通过增加通气速率和减缓心率来应对环境低氧[164]，但至今仍未发现氧感应细胞及其特征。在很长一段时间内，外界氧受体（感应水的氧合变化）和内部氧受体（感应血液或其他身体成分的氧合变化）被认为是存在的[163]。在大多数情况下，心动过缓主要是由环境氧水平的降低引起的，而通气变化与环境和血液氧合的变化有关[165]。普遍认为感知器需同中枢神经系统依靠神经内分泌细胞连接。显微镜下，鳃神经内分泌细胞首先由 Dunel-Erb 等[166]描述，但直到 20 多年后才发现鳃神经内分泌细胞是氧感知细胞[167]。除了斑马鱼，斑点鲶鱼的鳃中也认为存在氧感知细胞[168]。氧敏感神经内分泌细胞存在于所有鳃弓中，且特征性地含有 5 - 羟色胺[165]。它们可能与颈动脉体的氧感知细胞同源（可能是从第三鳃弓的氧感知细胞发展而来的）。在这种情况下[165]，中枢神经系统的氧感知和转导机制可能与上文所述的颈动脉体相似（见图 2 - 7）。神经内分泌细胞在片层中的定位（见图 2 - 8）使它们能对环境和血氧水平的变化做出反应。

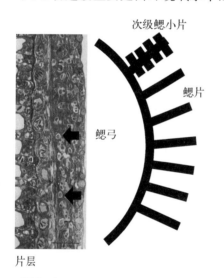

图 2 - 8　鱼鳃（虹鳟鱼）中的神经内分泌细胞定位。显微照片，神经内分泌细胞位于鳃片中（箭头处）。获得《应用生理学杂志》的许可，源于 Dunel-Erb 等（1982 年）

2.4.2　氧依赖的基因表达

氧依赖的基因表达在 20 世纪 90 年代得到了证实。早期的研究主要集中在红细胞的产生（主要是红细胞生成素途径）[169-171]，但后来发现许多基因（已研究的哺乳动物基因组超过 100 个）可能是由于氧分压的降低而诱发其表达[16]。氧分压下降抑制的基因数目及其机制尚无详细研究，但是高达 2% 的人类基因表

达可能随着 PO_2 的变化上调或下调[172]。低氧诱导的基因变化主要由转录因子 HIF 调控。最近有报道 HIF 参与有氧能量产生相关基因（细胞色素氧化酶）下调的特殊例子[173]。HIF-1 的调节似乎最为重要，故常被称为低氧反应的主调节器。值得注意的是，虽然对 HIF-1 功能研究最初是根据促红细胞生成素途径进行，但目前认为，HIF-2 也可能是促红细胞生成素途径中非常重要的转录调节剂[170,174-176]。低氧诱导的基因包括氧转运、铁转运、血管生成和能量生成，以及影响葡萄糖转运蛋白和糖酵解途径的酶等（见表 2-2）。

表 2-2　低氧诱导因子（HIF）转录调节的基因举例[169,171,173,182-187]

功　　能		基　因　产　物
氧运输		
	铁代谢	铜蓝蛋白
		转铁蛋白
		转铁蛋白受体
	红细胞产物	促红细胞生成素
	血红蛋白合成	例如，水蚤类珠蛋白基因
	血管生成	VEGF（血管内皮生长因子）
		VEGF 受体 1
		内皮素
能量产物		
	糖酵解	醛缩酶 A
		果糖-2,6-二磷酸酶 3 和 4 烯醇化酶
		乳酸脱氢酶
	有效底物	葡萄糖转运体
	线粒体效应	线粒体蛋白酶参与 COX-4 降解
激素调控和细胞信号		
		瘦素（也包括能量产物；脂质存储和动员）
		心房钠尿肽
	NO 产物	一氧化氮合成酶 2
	CO 产物	血红素加氧酶 1（使血红素分解为胆绿素、CO，同时释放亚铁离子）

续 表

功 能		基 因 产 物
激素调控和细胞信号		
	肾上腺素能信号	α-肾上腺素能受体
		酪氨酸羟化酶(与儿茶酚胺羟基化酪氨酸合成有关)
免疫反应		促胸腺生成素(参与 T 细胞发育)
细胞周期和凋亡		P21
		P27(两个蛋白均为细胞周期蛋白依赖激酶抑制剂)
		NIP3(促凋亡因子)
细胞骨架和细胞外基质		纤连蛋白 角蛋白成分

最初，人们认为仅在低氧条件下 HIF - 1α 蛋白表达下降。但是最近已发现在常氧条件下诱导 HIF - 1α 的情况[121,177]，哺乳动物动物中，该过程可能同 PI3K / mTOR 通路翻译增加有关[175-176]。HIF - 1α 常氧水平的调节也可能涉及 HSP90 - RACK1 - HIF - 1α 的相互作用：HSP90 - HIF - 1α 相互作用可使HIF - 1α 蛋白结构稳定，RACK1 - HIF - 1α 作用则相反[178]。HSP90 和 RACK 1 竞争同一位点，HSP90 的乙酰化降低其与 HIF - 1α 的亲和力，进而使 HIF - 1α 蛋白稳定性下降[179-180]。虽然已知 HSP90 参与许多细胞蛋白质-蛋白质的相互作用，但 HIF - 1α - HSP90 相互作用可将温度和氧依赖性基因表达联系到一起。重要的是，在变温动物中，HIF 功能与温度相关研究表明 HIF 在温度依赖性基因表达中起作用[8-9,117,181]。转录因子在长期温度适应过程中显得很重要，并且它经常存在于常氧鱼类中[9]。这两个调控途径，一个涉及调节蛋白质的稳定性，另一个涉及与 DNA 的结合，可能在参与温度和氧依赖性反应中有所不同。

2.5 展望

正如本章引言所述，大多数关于氧感知的研究在人类、小鼠或大鼠上进行，它们均属于相对不耐受低氧的哺乳动物。相反，许多模型生物(如秀丽隐杆线虫和斑马鱼)是相对低氧耐受的。目前，这种差异如何影响氧依赖反应尚且未知。此外，变温动物的反应是否与恒温动物的反应相似亦不清楚。因此，在未来的氧感知研究中，需着重考虑所研究物种的生物学特性及进化史。此外，由于机体所感知的信号通常不是分子氧本身,因此可能发生氧依赖和其他途径(如参与氧化还原调节或能量代谢)之间的相互作用。例如,HIF-1α 诱导基因表达时需要二聚化,而 HIF-1α 和 AhR 都需同 ARNT 形成二聚体,基因表达诱导需要二聚体形成,故已有研究聚焦于低氧诱导和外源诱导的基因表达通路的相互作用。然而,许多研究都观察到通路之间的相互作用[188-190]。此外,在今后的研究中,需考虑速发型和长期(持续)氧依赖反应之间的相似性和差异。这可能有助于进一步理解氧感知器的特征和特性并有助于对其进行调节。

(郭倩、李庆云,译)

参 考 文 献

1 Ingermann R L, Terwilliger R C. Presence and possible function of Root effect hemoglobins in fishes lacking functional swim bladders[J]. Exp Zool, 1982, 220(2): 171-177.

2 Pelster B, Scheid P. Countercurrent concentration and gas secretion in the fish swimbladder[J]. Physiol Zool, 1992, 65: 1-16.

3 Hochachka P W, Lutz P L. Mechanism, origin, and evolution of anoxia tolerance in animals[J]. Comp Biochem Physiol B Biochem Mol Biol, 2001, 130(4): 435-459.

4 Rissanen E, Tranberg H K, Nikinmaa M. Oxygen availability regulates metabolism and gene expression in trout hepatocyte cultures[J]. Am J Physiol Regul Integr Comp Physiol, 2006, 291(5): R1507-R1515.

5 Nikinmaa M, Rees B B. Oxygen-dependent gene expression in fishes[J]. Am J Physiol Regul Integr Comp Physiol, 2005, 288(5): R1079-R1090.

6 Engeszer R E, Patterson L B, Rao A A, et al. Zebrafish in the wild: a review of natural history and new notes from the field[J]. Zebrafish, 2007, 4(1): 21-40.

7 Baird N A, Turnbull D W, Johnson E A. Induction of the heat shock pathway during hypoxia requires regulation of heat shock factor byhypoxia-inducible factor-1[J]. J Biol Chem, 2006, 281(50): 38675-38681.

8 Treinin M, Shliar J, Jiang H Q, et al. HIF-1 is required for heat acclimation in the nematode *Caenorhabditis elegans*[J]. Physiol Genomics, 2003, 14(1): 17-24.

9 Rissanen E, Tranberg H K, Sollid J, et al. Temperature regulates hypoxia-inducible factor-1 (HIF-1) in a poikilothermic vertebrate, crucian carp (Carassius carassius)[J]. J Exp Biol, 2006, 209(6): 994-1003.

10 Bunn H F, Poyton R O. Oxygen sensing and molecular adaptation to hypoxia[J]. Physiol Rev, 1996, 76(3): 839-885.

11 Lopez-Barneo J, Pardal R, Ortega-Saenz P. Cellular mechanism of oxygen sensing[J]. Annu Rev Physiol, 2001, 63: 259-287.

12 Pettersen E O, Larsen L H, Ramsing N B, et al. Pericellular oxygen depletion during ordinary tissue culturing, measured with oxygen microsensors[J]. Cell Prolif, 2005, 38(4): 257-267.

13 Otto C M, Baumgardner J E. Effect of culture PO_2 on macrophage (RAW 264 7) nitric oxide production[J]. Am J Physiol Cell Physiol, 2001, 280(2): C280-C287.

14 Wenger R H, Gassmann M. Little difference[J]. Nature, 1996, 380(6570): 100.

15 Berra E, Ginouves A, Pouyssegur J. The hypoxia-inducible-factor hydroxylases bring fresh air into hypoxia signalling[J]. EMBO Rep, 2006, 7(1): 41 - 45.

16 Lahiri S, Roy A, Baby S M, et al. Oxygen sensing in the body[J]. Progr Biophys Mol Biol, 2006, 91(3): 249 - 286.

17 Finkel T. Oxygen radicals and signaling[J]. Curr Opin Cell Biol, 1998, 10(2): 248 - 253.

18 Wolin M S, Ahmad M, Gupte S A. Oxidant and redox signaling in vascular oxygen sensing mechanisms: basic concepts, current controversies, and potential importance of cytosolic NADPH[J]. Am J Physiol Lung Cell Mol Physiol, 2005, 289(2): L159 - L173.

19 Halliwell B, Gutteridge J M C. Free radicals in biology and medicine[M]. 4th ed. Oxford: Oxford University Press, 2007.

20 Michiels C, Minet E, Mottet D, et al. Regulation of gene expression by oxygen: NF-kappaB and HIF - 1, two extremes[J]. Free Rad Biol Med, 2002, 33(9): 1231 - 1242.

21 Gloire G, Legrand-Poels S, Piette J. NF-kappaB activation by reactive oxygen species: fifteen years later[J]. Biochem Pharmacol, 2006, 72(11): 1493 - 1505.

22 Lesser M P. Oxidative stress in marine environments: Biochemistry and physiological ecology[J]. Annu Rev Physiol, 2006, 68: 253 - 278.

23 Halliwell B, Gutteridge J M C. Oxygen toxicity, oxygen radicals, transition metals and disease[J]. Biochem J, 1984, 219(1): 1 - 14.

24 Bogdanova A, Nikinmaa M. Reactive oxygen species regulate oxygen-sensitive potassium flux in rainbow trout erythrocytes[J]. J Gen Physiol, 2001, 117(2): 181 - 190.

25 Gonzalez C, Agapito M T, Rocher A, et al. Chemoreception in the context of the general biology of ROS[J]. Respir Physiol Neurobiol, 2007, 157(1): 30 - 44.

26 Fridovich I. Biological effects of the superoxide radical[J]. Arch Biochem Biophys, 1986, 247(1): 1 - 11.

27 Fridovich I. Superoxide dismutases[J]. Adv Enzymol Relat Areas Mol Biol, 1986, 58: 61 - 97.

28 Koivisto A, Matthias A, Bronnikov G, et al. Kinetics of the inhibition of mitochondrial respiration by NO[J]. FEBS Lett, 1997, 417(1): 75 - 80.

29 Gess B, Schricker K, Pfeifer M, et al. Acute hypoxia upregulates NOS gene expression in rats[J]. Am J Physiol Regul Integr Comp Physiol, 1997, 273(3 Pt 2): R905 - R910.

30 Lee P J, Jiang B H, Chin B Y, et al. Hypoxia-inducible factor - 1 mediates transcriptional activation of the heme oxygenase - 1 gene in response to hypoxia[J]. J Biol Chem, 1997, 272(9): 5375 - 5381.

31 D'Amico G, Lam F, Hagen T, et al. Inhibition of cellular respiration by endogenously produced carbon monoxide[J]. J Cell Sci, 2006, 119(Pt 11): 2291 - 2298.

32 Bussolati B, Ahmed A, Pemberton H, et al. Bifunctional role for VEGF-induced heme oxygenase - 1 in vivo: induction of angiogenesis and inhibition of leukocytic infiltration[J]. Blood, 2004, 103(3): 761 - 766.

33 Lahiri S, Acker H. Redox-dependent binding of CO to heme protein controls PO_2-sensitive chemoreceptor discharge of the rat carotid body[J]. Respir Physiol, 1999, 115(2): 169 - 177.

34 Williams S E J, Wootton P, Mason H S, et al. Hemoxygenase - 2 is an oxygen sensor for a calcium-sensitive potassium channel[J]. Science, 2004, 306(5704): 2093 - 2097.

35 Wang R. The gasotransmitter role of hydrogen sulphide[J]. Antioxid Redox Signal, 2003, 5(4): 493-501.

36 Olson K R, Dombkowski R A, Russell M J, et al. Hydrogen sulfide as an oxygen sensor/transducer in vertebrate hypoxic vasoconstriction and hypoxic vasodilation[J]. J Exp Biol, 2006, 209(Pt 20): 4011-4023.

37 Dombkowski R A, Doellman M M, Head S K, et al. Hydrogen sulfide mediates hypoxia-induced relaxation of trout urinary bladder smooth muscle[J]. J Exp Biol, 2006, 209(Pt 16): 3234-3240.

38 Lutz P L, Nilsson G E. Vertebrate brains at the pilot light[J]. Respir Physiol Neurobiol, 2004, 141(3): 285-296.

39 Adair T H. Growth regulation of the vascular system: an emerging role for adenosine[J]. Am J Physiol Regul Integr Comp Physiol, 2005, 289(2): R283-R296.

40 Conde S V, Monteiro E C. Hypoxia induces adenosine release from the rat carotid body[J]. J Neurochem, 2004, 89(5): 1148-1156.

41 Chaudary N, Naydenova Z, Shuralyova I, et al. Hypoxia regulates the adenosine transporter, mENT1, in the murine cardiomyocyte cell line, HL-1[J]. Cardiovasc Res, 2004, 61(4): 780-788.

42 Eltzschig H K, Abdulla P, Hoffman E, et al. HIF-1-dependent repression of equilibrative nucleoside transporter (ENT) in hypoxia[J]. J Exp Med, 2005, 202(11): 1493-1505.

43 Kong T Q, Westerman K A, Faigle M, et al. HIF-dependent induction of adenosine A2B receptor in hypoxia[J]. FASEB J, 2006, 20(13): 2242-2250.

44 Takagi H, King G L, Robinson G S, et al. Adenosine mediates hypoxic induction of vascular endothelial growth factor in retinal pericytes and endothelial cells[J]. Invest Ophthalmol Visual Sci, 1996, 37(11): 2165-2176.

45 Stensløkken K O, Sundin L, Renshaw G M C, et al. Adenosinergic and cholinergic control mechanisms during hypoxia in the epaulette shark (Hemiscyllium ocellatum), with emphasis on branchial circulation[J]. J Exp Biol, 2004, 207(Pt 25): 4451-4461.

46 O'Driscoll C M, Gorman, A. M. Hypoxia induces neurite outgrowth in PC12 cells that is mediated through adenosine A2A receptors[J]. Neuroscience, 2005, 131(2): 321-329.

47 Martin E D, Fernandez M, Perea G, et al. Adenosine released by astrocytes contributes to hypoxia-induced modulation of synaptic transmission[J]. Glia, 2007, 55(1): 36-45.

48 Hardie D G. Minireview: the AMP-activated protein kinase cascade — the key sensor of cellular energy status[J]. Endocrinology, 2003, 144(12): 5179-5183.

49 Hardie D G, Hawley S A, Scott J. AMP-activated protein kinase — development of the energy sensor concept[J]. J Physiol (London), 2006, 574(Pt 1): 7-15.

50 Freitas T A K, Saito J A, Hou S B, et al. Globin-coupled sensors, protoglobins, and the last universal common ancestor[J]. J Inorg Biochem, 2005, 99(1): 23-33.

51 Gilles-Gonzalez M A, Gonzalez G. Heme-based sensors: defining characteristics, recent developments, and regulatory hypotheses[J]. J Inorg Biochem, 2005, 99(1): 1-22.

52 Gibson J S, Cossins A R, Ellory J C. Oxygen-sensitive membrane transporters in vertebrate red cells [J]. J Exp Biol, 2000, 203(Pt 9): 1395-1407.

53 Galtieri A, Tellone E, Romano L, et al. Band-3 protein function in human erythrocytes: effect of oxygenation-deoxygenation[J]. Biochim Biophys Acta Biomembr, 2002, 1564(1): 214-218.

54 Khan A I, Drew C, Ball S E, et al. Oxygen dependence of K^+-Cl^- cotransport in human red cell ghosts and sickle cells[J]. Bioelectrochemistry, 2004, 62(2): 141-146.

55 Jensen F B, Jakobsen M H, Weber R E. Interaction between haemoglobin and synthetic peptides of the N-terminal cytoplasmic fragment of trout Band 3 (AE1) protein[J]. J Exp Biol, 1998, 201 (Pt 19): 2685-2690.

56 Weber R E, Voelter W, Fago A, et al. Modulation of red cell glycolysis: interactions between vertebrate hemoglobins and cytoplasmic domains of band 3 red cell membrane proteins[J]. Am J Physiol Regul Integr Comp Physiol, 2004, 287(2): R454-R464.

57 Nikinmaa M, Railo E. Anion movements across lamprey (Lampetra fluviatilis) red cell membrane [J]. Biochim Biophys Acta, 1987, 899(1): 134-136.

58 Tufts B L, Boutilier R G. The absence of rapid chloride/bicarbonate exchange in lamprey erythrocytes: implications for CO_2 transport and ion distributions between plasma and erythrocytes in the blood of Petromyzon marinus[J]. J Exp Biol, 1989, 144: 565-576.

59 Virkki L V, Salama A, Nikinmaa M. Regulation of ion transport across lamprey (Lampetra fluviatilis) erythrocyte membrane by oxygen tension[J]. J Exp Biol, 1998, 201(Pt 12): 1927-1937.

60 Jurgens K D, Papadopoulos S, Peters T, et al. Myoglobin: just an oxygen store or also an oxygen transporter[J]. News Physiol Sci, 2000, 15: 269-274.

61 Wittenberg J B, Wittenberg B A. Myoglobin function reassessed[J]. J Exp Biol, 2003, 206(Pt 12): 2011-2020.

62 Ordway G A, Garry D J. Myoglobin: an essential hemoprotein in striated muscle[J]. J Exp Biol, 2004, 207(Pt 20): 3441-3446.

63 Brunori M. Nitric oxide moves myoglobin centre stage[J]. Trends Biochem Sci, 2001, 26(4): 209-210.

64 Brunori M. Nitric oxide, cytochrome-c oxidase and myoglobin[J]. Trends Biochem Sci, 2001, 26(1): 21-23.

65 Fraser J, de Mello L V, Ward D, et al. Hypoxia-inducible myoglobin expression in nonmuscle tissues [J]. Proc Natl Acad Sci USA, 2006, 103(8): 2977-81.

66 David L M van der Meer, Guido E E J M van den Thillart, Frans Witte, et al. Gene expression profiling of the long-term adaptive response to hypoxia in the gills of adult zebrafish[J]. Am J Physiol Regul Integr Comp Physiol, 2005, 289(5): R1512-R1519.

67 Burmester T, Weich B, Reinhardt S, et al. A vertebrate globin expressed in the brain[J]. Nature, 2000, 407(6803): 520-523.

68 Burmester T, Ebner B, Weich B, et al. Cytoglobin: a novel globin type ubiquitously expressed in vertebrate tissues[J]. Mol Biol Evol, 2002, 19(4): 416-421.

69 Burmester T, Haberkamp M, Mitz S, et al. Neuroglobin and cytoglobin: genes, proteins and evolution[J]. IUBMB Life, 2004, 56(11-12): 703-707.

70 Brunori M, Vallone B. Neuroglobin, seven years after[J]. Cell Mol Life Sci, 2007, 64(10): 1259-1268.

71 Roesner A, Fuchs C, Hankeln T, et al. A globin gene of ancient evolutionary origin in lower vertebrates: evidence for two distinct globin families in animals[J]. Mol Biol Evol, 2005, 22(1): 12-20.

72　Kugelstadt D, Haberkamp M, Hankeln T, et al. Neuroglobin, cytoglobin, and a novel, eye-specific globin from chicken[J]. Biochem Biophys Res Comm, 2004, 325(3): 719-725.

73　Hankeln T, Ebner B, Fuchs C, et al. Neuroglobin and cytoglobin in search of their role in the vertebrate globin family[J]. J Inorg Biochem, 2005, 99(1): 110-119.

74　Di Giulio C, Bianchi G, Cacchio M, et al. Neuroglobin, a new oxygen binding protein is present in the carotid body and increases after chronic intermittent hypoxia[J]. Adv Exp Med Biol, 2006, 580: 15-19.

75　Schmidt M, Gerlach F, Avivi A, et al. Cytoglobin is a respiratory protein in connective tissue and neurons, which is up-regulated by hypoxia[J]. J Biol Chem, 2004, 279(9): 8063-8069.

76　Li R C, Lee S K, Pouranfar F, et al. Hypoxia differentially regulates the expression of neuroglobin and cytoglobin in rat brain[J]. Brain Res, 2006, 1096(1): 173-179.

77　Mammen P P A, Shelton J M, Ye Q, et al. Cytoglobin is a stress-responsive hemoprotein expressed in the developing and adult brain[J]. J Histochem Cytochem, 2006, 54(12): 1349-1361.

78　Roesner A, Hankeln T, Burmester T. Hypoxia induces a complex response of globin expression in zebrafish (Danio rerio)[J]. J Exp Biol, 2006, 209(Pt 11): 2129-2137.

79　Fuchs C, Luckhardt A, Gerlach F, et al. Duplicated cytoglobin genes in teleost fishes [J]. Biochem Biophys Res Comm, 2005, 337(1): 216-223.

80　Hamdane D, Kiger L, Dewilde S, et al. The redox state of the cell regulates the ligand binding affinity of human neuroglobin and cytoglobin[J]. J Biol Chem, 2003, 278(51): 51713-51721.

81　Pesce A, Bolognesi M, Bocedi A, et al. Neuroglobin and cytoglobin. Fresh blood for the vertebrate globin family[J]. EMBO Rep, 2002, 3(12): 1146-1151.

82　Duranteau J, Chandel N S, Kulisz A, et al. Intracellular signaling by reactive oxygen species during hypoxia in cardiomyocytes[J]. J Biol Chem, 1998, 273(19): 11619-11624.

83　Ehleben W, Bolling B, Merten E, et al. Cytochromes and oxygen radicals as putative members of the oxygen sensing pathway[J]. Respir Physiol, 1998, 114(1): 25-36.

84　Porwol T, Ehleben W, Brand V, et al. Tissue oxygen sensor function of NADPH oxidase isoforms, an unusual cytochrome aa3 and reactive oxygen species[J]. Respir Physiol, 2001, 128(3): 331-348.

85　Guzy R D, Hoyos B, Robin E, et al. Mitochondrial complex III is required for hypoxia-induced ROS production and cellular oxygen sensing[J]. Cell Metabolism, 2005, 1(6): 401-408.

86　Guzy R D, Schumacker P T. Oxygen sensing by mitochondria at complex III: the paradox of increased reactive oxygen species during hypoxia[J]. Exp Physiol, 2006, 91(5): 807-819.

87　Babior B M. The respiratory burst of phagocytes[J]. J Clin Invest, 1984, 73(3): 599-601.

88　Baggiolini M, Wymann M P. Turning on the respiratory burst[J]. Trends Biochem Sci, 1990, 15(2): 69-72.

89　Wientjes F B, Segal A W. NADPH oxidase and the respiratory burst[J]. Semin Cell Biol, 1995, 6 (6): 357-365.

90　Dahlgren C, Karlsson A. Respiratory burst in human neutrophils[J]. J Immunol Methods, 1999, 232 (1-2): 3-14.

91　DeLeo F R, Allen L A, Apicella M, et al. NADPH oxidase activation and assembly during phagocytosis[J]. J Immunol, 1999, 163(12): 6732-6740.

92　Decoursey T E, Ligeti E. Regulation and termination of NADPH oxidase activity[J]. Cell Mol Life

Sci，2005，62(19 - 20)：2173 - 2193.

93　El Benna J，Dang P M，Gougerot-Pocidalo M A，et al. Phagocyte NADPH oxidase：a multicomponent enzyme essential for host defenses[J]. Arch Immunol Ther Exp (Warsz)，2005，53 (3)：199 - 206.

94　Infanger D W，Sharma R V，Davisson R L. NADPH oxidases of the brain：distribution，regulation，and function[J]. Antioxid Redox Signal，2006，8(9 - 10)：1583 - 1596.

95　Bedard K，Krause K H. The NOX family of ROS-generating NADPH oxidases：physiology and pathophysiology[J]. Physiol Rev，2007，87(1)：245 - 313.

96　Rotrosen D，Yeung C L，Leto T L，et al. Cytochrome b558：the flavin-binding component of the phagocyte NADPH oxidase[J]. Science，1992，256(5062)：1459 - 1462.

97　Dinger B，He L，Chen J，et al. The role of NADPH oxidase in carotid body arterial chemoreceptors [J]. Respir Physiol Neurobiol，2007，157(1)：45 - 54.

98　Acker H. Cellular oxygen sensors[J]. Ann N Y Acad Sci，1994，718：3 - 12.

99　Acker H. Mechanisms and meaning of cellular oxygen sensing in the organism[J]. Respir Physiol，1994，95(1)：1 - 10.

100　Acker H，Xue D. Mechanisms of O_2 sensing in the carotid body in comparison with other O_2-sensing cells[J]. News Physiol Sci，1995，10：211 - 216.

101　Kummer W，Acker H. Immunohistochemical demonstration of four subunits of neutrophil NAD(P)H oxidase in type I cells of carotid body[J]. J Appl Physiol，1995，78(5)：1904 - 1909.

102　Acker T，Fandrey J，Acker H. The good，the bad and the ugly in oxygen-sensing：ROS，cytochromes and prolyl-hydroxylases[J]. Cardiovasc Res，2006，71(2)：195 - 207.

103　Archer S L，Reeve H L，Michelakis E，et al. O_2 sensing is preserved in mice lacking the gp91 phox subunit of NADPH oxidase[J]. Proc Natl Acad Sci USA，1999，96(14)：7944 - 7949.

104　Roy A，Rozanov C，Mokashi A，et al. Mice lacking in gp91 phox subunit of NAD(P)H oxidase showed glomus cell[Ca^{2+}]$_i$ and respiratory responses to hypoxia[J]. Brain Res，2000，872(1 - 2)：188 - 193.

105　Sanders K A，Sundar K M，He L，et al. Role of components of the phagocytic NADPH oxidase in oxygen sensing[J]. J Appl Physiol，2002，93(4)：1357 - 1364.

106　Fu X W，Wang D S，Nurse C A，et al. NADPH oxidase is an O_2 sensor in airway chemoreceptors：evidence from K^+ current modulation in wild-type and oxidase-deficient mice[J]. Proc Natl Acad Sci USA，2000，97(8)：4374 - 4379.

107　Wenger R H. Mammalian oxygen sensing，signalling and gene regulation[J]. J Exp Biol，2000，203 (Pt 8)：1253 - 1263.

108　Bracken C P，Whitelaw M L，Peet D J. The hypoxia-inducible factors：key transcriptional regulators of hypoxic responses[J]. Cell Mol Life Sci，2003，60(7)：1376 - 1393.

109　Law S H W，Wu R S S，Ng P K S，et al. Cloning and expression analysis of two distinct HIF - α isoforms — gcHIF - 1α and gcHIF - 4α — from the hypoxia-tolerant grass carp，Ctenopharyngodon idellus[J]. BMC Mol Biol，2006，7：15.

110　Shams I，Nevo E，Avivi A. Ontogenetic expression of erythropoietin and hypoxia-inducible factor - 1α genes insubterranean blind mole rats[J]. FASEB J，2005，19(2)：307 - 309.

111　Rees B B，Bowman J A，Schulte P M. Structure and sequence conservation of a putative hypoxia response element in the lactate dehydrogenase-B gene of Fundulus[J]. Biol Bull, 2001, 200(3): 247 – 251.

112 Camenisch G, Wenger R H, Gassmann M. DNA-binding activity of hypoxia-inducible factors (HIFs)[J]. Methods Mol Biol, 2002, 196: 117 – 129.

113 Rees B B, Figueroa Y G, Wiese T E, et al. Comp Biochem[J]. Physiol A, 2009, 154(1): 70 – 77.

114 Firth J D, Ebert B L, Ratcliffe P J. Hypoxic regulation of lactate dehydrogenase A: interaction between hypoxia-inducible factor 1 and cAMP response elements[J]. J Biol Chem, 1995, 270(36): 21021 – 21027.

115 Lando D, Pongratz I, Poellinger L, et al. A redox mechanism controls differential DNA binding activities of hypoxia-inducible factor (HIF) 1α and the HIF – like factor[J]. J Biol Chem, 2000, 275 (7): 4618 – 4627.

116 Khomenko T, Deng X M, Sandor Z, et al. Cysteamine alters redox state, HIF – 1 α transcriptional interactions and reduces duodenal mucosal oxygenation: novel insight into the mechanisms of duodenal ulceration[J]. Biochem Biophys Res Comm, 2004, 317(1): 121 – 127.

117 Heise K, Puntarulo S, Nikinmaa M, et al. Oxidative stress during stressful heat exposure and recovery in the North Sea eelpout Zoarces viviparus L[J]. J Exp Biol, 2006, 209(Pt 2): 353 – 363.

118 Fandrey J, Gorr T A, Gassmann M. Regulating cellular oxygen sensing by hydroxylation[J]. Cardiovasc Res, 2006, 71(4): 642 – 651.

119 Ivan M, Kondo K, Yang H F, et al. HIFα targeted for VHL-mediated destruction by proline hydroxylation: implications for O_2 sensing[J]. Science, 2001, 92(5516): 464 – 468.

120 Jaakkola P, Mole D R, Tian Y M, et al. Targeting of HIFα to the von Hippel-Lindau ubiquitylation complex by O_2-regulated prolyl hydroxylation[J]. Science, 2001, 292(5516): 468 – 472.

121 Hirota K, Semenza G L. Regulation of hypoxia-inducible factor 1 by prolyl and asparaginyl hydroxylases[J]. Biochem Biophys Res Comm, 2005, 338(1): 610 – 616.

122 Kaelin W G. Proline hydroxylation and gene expression[J]. Annu Rev Biochem, 2005, 74: 115 – 128.

123 Oehme F, Ellinghaus P, Kolkhof P, et al. Overexpression of PH – 4, a novel putative proline 4 – hydroxylase, modulates activity of hypoxia-inducible transcription factors[J]. Biochem Biophys Res Comm, 2002, 296(2): 343 – 349.

124 Appelhoff R J, Tian Y M, Raval R R, et al. Differential function of the prolyl hydroxylases PHD1, PHD2, and PHD3 in the regulation of hypoxia-inducible factor[J]. J Biol Chem, 2004, 279(37): 38458 – 38465.

125 Berra E, Benizri E, Ginouves A, et al. HIF prolyl-hydroxylase 2 is the key oxygen sensor setting low steady-state levels of HIF – 1α in normoxia[J]. EMBO J, 2003, 22(16): 4082 – 4090.

126 Rytkonen K T, Vuori K A M, Primmer C R. et al. Comparison of hypoxia-inducible factor – 1α in hypoxia-sensitive and hypoxia-tolerant fish species[J]. Comp Biochem Physiol D: Genom Proteom, 2007, 2(2): 177 – 186.

127 Haddad J J. Oxygen-sensing mechanisms and the regulation of redox- responsive transcription factors in development and pathophysiology[J]. Respir Res, 2002, 3(1): 26.

128 Kietzmann T, Gorlach A. Reactive oxygen species in the control of hypoxia-inducible factor-mediated gene expression[J]. Sem Cell Devel Biol, 2005, 16(4 – 5): 474 – 486.

129 Dayan F, Roux D, Brahimi-Horn M C, et al. The oxygen sensor factor-inhibiting hypoxia-inducible factor – 1 controls expression of distinct genes through the bifunctional transcriptional character of hypoxia-inducible factor-α[J]. Cancer Res, 2006, 66(7): 3688 – 3698.

130 Berchner-Pfannschmidt U, Yamac H, Trinidad B, et al. Nitric oxide modulates oxygen sensing by hypoxia-inducible factor 1 – dependent induction of prolyl hydroxylase 2[J]. J Biol Chem, 2007, 282 (3): 1788 – 1796.

131 Wyatt C N, Evans A M. AMP-activated protein kinase and chemotransduction in the carotid body [J]. Respir Physiol Neurobiol, 2007, 157(1): 22 – 29.

132 Wyatt C N, Mustard K J, Pearson S A, et al. AMP-activated protein kinase mediates carotid body excitation by hypoxia[J]. J Biol Chem, 2007, 282(11): 8092 – 8098.

133 Kim K H, Song M J, Chung J, et al. Hypoxia inhibits adipocyte differentiation in a HDAC-independent manner[J]. Biochem Biophys Res Comm, 2005, 333(4): 1178 – 1184.

134 Yun H, Lee M, Kim S S, et al. Glucose deprivation increases mRNA stability of vascular endothelial growth factor through activation of AMP-activated protein kinase in DU145 prostate carcinoma[J]. J Biol Chem, 2005, 280(11): 9963 – 9972.

135 Choi S L, Kim S J, Lee K T, et al. The regulation of AMP-activated protein kinase by H_2O_2[J]. Biochem Biophys Res Comm, 2001, 287(1): 92 – 97.

136 Lei B A, Matsuo K, Labinskyy V, et al. Exogenous nitric oxide reduces glucose transporters translocation and lactate production in ischemic myocardium *in vivo*[J]. Proc Natl Acad Sci USA, 2005, 102(19): 6966 – 6971.

137 Liu L P, Cash T P, Jones R G, et al. Hypoxia-induced energy stress regulates mRNA translation and cell growth[J]. Mol Cell, 2006, 21(4): 521 – 531.

138 Bell E L, Emerling B M, Chandel N S. Mitochondrial regulation of oxygen sensing [J]. Mitochondrion, 2000, 5(5): 322 – 332.

139 Chandel N S, Budinger G R S. The cellular basis for diverse responses to oxygen[J]. Free Rad Biol Med, 2007, 42(2): 165 – 174.

140 Liu Q, Berchner-Pfannschmidt U, Moller U, et al. A Fenton reaction at the endoplasmic reticulum is involved in the redox control of hypoxia-inducible gene expression[J]. Proc Natl Acad Sci USA, 2004, 101(12): 4302 – 437.

141 Triantafyllou A, Liakos P, Tsakalof A, et al. The flavonoid quercetin induces hypoxia-inducible factor – 1α (HIF – 1α) and inhibits cell proliferation by depleting intracellular iron[J]. Free Rad Res, 2007, 41(3): 342 – 356.

142 Ellory J C, Wolowyk M W, Young J D. Hagfish (Eptatretus stouti) erythrocytes show minimal chloride transport activity[J]. J Exp Biol, 1987, 129: 377 – 383.

143 Nikinmaa M. Red cell membrane transport in health and disease[M]. Berlin: Springer, 2003, 489 – 509.

144 Drew C, Ball V, Robinson H, et al. Oxygen sensitivity of red cell membrane transporters revisited [J]. Bioelectrochemistry, 2004, 62(2): 153 – 158.

145 Nikinmaa M. Membrane transport and the control of haemoglobin-oxygen affinity in nucleated erythrocytes[J]. Physiol Rev, 1992, 72(2): 301 – 321.

146 Nikinmaa M. Gas transport//Vans D H E, Claiborne J B. Physiology of fishes[M]. 3rd ed. Boca

Raton: CRC Press, 2005: 153 – 174.

147 Tetens V, Christensen N J. Beta-adrenergic control of blood oxygen affinity in acutely hypoxia exposed rainbow trout[J]. J Comp Physiol B, 1987, 157(5): 667 – 675.

148 Fievet B, Claireaux G, Thomas S, et al. Adaptive respiratory responses of trout to acute hypoxia. II. Blood oxygen carrying properties during hypoxia[J]. Respir Physiol, 1988, 74(1): 91 – 98.

149 Nikinmaa M, Salama A. Oxygen transport in fish//Perry S F, Tufts B L. Fish Physiology[M]. New York: Academic Press, 1998, 141 – 184.

150 Gonzalez C, Almaraz L, Obeso A. et al. Carotid body chemoreceptors: from natural stimuli to sensory discharges[J]. Physiol Rev, 1994, 74(4): 829 – 898.

151 Gonzalez C, Lopez-Lopez J R, Obeso A, et al. Cellular mechanisms of oxygen chemoreception in the carotid body[J]. Respir Physiol, 1995, 102(2 – 3): 137 – 147.

152 Gonzalez C, Vicario I, Almaraz L, et al. Oxygen sensing in the carotid body[J]. Biol Signals, 1995, 4(5): 245 – 256.

153 Lopez-Barneo J. Oxygen and glucose sensing by carotid body glomus cells[J]. Curr Opin Neurobiol, 2003, 13(4): 493 – 499.

154 Prabhakar N R. O_2 sensing at the mammalian carotid body: why multiple O_2 sensors and multiple transmitters[J]. Exp Physiol, 2006, 91(1): 17 – 23.

155 Kumar P, Prabhakar N. Sensing hypoxia: carotid body mechanisms and reflexes in health and disease[J]. Respir Physiol Neurobiol, 2007, 157(1): 1 – 3.

156 Zhang M, Buttigieg J, Nurse C A. Neurotransmitter mechanisms mediating low-glucose signalling in cocultures and fresh tissue slices of rat carotid body[J]. J Physiol (London), 2007, 578(Pt 3): 735 – 750.

157 Pardal R, Lopez-Barneo J. Combined oxygen and glucose sensing in the carotid body[J]. Undersea Hyperbaric Med, 2004, 31(1): 113 – 121.

158 Kline D D, Peng Y J, Manalo D J, et al. Defective carotid body function and impaired ventilatory responses to chronic hypoxia in mice partially deficient for hypoxia-inducible factor 1 α[J]. Proc Natl Acad Sci USA, 2002, 99(2): 821 – 826.

159 Fung M L, Tipoe G L. Role of HIF – 1 in physiological adaptation of the carotid body during chronic hypoxia[J]. Adv Exp Med Biol, 2003, 536: 593 – 601.

160 Roux J C, Brismar H, Aperia A. et al. Developmental changes in HIF transcription factor in carotid body: relevance for O_2 sensing by chemoreceptors[J]. Pediatr Res, 2005, 58(1): 53 – 57.

161 Soliz J, Joseph V, Soulage C, et al. Erythropoietin regulates hypoxic ventilation in mice by interacting with brainstem and carotid bodies[J]. J Physiol (London), 2005, 568(Pt 2): 559 – 571.

162 Dejours P. Principles of comparative respiratory physiology[M]. Amsterdam: Elsevier, 1975.

163 Perry S F, Gilmour K M. Sensing and transfer of respiratory gases at the fish gill[J]. J Exp Zool, 2002, 293(3): 249 – 263.

164 Gilmour K M, Perry S F. Branchial chemoreceptor regulation of cardiorespiratory function//Hara T J, Zielinski B S. Fish Physiology[M]. New York: Academic Press, 2006, 97 – 151.

165 Milsom W K, Burleson M L. Peripheral arterial chemoreceptors and the evolution of the carotid body [J]. Respir Physiol Neurobiol, 2007, 157(1): 4 – 11.

166 Dunel-Erb S, Bailly Y, Laurent P. Neuroepithelial cells in fish gill primary lamellae[J]. J Appl

Physiol，1982，53(6)：1342 - 1353.

167 Jonz M G, Fearon I M, Nurse C A. Neuroepithelial oxygen chemoreceptors of the zebrafish gill[J]. J Physiol (London)，2004，560(Pt 3)：737 - 752.

168 Burleson M L, Mercer S E, Wilk-Blaszczak M A. Isolation and characterization of putative O_2 chemoreceptor cells from the gills of channel catfish (Ictalurus punctatus)[J]. Brain Res，2006，1092(1)：100 - 107.

169 Fandrey J. Oxygen-dependent and tissue-specific regulation of erythropoietin gene expression[J]. Am J Physiol Regul Integr Comp Physiol，2004，286(6)：R977 - R988.

170 Eckardt K U, Kurtz A. Regulation of erythropoietin production[J]. EurJ Clin Invest，2005，35 (Suppl 3)：13 - 19.

171 Jelkmann W. Erythropoietin after a century of research：younger than ever[J]. Eur J Haematol，2007，78(3)：183 - 205.

172 Manalo D J, Rowan A, Lavoie T, et al. Transcriptional regulation of vascular endothelial cell responses to hypoxia by HIF - 1[J]. Blood，2005，105(2)：659 - 669.

173 Fukuda R, Zhang H F, Kim J W, et al. HIF - 1 regulates cytochrome oxidase subunits to optimize efficiency of respiration in hypoxic cells[J]. Cell，2007，129(1)：111 - 122.

174 Chavez J C, Baranova O, Lin J, et al. The transcriptional activator hypoxia inducible factor 2 (HIF - 2/EPAS - 1) regulates the oxygen-dependent expression of erythropoietin in cortical astrocytes[J]. J Neurosci，2006，26(37)：9471 - 9481.

175 Rankin E B, Biju M P, Liu Q D, et al. Hypoxia-inducible factor - 2 (HIF - 2) regulates hepatic erythropoietin *in vivo* [J]. J Clin Invest，2007，117(4)：1068 - 1077.

176 Ratcliffe P J. HIF - 1 and HIF - 2：working alone or together in hypoxia[J]. J Clin Invest，2007，117(4)：862 - 865.

177 Dery M A C, Michaud M D, Richard D E. Hypoxia-inducible factor 1：regulation by hypoxic and non-hypoxic activators[J]. Int J Biochem Cell Biol，2005，37(3)：535 - 540.

178 Stiehl D P, Jelkmann W, Wenger R H. et al. Normoxic induction of the hypoxia-inducible factor 1α by insulin and interleukin - 1β involves the phosphatidylinositol 3 - kinase pathway[J]. FEBS Lett，2002，512(1 - 3)：157 - 162.

179 Liu Y V, Semenza G L. RACK1 *vs*. HSP90：competition for HIF - 1α degradation *vs*. stabilization [J]. Cell Cycle，2007，6(6)：656 - 659.

180 Liu Y V, Baek J H, Zhang H, et al. RACK1 competes with HSP90 for binding to HIF - 1 alpha and is required for O_2-independent and HSP90 inhibitor-induced degradation of HIF - 1 alpha[J]. Mol Cell，2007，25(2)：207 - 217.

181 Heise K, Puntarulo S, Nikinmaa M, et al. Oxidative stress and HIF - 1 DNA binding during stressful cold exposure and recovery in the North Sea eelpout (Zoarces viviparus). Comp. Biochem[J]. Physiol A Mol Integr Physiol，2006，143(4)：494 - 503.

182 Gardner L B, Li Q, Park M S, et al. Hypoxia inhibits G(1)/S transition through regulation of p27 expression[J]. J Biol Chem，2001，276(11)：7919 - 7926.

183 Goda N, Ryan H E, Khadivi B, et al. Hypoxia-inducible factor 1 α is essential for cell cycle arrest during hypoxia[J]. Mol Cell Biol，2003，23(1)：359 - 369.

184 Schnell P O, Ignacak M L, Bauer A L, et al. Regulation of tyrosine hydroxylase promoter activity

by the von Hippel-Lindau tumor suppressor protein and hypoxia-inducible transcription factors[J]. J Neurochem, 2003, 85(2): 483 - 491.

185　Gorr T A, Cahn J D, Yamagata H, et al. Hypoxia-induced synthesis of hemoglobin in the crustacean Daphnia magna is hypoxia-inducible factor-dependent[J]. J Biol Chem, 2004, 279(34): 36038 - 36047.

186　Semenza G L. Hydroxylation of HIF - 1: oxygen sensing at the molecular level[J]. Physiology, 2004, 19: 176 - 182.

187　Greijer A E, van der Groep P, Kemming D, et al. Up-regulation of gene expression by hypoxia is mediated predominantly by hypoxia-inducible factor 1 (HIF - 1)[J]. J Pathol, 2005, 206(3): 291 - 304.

188　Chan W K, Yao G, Gu Y Z, et al. Cross-talk between the aryl hydrocarbon receptor and hypoxia inducible factor signaling pathways — demonstration of competition and compensation[J]. J Biol Chem, 1999, 274(17): 12115 - 12123.

189　Nie M H, Blankenship A L, Giesy J P. Interactions between aryl hydrocarbon receptor (AhR) and hypoxia signaling pathways[J]. Environ Toxicol Pharmacol, 2001, 10(1 - 2): 17 - 27.

190　Hofer T, Pohjanvirta R, Spielmann P, et al. Simultaneous exposure of rats to dioxin and carbon monoxide reduces the xenobiotic but not the hypoxic response[J]. Biol Chem, 2004, 385(3 - 4): 291 - 294.

3

水下生物的氧摄取和氧转运

史蒂夫·F·佩里(Steve F. Perry),

凯瑟琳·M·吉尔摩(Kathleen M. Gilmour)

3.1 引言

关于鱼类对氧的摄取及转运的经典研究至少始于 100 年前 August Kroph 的先驱性研究[1-2]。August Kroph[3]1941 年发表了关于比较呼吸生理的重要论著,后续的研究者对鱼类氧摄取及转运的相关机制进行了广泛研究。本章将聚焦完全水下呼吸的鱼类对氧的摄取及转运。而第 4 章则主要关注空气呼吸鱼类。尽管有一些水下呼吸的鱼类可以利用皮肤来辅助吸氧[4](见第 6 章),但总的来说,鱼鳃还是鱼类进行气体交换的主要器官。因此,本章将围绕鱼鳃来进行介绍。有不少综述已经对经鳃吸氧及血液运氧进行了详尽的介绍和讨论,感兴趣的读者可参照相关综述[5-33]。本章旨在介绍氧转运的基本概念及观点,以更深入理解在应激状态下生物对氧转运的调节及适应性反应。

3.2 鳃的结构：整体布局及功能

鳃的功能多种多样,包括呼吸气体转运、含氮废物排出、离子调节及酸碱平衡。关于鳃结构和功能的详细介绍,读者可参照 Evans 等的综述[34]。尽管鳃的主要功能是参与水与血液间的气体转运,但从原始低等的无颌鱼类(无颌总纲)

到最高等的硬骨鱼类(硬骨鱼总纲),鱼鳃的结构和功能差异很大。本章将重点关注研究最多的两大鱼类:软骨鱼(软骨鱼纲,板鳃亚纲)和硬骨鱼(辐鳍鱼纲,真骨鱼类同属)。关于无颌类鱼鳃结构和功能的详细介绍可参见相关论著[35-37]。

　全面认识鳃的内外部结构是认识经鳃摄取氧的第一步。硬骨鱼和真骨鱼的鳃位于头部两侧的鳃腔内,由左右各4个鳃弓组成,位于两侧鳃盖腔中。在硬骨鱼中,鱼鳃表面覆有鳃盖;而在软骨鱼中,鱼鳃周围包绕着一层上皮组织并折叠形成栅板状。在这两种鱼类中,鱼鳃均可形成类筛样结构以吸入水流(见图3-1)。流经鱼鳃的水流是由口腔与鳃腔的压力差所驱动。鳃弓上分出许多细条状的鳃丝(亦称为初级鳃片),每一鳃丝上发出许多细板条状的鳃片(亦称为次级鳃片)(见图3-1和图3-2),这些成千上万的鳃片为高效吸氧提供了足够大的表面积。鳃

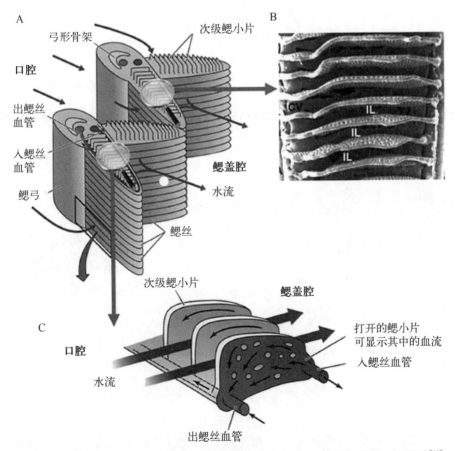

图3-1 (A)鳃筛结构示意图。鳃筛由相邻的鳃丝组成,水流从口腔流经鳃筛而进入鳃腔[38];(B)步行鲇鱼(Claria batrachus)鳃的铸型标本结构示意图,平行排列的鳃片间形成独立分开的水通道[39];(C)水流与血流方向相反而形成逆流气体交换模式[38]。IL:鳃片层间;CV:侧支血管

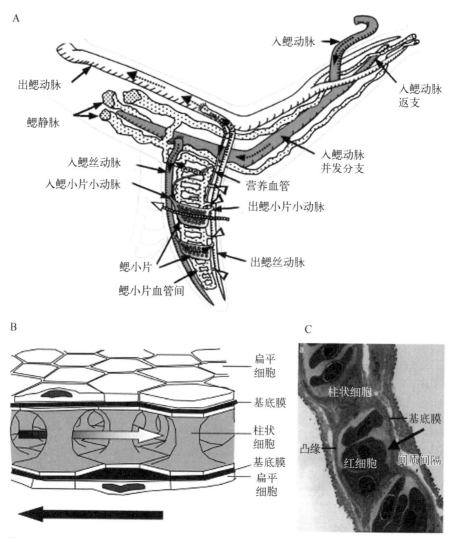

图3-2 （A）鳃弓及鳃丝血管分布示意图。入鳃动脉进入鳃弓后分为两个分支，即行走于前腹侧的返支和继续行走于后背侧的分支。鳃丝中的呼吸循环（小动脉-动脉通路）由入鳃丝动脉、出鳃丝动脉、小动脉及鳃片组成。该循环通过出鳃动脉进入鳃弓。鳃片间血管横贯鳃丝，由出鳃丝动脉的小分支（箭头所示）或由基底传出鳃丝动脉及出鳃动脉的营养小血管来供血。鳃片间循环系统汇入鳃静脉而进入鳃弓。虚线箭头表示血流方向，黑底点状白箭头表示水流流经鳃片的路径。（B）鳃片横截面积示意图。柱状细胞构成血流流通的血道，阴影箭头所示血液氧合方向。柱状上皮细胞位于基膜上，鳃片的水流面主要由铺列细胞组成。根据Gilmour等[42]一文修改。（C）鳃片横截面的电镜表现。水流与血流间弥散屏障（箭头所示）由一层或多层鳃片上皮细胞、间质间隔、基底膜、柱状细胞的浆膜面、柱状上皮凸缘及血浆组成

片的表面积（类似于弥散距离）在不同种属间有很大差异。例如在不活跃的深海鱼类中表面积较小，而在活跃的浮游类中表面积较大。鳃片在鳃丝上呈平行排列，可使水流呈单方向流经鳃片间的通道（见图3-1），而鳃片中血流则呈相反方向流动，

可促进高效的逆流气体交换，使得 PaO_2 远高于呼出水流中的 PO_2。

鱼鳃中的血流模式见图 3-2。鱼鳃中有两套不同的循环通路（小动脉-动脉、小动脉-静脉环路）[39]，但只有小动脉-动脉环路参与氧转运。在小动脉-动脉环路中，部分去氧的血液由入鳃动脉进入鳃弓，入鳃动脉可发出许多入鳃丝动脉将血液送至各个鳃丝中。而入鳃丝动脉可再分出入鳃片小动脉以灌注鳃片。鳃片中氧合后的血液则通过出鳃片小动脉、出鳃丝动脉、出鳃动脉流出，最终回到背大动脉及系统循环中。

在鱼鳃中不存在真毛细血管（即由单层血管内皮细胞组成的血管）。鳃片上由2层上皮细胞组成，其中间由连续的"H"形柱状细胞构成血流流通的血道（见图 3-2B）。柱状细胞的细长突起（即柱状细胞凸缘）也参与组成该通道。鳃片中的氧吸收是通过水与血液间的弥散来进行（见图 3-2C）。在血道中，吸入的水流与红细胞间存在一个由鳃片上皮细胞、间质间隔、基底膜、柱状细胞凸缘的浆膜及一部分血浆组成的屏障。弥散距离与不同种属间生活方式及栖息地有关。不耐受低氧或活跃的鱼类弥散距离较短（如高度活跃的金枪鱼弥散距离仅约 0.5 μm）[40]，耐受低氧或不活跃的鱼类弥散距离较长（如大头鱼的弥散距离约为 10 μm）[41]。

大多数硬骨鱼和软骨鱼均通过鳃进行通气。在硬骨鱼中，呼吸运动由口腔泵及鳃腔泵协同完成。口腔泵及鳃腔泵进行周期性异相运转产生的压力阶差可驱动经鳃水流。在第一个时相中，口张开伴口底部下降使口颊腔增大，同时鳃盖膜关闭，使得口颊腔负压增大，水进入口腔。在第二个时相中，口关闭伴口颊腔压缩，而鳃腔扩张，所形成的压力差使水流向阻力较低的鳃筛（值得注意的是鳃筛中仍需一定阻力来保持压力差）。第三个时相中，鳃盖膜开放且鳃腔变小，水被压出体外。软骨鱼呼吸运动中的水流方式与硬骨鱼相似，但软骨鱼中水可通过口及头两侧的气孔（由阀门开关调节）两个途径进入口腔。水流由口腔压缩作用进入鱼鳃并通过外鳃压出体外。高活跃性的金枪鱼和马鲛鱼并不通过鱼鳃呼吸，它们在水中游动过程中保持张口，可促使水流穿过鱼鳃，称之为"撞击换气"。这种通气方式可高效地偶联运动和通气做功。一些在静息下或以中等速度游动时通过鱼鳃进行通气的鱼类可在高速游动时切换成这种撞击换气[43]，从而可以有效减少能量消耗。

3.3　经鳃氧转运的基本原则

无论鱼所处环境 PO_2 的高低，流经鱼鳃的血液为部分脱氧状态，其脱氧程度很大程度上受氧代谢率影响。在常氧环境静息状态下，进入鱼鳃的混合静脉血氧饱和度通常高于50%，可为运动及低氧时提供一定氧储备。在鱼鳃中氧通过弥散及对流的协同作用进入到血液中。通气灌注过程可形成血液及水流间的氧分压差（ΔPO_2），使得氧自水流中弥散入血，而新鲜氧则通过通气交换再次进入水流中。除了对流作用，氧与血红蛋白的结合也参与维持ΔPO_2。氧与血红蛋白结合可降低血浆中物理性溶解的氧水平的波动，从而减慢血PO_2的上升速度。例如，南极冰鱼血液中缺乏血红蛋白，氧堆积在血浆中可迅速升高血PO_2，快速达到与吸入水流中PO_2相当的水平。鱼鳃血液中PO_2达到与吸入水流中PO_2相当水平的能力可用来评估吸氧效率。当然，吸氧效率越高越好，但单独一个吸氧效率并不是评估吸氧能力的可靠指标。南极冰鱼（Chaenocephalus aceratus）就是一个很好的例子（虽然是一个极端的例子），其血液中总氧转运量与吸氧效率并不一致。由于南极冰鱼血液携氧能力差，其吸氧效率很高，穿过鱼鳃的血液中PO_2水平与吸入水流相当，但事实上其血液中氧含量是低的，单位氧转运量也很低。与携氧能力强的鱼类相比，南极冰鱼心脏很大，心脏每搏输出量高，从而在单位时间内增加鳃内血流量以满足代谢需要[44]。因此，优化的吸氧方式应是在无须增加不合理灌注通气功能的前提下提高鱼鳃中的氧转运效率。

评估氧摄取最有效的办法是评判其是否处于氧转运的时间限制内，也就是说鳃循环中氧弥散的总时间取决于鳃片中的血流速度。正常情况下，血液可在鳃片中停留1~3 s，氧需在这个短暂的时间（转运时间）中快速弥散，使血液中PO_2达到与吸入水流中相当的水平。对于任一ΔPO_2，弥散速率（弥散导度）很大程度上取决于水流与血流间的弥散距离与Krogh渗透系数（弥散常数×电容）。若弥散导度过低，则血液中PO_2无法达到与吸入水流中相当的水平，且转运时间缩短可降低氧吸收的效率及血液中PaO_2水平。弥散受限模式指的是鱼鳃中吸氧效率降低且转运时间缩短，其特征表现为在运动中当心输出量增加而使得转运时间缩短时，血液中动脉血氧分压（partial pressure of oxygen in arterial blood，PaO_2）水平下降。尽管目前除了虹鳟鱼，其他鱼类中是否存在弥散受限并无相关证据[45]，但一般认为，用鳃呼吸鱼类中在氧转运过程中不存在弥散受限。鳟鱼在低氧状态下ΔPO_2减小，其鱼鳃中可能会出现氧弥散受限的情况[46]。在常氧时鳟鱼鱼鳃中无氧弥散受限，但其吸氧过程中可能出现灌注受限模式，即在鱼鳃转运时间的生理变化区间内，吸氧效率是不变的，氧吸收随灌注的增加而呈线性增加（例如心输出量增加2倍，氧吸收亦增加2倍）。若是鱼鳃中存在氧弥散受限，当心输出量增加2倍时，由于血

液中 PaO_2 有所下降,氧浓度亦下降,氧吸收并不足 2 倍。其中,血液中氧浓度下降的程度与 PaO_2 初始值及其下降程度有关。当 PaO_2 较高时,氧离曲线较平,在这个区间中 PaO_2 的变化对氧浓度影响不大;而在氧离曲线较陡的区间中,PaO_2 的小幅度变化即可引起氧浓度明显波动。显而易见,鱼鳃中灌注受限模式有利于氧吸收,鱼类可通过调节心输出量来调节氧吸收,而不受血液 PaO_2 的影响。

有趣的是,虽然二氧化碳比氧更易弥散[11],但研究发现虹鳟鱼鱼鳃中存在二氧化碳弥散受限[45,47],鱼鳃中转运时间缩短可升高 $PaCO_2$ 水平,反之亦然[45]。二氧化碳转运的弥散受限模式见图 3-3 所示。氧弥散自血流进入鳃片时开始,理论

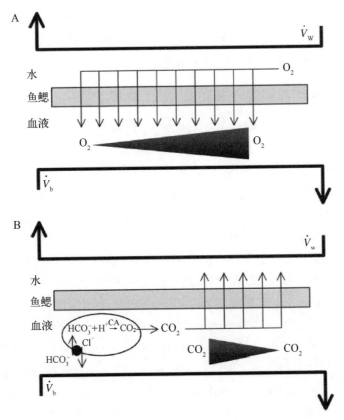

图 3-3 硬骨鱼鱼鳃中 O_2(A)及 CO_2(B)转运示意图。理论上说,鱼鳃的每个区域都有通气及血流灌注,均可进行氧弥散,氧传输则受限于血流灌注。对于 CO_2 转运来说,血浆碳酸氢根离子(HCO_3^-)进入红细胞的速率慢,血浆 HCO_3^- 向 CO_2 转化受限。因此,CO_2 弥散的有效表面积是有限的(即 CO_2 弥散的功能表面积小于总表面积)。由于上述化学平衡限制,因此硬骨鱼的鱼鳃 CO_2 转运表现为弥散限制模式。CA,碳酸酐酶;$\dot{V}_b$,血流;$\dot{V}_w$,水流

上可持续到血液流出鳃片。因此，氧弥散可持续整个转运时间。然而，二氧化碳弥散最开始需要将血浆 HCO_3^- 转化成可弥散的二氧化碳[48-49]，因此二氧化碳实际弥散时间短于氧，这就是鱼鳃中二氧化碳弥散受限模式的基础。

气体交换器官最优模式的特点在于氧输送至呼吸道表面的速率应与循环中氧利用的速率相当。氧输送速率与氧利用速率的比值称为容量速率比[50]。由于水中氧电容远低于血液，相同体积的血液中所含的氧容量比水中高 8～30 倍。因此，为了能使容量速率比达到将近 1，吸入水流流速需远远高于血流。通常来说，鱼类的通气/灌注比在 10～20（如在虹鳟鱼中约为 10）[51]。高通气/灌注比会升高通气的代谢消耗。

鱼鳃呼吸道表面水流与血流方向相反，这种逆流交换模式可使整个转运时间中保持一定的弥散浓度阶梯，刚进入鱼鳃的血液中 PO_2 较低，可与即将被呼出的水流进行氧交换（此部分水流中 PO_2 最低）；随着氧交换逐步进行，血液中 PO_2 上升，直至血液中 PO_2 高于呼出水流中的 PO_2。

3.3.1 鳃的重塑与渗透呼吸补偿

影响鳃氧转运的关键因素在发表的综述中已有详细讨论[7-8,13,16,22,26,30,32,34,52]，主要包括弥散导度、对流（通气与灌注）以及血流与水流间的 ΔPO_2。鱼鳃的弥散导度由功能呼吸道表面积、弥散距离以及 Krogh 渗透系数（弥散常数×电容）所决定。功能呼吸道表面积与弥散距离是可变的，可随着代谢需求及环境条件的不同而发生适应性改变，而这些调节具有显著意义。呼吸道表面积增加及弥散距离缩短等在增加鱼鳃氧转运速率的同时，可加快鱼鳃中盐分及水流运动。由于从淡水中主动吸收盐分及将盐分主动排泄入海水均需要耗费较高能量，弥散导度需与气体交换需求量相对应，这一现象称为"渗透呼吸补偿"。因此，在不影响静息及常氧状态下氧运输量的前提下，需尽可能地降低弥散导度以减少鱼鳃中盐分及水流运动，从而降低离子泵的能量消耗。启用未灌注的鳃片（鳃片募集）或更充分利用每个鳃片能快速增加功能呼吸道表面积[53-54]。而在某些鱼类中，生理性地覆盖或打开鳃片能更持久并更显著改变功能呼吸道表面积（见第 5 章图 5-2）[55-58]。黑鲫（*C. carassius*）、金鱼（*C. auratus*）及红树林鳉鱼（*K. marmoratus*）可根据氧需求或利用率进行鱼鳃重塑，这种重塑是可逆的；而巨滑舌鱼（*A. gigas*）则在从水下呼吸到水上呼吸的进化过程中发生永久性的鳃片重塑[56]。鳃片层间细胞团（interlamellar cell mass, ILCM）的浸润或回缩参与了鱼鳃重塑过程，但 ILCM 增殖或凋亡相关的信号通路目前尚不清楚[59-60]。目前，黑鲫与金鱼的研究受到的关注最多。当处于寒冷常氧的水中时，这些鱼类中

ILCM 增加,而当温度上升或低氧环境中,ILCM 则减少[55,57]。因此,在代谢增加或低氧等需要优化鱼鳃氧吸收的状态下,弥散导度是增加的。而在两栖鱼类红树林鳉鱼中则是相反的,ILCM 在有氧环境下才出现,在这种情况下鱼鳃是无功能的[58]。

　　显然,根据渗透呼吸补偿的原理,ILCM 的出现及相应的功能呼吸道表面积的减少可降低离子及水的被动转运,因此可能是有益的。然而目前相关的实验证据并不明确且无直接证据(有相关研究比较有无 ILCM 的黑鲫中血浆 Cl^- 水平)[55]。可以推测的是无法吸收离子的淡水鱼中可有 ILCM,这是由于吸收离子主要在富含线粒体细胞(mitochondria-rich cells, MRCs)中进行,而这些细胞通常位于鳃丝基底部或鳃片间区域,可被 ILCM 所覆盖。然而,新近研究显示金鱼中 MRCs 可沿 ILCM 边缘生长而保持与吸入水流接触的状态(D. Mitrovic 和 Perry,未发表结果)(见图 3-4)。即便如此,与位于鳃丝基底部靠近血管的 MRCs 相比,这些位于 ILCM 边缘的 MRCs 并无血流供应(Nilsson,个人通讯),其功能可被代偿。

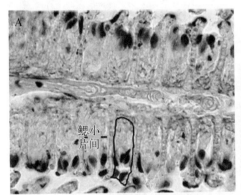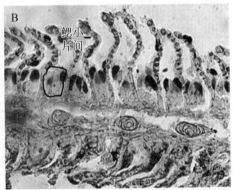

图 3-4　将金鱼置于 7 ℃下常氧(A)或低氧(水中 $PO_2 = 10$ mmHg)(B)状态下持续 7 天,金鱼鱼鳃外表面的光镜表现。在常氧环境下,鳃片间通道充满了鳃片层间细胞团(ILCM)(图中以圈出表示)。在低氧环境下,ILCM 显著减少。不管是否有 ILCM,鳃片中富含线粒体细胞(MRC)均与水流接触(Mitrovic D 和 Perry S F,未发表结果)

　　上述鳃重塑例子显示鱼类可根据氧利用率来调节功能呼吸道表面积的大小[和(或)弥散距离]。淡水鱼中的鱼鳃重塑还可发生在离子缺乏环境中(见图 3-5),使得弥散导度调整至保持离子稳态的程度。为了减少离子利用率以适应离子缺乏环境,鱼类中鳃片 MRCs 增殖以增加鱼鳃对离子的吸收[61-65]。MRCs 增殖可显著增加鳃片中血流与水流间的弥散距离[65-66],同时可减少气体转运[46,66-69]。由于二氧化碳是通过弥散限制模式进行转运[30],增加弥散距离将减少二氧化碳弥散[46]。而氧转运则是通过灌注限制模式进行转运,因此仅在低氧状态下才会减少[46]。

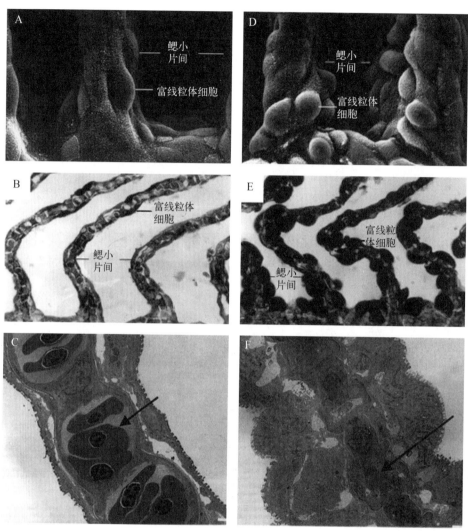

图3-5　正常环境下(A～C)或引起鳃片富含线粒体细胞(MRC)增殖的环境下(软水,予以皮质醇处理,D～F),虹鳟鱼鳃的扫描电镜(A、D)、光学显微镜(B、E)及透射电子显微镜(C、F)表现。MRC增殖可致鳃片增厚,减少鳃片间水通道并增加水流与血流间的弥散距离(箭头所示)。IL:鳃小片间;MRC:富含线粒体细胞

3.4　鱼鳃对环境的感知及吸氧调节

如前所述,鱼鳃中氧转运受弥散导度、对流(通气与灌注)以及血流与水流间的 ΔPO_2 影响。心肺反射[通气和(或)灌注调节]使鱼类能根据环境及代谢需求

变化来动态调节氧转运。化学感受器能感受外界（水中）及／或内在（血液中）氧浓度变化，从而使得心肺的生理反应能适应环境中氧浓度及代谢耗氧率的变化。相似的，二氧化碳化学感受器的作用也使得心肺生理改变与环境中二氧化碳浓度相适应。对于鱼类来说，鱼鳃虽说是重要的气体感受器官，但其作用并非最重要的。既往有不少综述已详尽介绍了鱼类的化学感受器[21,30,70-79]，因此这一部分将重点介绍鱼鳃氧化学感受器介导的心肺反射。

　　实验结果显示，鱼鳃化学感受器可单独或同时感受水中及血液的 PO_2 变化。其氧化学感受器可分为两组：一组感受外界氧浓度，另一组感受体内氧浓度[80-81]；亦有可能是仅有一组位于鱼鳃上皮内的氧化学感受器可感受外界及体内的 PO_2[21,30,70-79]。综合有限物种的研究显示，感受水中氧浓度的化学感受器可参与心血管及通气反应的调节过程，而感受血液中氧浓度的化学感受器仅能调节通气反应。然而，仔细分析源自更多物种的数据来看[79]，这个观点过于简单化，实际上鱼鳃化学感受器对心肺系统的调节十分复杂，可能存在多种调节模式。

　　神经上皮细胞（neuroepithelial cell，NEC）是构成鳃中氧化学感受器的特有细胞类型，不仅富集在鳃丝远端区域的前缘，还可出现在鳃片中。这些 NEC 类似于哺乳动物颈动脉中感受氧及二氧化碳的 I 型球细胞[82-88]，也同样具有神经内分泌细胞的特性，包括含突触小泡蛋白及大量 5 -羟色胺的致密核心小泡[82-83,87]。由于 NEC 与球细胞具有相似的结构及化学特性，且它们都位于感受水及血液中气体浓度的部位，因此 Dunel - Erb 等[82]提出 NEC 可能是鱼鳃中氧化学感受器。同一小组的研究还显示，在严重低氧时 NEC 可出现脱颗粒，提示神经递质的释放，这一结果也支持 NEC 是鱼鳃中氧化学感受器的观点[83]。最近，膜片钳电生理实验结果也为此提供了有力的证据：斑马鱼分离 NEC 实验[89]及斑点叉尾鮰实验[90]均得出与哺乳动物球细胞相似的结果，即在低氧刺激下 NEC 细胞膜 K^+ 通透性降低，细胞膜出现去极化。而下一个要探讨的问题是：NEC 细胞膜去极化是否伴随着神经递质的释放。大量间接证据也支持 NEC 是氧化学感受器这一观点。在成年斑马鱼中，NEC 数量在低氧状态下增加[89]，而在高氧状态下减少[91]。在幼年斑马鱼中，低氧通气反应幅度与 NEC 的成熟度相关，且在 NEC 受到完全神经支配后达到高峰[92]。不少研究还显示鱼鳃去神经化或摘除鱼鳃可消除心肺系统对环境氧浓度变化的反应[93-98]，而选择性给予鱼鳃低氧水或模拟低氧的药物刺激均可激发心肺反射[99-102]，这些结果均提示鱼鳃是氧感受器。综上，NEC 能感受氧浓度变化，其对氧浓度的反应性与哺乳动物中的颈动脉体细胞类似，并且因环境氧浓度变化所诱发的心肺反射始于鱼鳃。

下一步研究还需探讨在氧浓度变化时，NEC 刺激后如何引起心肺反射的这一问题。

环境氧变化经由氧敏感化学感受器诱发一系列心肺反射目前已较明确。心肺反射的幅度及能触发反应的外界氧变化幅度在不同种属间有所不同，但特定的心肺反射在不同种属间是一致的。低氧反应性高通气可能是其中最强的反应（见图 3-6），且存在于已经检测过的多种物种中[79]。低氧反应性高通气的生理意义之一在于有助于鱼类保持稳定的代谢率。高通气可有效增加鱼鳃氧转运，同时增加 PaO_2。增加水流减少呼出-吸入 ΔPO_2，进而升高 PaO_2。心动过缓及血压升高是最常见的低氧相关的心血管反应[79]。低氧状态下心脏副交感神经兴奋可导致心动过缓[103-104]，同时外周交感神经兴奋及循环儿茶酚胺增多可作用于血管平滑肌 α-肾上腺素受体[105-106]，引起外周血管收缩，外周阻力升高，从而导致血压升高[104,107]。低氧状态下出现心动过缓及血压升高的生理意义目前尚不明确。低氧相关的心动过缓（见图 3-6）可能通过减少鱼鳃气体转运时间（减少心输出量）和（或）增加脉压（可导致鳃片募集或增加气体通透性）来增加鱼鳃气体转运效率（即提高 PaO_2 或降低 $PaCO_2$）[108]。然而，针对这个假说的研究结果并不一致。有些研究显示低氧相关的心动过缓是有益的[109]，而另一些研究则得出相反的结果[110-111]（详见综述[112]）。另一假说是低氧相关的心动过缓可延长舒张期以增加心肌供氧并增加心脏收缩力，从而可增强心功能[112]。而低

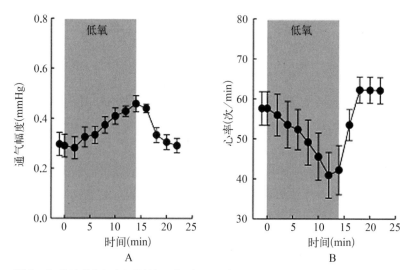

图 3-6 海湾豹蟾鱼中急性低氧环境（水 PO_2 约 40 mmHg）对通气幅度（A）及心率的影响。结果用均数±1 标准误来表示（Perry S F，Gilmour K M，McDonald D 等未发表结果）

氧相关高血压是否能增加气体转运同样不清楚[104,107]。血压升高可能促进鳃片募集[54]，因此理论上可以增加气体转运，但目前的研究结果并不支持这一假说[106,111]。

3.5 血液氧运输

氧运输至组织依赖于鳃中氧转运及血液中氧运输，后者受心输出量及动脉氧含量的影响。前文提到的南极冰鱼血液中无血红蛋白，氧均通过溶解于血浆中进行运输。而更多情况下，大部分氧（约 95%）是通过与红细胞中的血红蛋白相结合来进行运输，此方式使血液携氧量是物理溶解方式的 20 倍[10]。动脉氧含量受血红蛋白量、血红蛋白与氧亲和力及 PaO_2 影响，而 PaO_2 是由前述氧的跨鳃转运所决定。

除了无颌类为单体血红蛋白，多数鱼类中的血红蛋白为四聚体。氧与血红蛋白的结合是可逆的，且受 PaO_2 影响，两者间的结合和解离规律可用氧离曲线来表示（见图 3-7）。氧离曲线呈"S"形，反映了血红蛋白四个亚基结合氧的协同作用。去氧四聚体血红蛋白与氧亲和力低（为"紧张"状态，即构象 T），而与氧

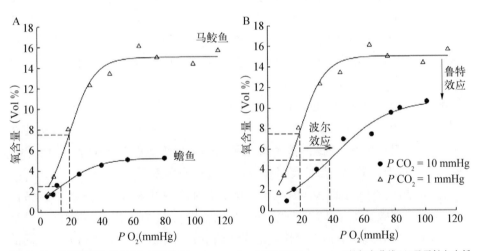

图 3-7 根据鲁特效应（1931），马鲛鱼（*Scomber scombrus*）及蟾鱼（*Opsanus tau*）的氧离曲线（A）及马鲛鱼在低 PCO_2（1 mmHg）及高 PCO_2（10 mmHg）时的氧离曲线（B）。虚线提示各曲线的 P_{50}，即血氧饱和度达到 50% 时的 PO_2，用于评估血红蛋白对氧的亲和力。A图提示高活跃度的马鲛鱼中携氧能力强而血红蛋白对氧亲和力低以适应高活跃度，而相反的，低活跃度的蟾鱼携氧能力弱而血红蛋白对氧亲和力相对较高。图 B 提示马鲛鱼中的波尔效应及鲁特效应。在 PCO_2 和（或）低 pH 值，血红蛋白对氧亲和力下降（P_{50} 升高），即波尔效应。而血红蛋白对氧亲和力下降及血红蛋白协同作用下降的共同作用使得血液携氧能力下降，即鲁特效应

气充分结合的血红蛋白发生结构改变，其与氧亲和力高（为"放松"状态，即构象R）。当第1个氧分子与血红蛋白4个亚基中的1个结合，与氧结合后血红蛋白结构发生变化，氧亲和力的序列增加成为协同效应的基础[18,113-114]。无颌类中血红蛋白与氧结合的机制有所不同，当其血红蛋白与氧结合后，血红蛋白呈单体形式，而在脱氧情况下血红蛋白可形成二聚体、三聚体或四聚体，这种可逆性的氧合相关的血红蛋白聚集反应亦是一种血红蛋白结合氧的"假"协同效应，其中七鳃鳗中的协同效应强于八目鳗[29,114-115]。

　　氧与血红蛋白的亲和力可用 P_{50} 来表示，即 Hb‐O_2 饱和度为50％时的 PO_2（见图3‐7），可受温度（温度越高，亲和力越高）及一些可导致血红蛋白变构的因子影响，包括 H^+、二氧化碳、有机磷酸盐［在鱼中主要为鸟苷三磷酸（guanosine triphosphate，GTP）及腺苷三磷酸（adenosine triphosphate，ATP）］及阴离子（如 Cl^-）。需要指出的是，无颌类的血红蛋白不能与有机磷酸盐相结合[19,29,116]。由于这些导致血红蛋白变构的因子主要是与血红蛋白的 T 构象相结合，使该构象更为稳定，因而这些因子通常降低氧与血红蛋白的亲和力[18-19,113-114]。每个因子可结合到血红蛋白的特定区域，因此，这些因子对氧与血红蛋白的亲和力的影响可能是相互依赖相互影响的[18,113]。其中一个典型的例子就是互补的波尔效应及何尔登效应，即当血浆 pH 值降低，氧与血红蛋白的亲和力下降（见图3‐7），而血红蛋白与质子的亲和力增加。此外，血红蛋白某些关键位点发生氨基酸置换可显著改变血红蛋白对这些导致变构的因子的敏感性[113-114]。例如，血红蛋白 β 链 C 端组氨酸在波尔效应中起关键作用，而在某些硬骨鱼的血红蛋白中组氨酸被苯丙氨酸置换，使得血红蛋白与氧的亲和力不受 pH 值影响[113]。鲁特效应也受血红蛋白氨基酸置换影响[117]。鲁特效应是指在低 pH 值时，氧与血红蛋白亲和力下降（见图3‐7），这个效应十分显著，使得即使在高 PO_2 状态下氧与血红蛋白的结合也无法达到饱和[117]。虽然这种效应并不利于血液氧运输，但却是许多鱼类在鳃及眼睛聚集氧的关键因素，即使 PO_2 升高，氧释放通过酸化血液来促进氧与血红蛋白的解离氧[118-119]。

　　血红蛋白位于红细胞内，因此通过调节红细胞内环境可影响氧与血红蛋白的亲和力。多数鱼类是通过这种机制来根据环境氧浓度（如低氧环境）和（或）组织代谢水平（如活动状态）的变化来适应性调节氧与血红蛋白的亲和力。不同的是，不同鱼类对低氧环境和（或）高强度活动生活模式的适应主要取决于血红蛋白本身的特性。血液中氧含量也受血红蛋白含量影响。在多种鱼类的红细胞中血红蛋白浓度相当[22]，但经血细胞比容调整后，血红蛋白含量存在个体及种属差异。

3.5.1 血液氧运输的调节

鱼类通过调节 pH 值、有机磷酸盐浓度[GTP 和（或）ATP]及红细胞体积这三种机制来调节红细胞内环境从而改变氧与血红蛋白的亲和力[18]。在一些硬骨鱼中，这三种调节机制是通过红细胞对儿茶酚胺、肾上腺素及去甲肾上腺素的反应来实现[20,120]。急性生理或环境应激（如低氧）使体内对氧运输需求增加[121]，当鱼类受到这些刺激，循环中儿茶酚胺水平急剧升高[122-127]。循环中儿茶酚胺可与红细胞膜上 β-肾上腺素能受体结合（在虹鳟鱼中为 β_{3b} 型受体）[128-129]，通过 cAMP 激活蛋白激酶 A，继而磷酸化并激活红细胞膜上 Na^+/K^+ 转运体。激活 β-肾上腺素能 Na^+/K^+ 转运体 βNHE[130] 可促进细胞内 H^+ 与血浆 Na^+ 交换[131-134]，使得红细胞内环境偏碱，且在低氧时可升高红细胞内的 pH 值[123]，通过波尔效应增加氧与血红蛋白亲和力（降低 P_{50}）[135]，有利于在低氧环境下对氧的摄取。Na^+ 内流亦可通过两种机制来降低 P_{50}：其一是 Na^+ 内流可代偿性激活 Na^+/K^+ - ATP 酶，使得细胞内 ATP 水平降低而增加血红蛋白对氧的亲和力[136-137]（见综述[23]）；其二是 Na^+ 内流可增加细胞内渗透压，使得水内流，增加红细胞体积，稀释有机磷酸盐浓度，减少血红蛋白与有机磷酸盐复合物形成，从而降低 P_{50}[12,18]。红细胞肿胀本身可稀释红细胞内蛋白上的负电荷，从而改变红细胞膜表面质子的唐南分布，使细胞内环境偏碱[18-19]。因此，刺激红细胞膜 β-肾上腺素能受体的净效应是红细胞内环境碱化、降低红细胞有机磷酸盐水平及红细胞肿胀的综合作用来增加血红蛋白对氧的亲和力（见图3-8A）。

红细胞的肾上腺素能反应并不存在于所有硬骨鱼中，且其反应程度也存在种属差异。Berenbrink 等[118] 研究表明红细胞的肾上腺素能反应与其参与通过脉络膜向眼睛运氧的具有鲁特效应的血红蛋白有关。在含有鲁特效应血红蛋白的鱼类中，系统性酸中毒可抑制氧吸收。在酸中毒状态下，儿茶酚胺动员[121] 及红细胞肾上腺素能反应可使红细胞内 pH 值不受细胞外 pH 值影响，使得细胞内环境 pH 值保持稳定[138-140]，从而保持细胞的吸氧能力。有趣的是，在某些鱼类中无法检测到 βNHE 激活，但其红细胞中仍存在肾上腺素能通路的组分。例如，云斑鮰（Ameiurus nebulosus）和美洲鳗鱼（Anguilla rostrata）中均无法检测到 βNHE 激活，但其红细胞中均出现 β-肾上腺素受体激活及 cAMP 水平增加[141-142]。

鱼类亦可不通过肾上腺素能反应来增加血红蛋白对氧的亲和力，某些缺乏肾上腺素反应的鱼类，包括一些硬骨鱼、软骨鱼[118,142] 及无颌类[144-145]，还可通过调节红细胞内环境 pH 值、降低红细胞有机磷酸盐水平及红细胞体积变化的综合作用来实现（见图3-8B）。硬骨鱼[146-147]、软骨鱼[127] 及无颌类[148]在急性低氧时均可出现红细胞内 pH 值升高。红细胞内环境碱化可通过波尔效应降低 P_{50}，

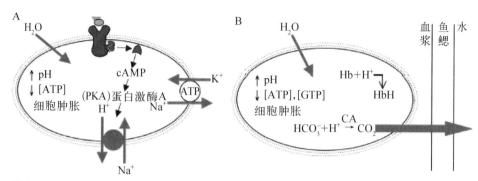

图 3-8 低氧状态下红细胞增加血红蛋白对氧亲和力的内环境调节机制模式图。A. 红细胞 β-肾上腺素能反应示意图。儿茶酚胺激活 β-肾上腺素能受体,活化刺激型 G 蛋白,进而活化腺苷酸环化酶以生成环磷酸腺苷(cAMP)。cAMP 可激活蛋白激酶 A(PKA)进一步促进 β-肾上腺素能相关的 $Na^+ - H^+$ 交换体磷酸化,从而将 H^+ 泵出细胞外而 Na^+ 进入细胞内,使得红细胞内 pH 值升高。细胞内 Na^+ 积累可激活 $Na^+ - K^+$ 交换,从而增加能量消耗而降低细胞内 ATP 水平。同时细胞内 Na^+ 增高可促进水进入细胞而引起细胞肿胀。B. 红细胞内环境的调控亦可不依赖于 β-肾上腺素能反应。低氧所致的高通气可导致呼吸性碱中毒,使红细胞内 H^+ 减少,且在具有何尔登效应的鱼类中,与脱氧血红蛋白相结合的 H^+ 也相应减少。红细胞中 ATP 或 GTP 水平下降,但相关机制尚不清楚。细胞肿胀也是无颌纲动物的红细胞对低氧的重要反应之一。无论是 A 还是 B 所示的模式,红细胞内环境碱化、有机磷酸盐水平下降及细胞肿胀共同作用增加血红蛋白对氧的亲和力。CA：碳酸酐酶;HCO_3^-：碳酸氢根离子

这可能是细胞对多种因素综合反应的结果。更重要的是,急性低氧(几秒内)可诱发高通气,从而导致呼吸性碱中毒(见图 3-9)(见综述[77,79])。在具有何尔登效应的鱼类中,血红蛋白脱氧亦可导致红细胞内环境碱化[10,149-150],而软骨鱼中并无这种效应[151-152]。较长时间的低氧刺激可使得组织低氧而产生无氧代谢,呼吸性碱中毒可能合并代谢性酸中毒[146,152]。然而,持续数小时到数天(或更长)的低氧暴露可触发红细胞内有机磷酸盐池的减少,这是除了无颌类外,其他鱼类在长期低氧下血红蛋白对氧亲和力增加的最重要机制[146,154-160]。如前所述,红细胞内有机磷酸盐水平降低,增加血红蛋白对氧的亲和力,机制包括与血红蛋白解离而解除对其构象的直接影响及间接性升高血红蛋白内环境 pH 值。但低氧致红细胞内有机磷酸盐水平减少的细胞学机制尚不清楚[29]。有趣的是,耐受低氧的鱼类与鲜少遭遇低氧环境的鱼类相比,红细胞内有机磷酸盐的含量及其在低氧环境下的下降程度均有所不同[10,161]。在鲤鱼、丁鲷、金鱼及鳗鱼等耐受低氧的鱼类的红细胞中,GTP 浓度相对较高,且在低氧状态下 GTP 浓度下降。GTP 这一策略有两大益处：一是与 ATP 相比,GTP 对氧与血红蛋白亲和力的影响更强;二是选择性降低 GTP 可使 ATP 浓度稳定,有利于维持代谢供能。但在无颌鱼类中(更确切地说是七鳃鳗),红细胞不受低氧影响[162],红细胞肿胀是低氧状态下增加氧与血红蛋白亲和力的重要调节机制,但低氧如何导致红细胞肿胀的机制目前尚不明确[29,148]。

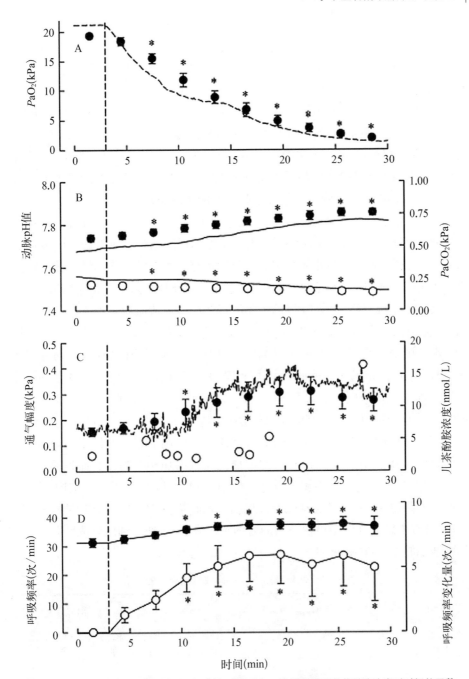

图 3-9 角鲨鱼在严重低氧环境下通气参数、动脉血气、pH 值及循环儿茶酚胺浓度对时间的函数曲线图。(A～C) 实线分别表示角鲨鱼中持续测量的 PaO_2(A)、pH 值与 PCO_2(B) 及通气幅度(Vamp)(C)。(C) 中空心圆点表示同一角鲨鱼的血浆儿茶酚胺水平。其余所有数值都用平均值来表示(误差线为标准误；$N=12$)；(B)中实心圆点表示 pH 值，空心圆点表示 PCO_2 水平；(D)中实心圆点表示呼吸频率(f_R)，空心圆点表示呼吸频率变化量(Δf_R)。垂直虚线表示低氧暴露的开始，$*$ 表示与低氧前状态相比差异有统计学意义(单向方差分析，$P<0.05$)。低氧可致高通气，PCO_2 下降而血pH 值上升，即呼吸性碱中毒，可进一步引起红细胞内环境碱化(引自 Perry 和 Gilmour[127])

　　鱼类不仅可以通过增加血红蛋白对氧亲和力，还可以通过增加血细胞比容来增加携氧能力，以提高动脉血氧浓度。尽管在某些鱼类中肝脏是更重要的储存红细胞的器官[163]，且无颌鱼类没有脾脏[164]，但多数鱼类可从脾脏中释放红细胞入血以快速增加血细胞比容。循环中儿茶酚胺[165-167]或交感神经兴奋[168]可激活脾脏肾上腺素能受体，介导脾脏平滑肌收缩而释放红细胞。而在一些鱼类，尤其是南极鱼类博氏南冰䲢（*Pagothenia borchgrevinki*）中，脾脏释放红细胞受胆碱能系统调控[169]。鱼类在低氧环境下[170-172]或组织氧耗增加（如运动）时[170-171,173-177]均可通过脾脏释放红细胞以增加血液携氧能力。

　　长期低氧暴露可导致红细胞增多，血细胞比容升高[146,160,172]。在哺乳动物中，慢性低氧可通过调节低氧诱导因子（HIF）来增加促红细胞生成素（erythropoietin，EPO）的表达，从而促进红细胞生成。鱼类中也存在类似的通路，但相关机制仍需进一步研究。某些鱼类中表达 HIF（见综述[178]）及 EPO 基因[179]。与哺乳动物不同的是，鱼类的心脏是生成 EPO 的主要器官[172,179]，而造血器官主要包括头部、肾脏和（或）脾脏[180]。EPO 基因表达似乎是受低氧调控[179]，低氧状态下肾脏 EPO 蛋白水平随血细胞比容增加而升高[172]，且外源性给予 EPO 亦可致红细胞增多[181]，这些研究结果均支持低氧可诱导 EPO 表达而促进红细胞增多这一假说。然而，河豚（*Fugu*）EPO 基因启动子上并未发现低氧反应元件[179]，低氧如何诱导EPO 表达及 HIF 在其中所起的作用目前尚不清楚。

　　综上，鱼类低氧所致的反应性血液气体传输的调节包括血红蛋白对氧亲和力的急性和（或）慢性增加，亲和力的增加是通过增加血细胞比容而提高携氧能力，从而调节血液运输氧的能力以适应低氧环境。其中，升高红细胞内 pH 值、降低有机磷酸盐水平和（或）增加红细胞体积能有效增加血红蛋白对氧的亲和力；从脾脏中释放红细胞可快速增加血细胞比容，而增加红细胞生成则是慢性红细胞增多的主要机制（见表 3 - 1）。

表 3 - 1　低氧暴露下促进血液气体交换的反应

指　　标	急　　性	亚　急　性	慢　　性
血红蛋白氧（Hb - O_2）亲和力	红细胞碱化	红细胞内 ATP 和（或）GTP 水平下降	依赖不同血红蛋白组分
	红细胞肿胀		
	红细胞 β-肾上腺素能反应		
红细胞比容	肾上腺素介导的红细胞募集（脾来源）		EPO - 介导红细胞生成

3.5.2 血液氧运输的种属差异

由于环境氧利用率及生活方式(或活动水平)的不同,不同种属间血细胞比容及血红蛋白对氧的亲和力存在很大差异。这部分我们将通过一些特定种属及个例研究来探讨血细胞比容或血红蛋白对氧的亲和力与环境因素或鱼类活动水平的关系。

Gallaughter 和 Farrell[180]总结了无颌鱼类、软骨类及硬骨类中的血细胞比容水平。数据显示不同鱼类中血细胞比容水平最低可至 10%,最高达 50%,这种种属差异与环境氧利用率、活动水平及温度等因素相关。总的来说,活跃的鱼类代谢旺盛(如金枪鱼、旗鱼),血细胞比容较高[如长鳍金枪鱼(*Tunnus alalunga*)[182]、太平洋蓝马林鱼(*Makaira nigicans*)[183]、鲣鱼(*Katsuwonus pelamis*)及黄鳍金枪鱼(*Thunnus albacares*)[184]];而底栖鱼类,尤其是生活在寒冷环境中的鱼类,血细胞比容相对较低[如星斑川鲽(*Platichthys stellatus*)[185]、南极鱼类包括博氏南冰䲢(*P. borchgrevinki*)、伯式肩孔南极鱼(*Trematomus bernachii*)及韦尔德肩孔南极鱼(*T. loennbergi*)[186-187]]。其中最极端的例子是不具有红细胞及血红蛋白的南极冰鱼(鳄冰鱼科)。此外,血细胞比容高低是鱼类生活方式及环境氧利用率共同影响的结果,例如丁鲷(*Tinca tinca*)[188]及云斑鮰[189]并不活跃,但其时常暴露于低氧环境或耐受低氧,因此它们的血细胞比容较高。

理论上说,血细胞比容的最佳水平是氧运输潜能与黏滞性间达到平衡的结果[190](见综述[180])。血液氧运输量与其携氧能力相称,因此输送至组织供代谢消耗的氧量可受限于低血细胞比容。Gallaughter 等[191]研究表明放血使得血细胞比容低至 8%,可降低虹鳟鱼游速及最大耗氧量,这一结果验证了血液氧运输与其携氧能力间的关系。因此,在低血细胞比容的鱼类中,需有相对较大的静息心输出量以维持正常氧运输水平,心输出量大小可调节血液氧运输量,继而影响能量代谢的高低[192]。不表达血红蛋白的南极冰鱼是其中最极端的例子,其静息心输出量比具有血红蛋白的鱼类高 7 倍[193]。Egginton[194]则表明持续最大活动很难评估。虽然增加血细胞比容能提高血液携氧能力,但同时也增加了血黏滞性[190],代价则是为泵出更高黏滞度的血液需增加心脏做功。在低温条件下,这种代价更大,这是由于低温与红细胞增多可协同增加血黏滞度的联合效应,这一点可能有助于解释为什么低温环境下血细胞比容较低(如前所述),但这一理论并不能适用于南极冰鱼。南极冰鱼无血红蛋白,需要很高的心输出量来保持一定的氧运输量,当静息耗氧率达到 22%时,南极冰鱼的心脏泵血高于温带鱼类(0.5%~5%)[195]。尽管一些理论假说提出了最佳血细胞比容的上限,但仍缺乏实验证据。给虹鳟鱼输血后，临界游泳速度随血细胞比容上升而提高直至血细胞比容升至 55%，而最大耗氧率则在血细胞比容为 42% 时达到最高，这个水平亦远高于鳟鱼的一般水平。此外，虽然正常红细胞水平状态与红细胞增多状态间血细胞比容相差很大，但在这个差异区间内临界游泳速度与最大耗氧率相差不大[191]。然而，运动中 PaO_2 下降依赖于血细胞比容水平[191]，提示在红细胞增多状态下，心输出量增加使得气体交换时间缩短，从而使鱼鳃的气体交换从灌注限制模式转变成弥散限制模式[180]，由此可推测血细胞比容的增加存在一定上限。

与血细胞比容类似，血红蛋白对氧的亲和力也存在很大种属差异，这亦反映了环境氧利用率及活动强弱的不同（不同种属的 P_{50} 水平详见[9,22,186,196-197]；最早的相关比较见[2]）。种属间 P_{50} 的差异主要与球蛋白的一级结构有关[113]，而球蛋白一级结构的选择性变异取决于高血红蛋白与氧亲和力（尤其是在低氧环境中促进鱼鳃氧进入血液）及低血红蛋白与氧亲和力（尤其是在活跃鱼类中促使氧从血液进入组织）间需求的平衡。血红蛋白与氧亲和力高可在低 PaO_2 时维持稳定氧饱和度，因此对于经常暴露于低氧环境的鱼类来说是有利的。低 PaO_2 使血红蛋白达到饱和状态有时在常氧环境下也是有利的，这是因为维持低 PaO_2 可增加水与血液 PO_2 差而提高弥散导度，同时降低呼吸做功。另外，血红蛋白与氧亲和力增高时，为了使氧能顺利转运，静脉 PO_2 需显著降低，这可在一定程度上降低代谢。因此，高氧亲和力的血红蛋白主要存在于活动力低的鱼类，它们可适应氧利用率不同的环境，而活跃的鱼类中氧 $Hb-O_2$ 亲和力则较低，使其在保持低静脉 PO_2 储备的同时能顺利运送氧（见表 3-2）。

表 3-2　特定种类硬骨鱼的 P_{50} 及红细胞比容（Hct）水平

常 用 名	物 种 名	P_{50}(mmHg)	Hct(%)	参考文献
高活跃度物种				
鲣鱼	*Katsuwonus pelamis*	21	41	[184]
黄鳍金枪鱼	*Thunnus albacares*	22	35	[184]
鲔	*Euthynnus affinis*	21	34	[198]
中高活跃度物种				
虹鳟鱼	*Oncorhynchus mykiss*	23	23	[122]
褐鳟鱼	*Salmo trutta fario*	26	37	[199]
大西洋鳕鱼	*Gadus morhua*	25	19	[200]
海鲈鱼	*Dicentrarchus labrax*	12.8	34.4	[201]

常 用 名	物 种 名	P_{50}(mmHg)	Hct(%)	参考文献
南极物种	南极鱼（Pagothenia borchgrevinki）	21	13	[186]
	南极美露鳕（Dissostichus mawsoni）	14.4	17.5	[186]
定栖,底栖物种				
星斑川鲽	Platichthys stellatus	8.6	14.5	[185]
大菱鲆	Scophthalmus maximus	12.5	16.5	[201]
南极物种	南极大头鳗鲡（Rhigophila dearborni）	4.3	15	[186]
	伯氏肩孔南极鱼（Trematomus bernachii）	13.5	13.5	[186]
	韦尔德肩孔南极鱼（Trematomus lonnbergi）	11.9	8	[186]
	窄体南极鱼（Notothenia angustata）	10.8	18.5	[186]
耐受低氧的物种				
美洲鳗鲡	Anguilla rostrata	11.1	20	[125,202]
鲤鱼	Cyprinus carpio	7.3	20	[203]
鲫鱼	Carassius carassius	0.7～1.8	35	[57]，Nilsson G E(未发表)
金鱼	Carassius auratus	2.6	26	[204]
丁鲷	Tinca tinca	6.2	23	[188]
亚马逊物种				
帕库食人鱼	Piaractus mesopotamicus	11.3	23	[205]
虎利齿脂鲤	Hoplias malabaricus	8.6	19	[205]
济州岛物种	单带红脂鲤（Hoplerythrinus unitaeniatus）	7.7	23	[205]
	银龙鱼（Osteoglossum bicirrhosum）	6.1	28	[206]
	虎脂鲤（Erythrinus erythrinus）	7.1	34	[196]
	合鳃鱼（Synbranchus marmoratus）	7.1	48	[196]
	滨岸护胸鲶（Hoplosternum littorale）	11.1	49	[196]

许多硬骨鱼中的血红蛋白均有明显波尔效应。组织中二氧化碳增多，血液酸化，可使 P_{50} 增大而有利于氧释放，而鱼鳃中二氧化碳水平降低使得氧解离曲线左移从而促进氧进入血液中。同时，血红蛋白与 H^+ 的亲和力受氧合状态影响，即何尔登效应。组织中去氧血红蛋白与 H^+ 亲和力增高，促进红细胞内二氧化碳水合，增加血液二氧化碳浓度；而鱼鳃中氧合血红蛋白与 H^+ 亲和力降低，可促进 HCO_3^- 脱水，促进二氧化碳释放[207-208]。因此，硬骨鱼中氧吸收及二氧化碳释放是高度协调的(见图 3-10)[25,209]。然而，硬骨鱼中血红蛋白不仅具有波尔效应，还具有鲁特效应[118]，使得这些鱼类对低氧血症(血液中氧含量降低)较为敏感，其在系统性酸中毒时血液氧容量下降，而红细胞的 β-肾上腺素能反应在其中起到保护作用。同时，某些鱼类中存在多种具有不同特性的血红蛋

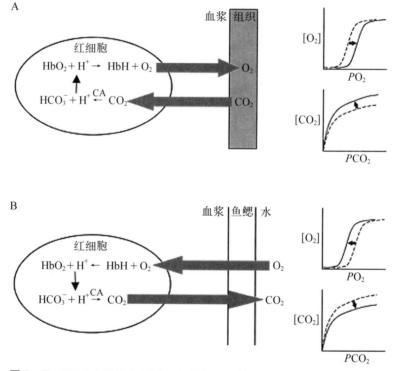

图 3-10 硬骨鱼中氧(O_2)吸收与二氧化碳(CO_2)排出间联系的机制图及其对氧离曲线及 CO_2 结合曲线的影响。(A)组织中 CO_2 进入血液中使得红细胞内环境酸化，降低血红蛋白(Hb)对氧的亲和力，使得氧释放入组织(波尔效应，氧离曲线右移)。同时脱氧血红蛋白对 H^+ 亲和力增加，从而使 CO_2 生成 HCO_3^- 增加而促进 CO_2 进入血液(何尔登效应，CO_2 结合曲线的上线)。(B)与(A)中相反的状态。血红蛋白与氧结合后促进 H^+ 释放(何尔登效应，CO_2 结合曲线的下线)，从而水解 HCO_3^- 生成 CO_2 促进 CO_2 排出，CO_2 水平降低亦有利于氧吸收入血(波尔效应，氧离曲线左移)

白[10,210-211]。所有种类具有向阳极运动的血红蛋白,其对氧亲和力低,且对 pH 值敏感。在鳗鱼、鳟鱼及鲶鱼等鱼类中则存在向阴极运动的血红蛋白,其对氧亲和力高,对 pH 值不敏感,因而可在低氧和(或)酸中毒时(阳极血红蛋白无法运送足够氧时)起到运送氧的作用[10,18,212]。另外,血红蛋白成分也可根据环境氧利用率进行调节[160]。

综上所述,种属间血细胞比容及 P_{50} 的巨大差异主要受环境氧利用率及活动水平两大因素影响(见表 3-1 和图 3-7)。高度活跃鱼类的血液中血细胞比容高,血红蛋白对氧亲和力低,使得氧能更好地输送至组织,并增加心脏及静脉 PO_2 储备能力以适应高强度活动。相反的,活跃度很低的鱼类则通过减少心脏及静脉 PO_2 储备量以维持最佳心脏输出量,其泵出的血液中血细胞比容低,且血红蛋白对氧亲和力高。当鱼类长期暴露于低氧环境时,其血红蛋白对氧亲和力增加且血细胞比容亦增加,从而维持组织的氧供给。

3.6　两种鱼的寓言：虹鳟鱼与星斑川鲽的相关研究

本章中已经探讨了鱼鳃氧吸收及血液氧运输的相关理论。为了能更深入理解不同种属间如何根据不同代谢需求、生存环境及生活方式来调节最适氧吸收及转运方式,下面将比较虹鳟鱼与星斑川鲽这两种鱼类的氧摄取及转运方式。

3.6.1　虹鳟鱼

虹鳟鱼是中度活跃的深海鱼类,可在淡水及海水间进行长距离迁移,并可进行短时间高速游动。喜好淡水的虹鳟鱼常生活在含氧高的湖水或溪流中,它们不能耐受低氧环境。虹鳟鱼氧的吸收与运输方式与其生活环境及生活方式相适应(见表 3-3)。虹鳟鱼的血红蛋白对氧亲和力相对较低($P_{50}=23$ mmHg),为了达到完全氧合,需要较高通气量来维持较高的 PaO_2($PaO_2=133$ mmHg)(见表 3-3)。这同时也使得吸入与呼出水流间 PO_2 差减小,因此,与呼吸上皮细胞接触的水流中平均 PO_2 较高($P_IO_2+P_EO_2/2$)。由于流经鳃片的水流中 PO_2 高,使得高通气能有效增加血液 PaO_2。尽管高通气通常使水流与血流氧分压差(ΔPO_2)增大,但由于流经鳃片的血流平均 PO_2 较高($PvO_2+PaO_2/2$),使得鳟鱼中水流与血流 ΔPO_2 相对较小(41 mmHg)(见表 3-3)。鳟鱼的高通气需要耗费较多能量以将水流泵出鱼鳃(消耗总代谢率的 3%~10%),但由于鳟鱼本身代谢率较高(28.8 mmol·kg^{-1}·h^{-1})(见表 3-3),所吸收的每个单位氧所需的水流体积（$Vt_w/\dot{V}O_2$），即对流要求，与包括星斑川鲽在内的其他鱼类相当。

表3-3　虹鳟鱼与星斑川鲽心肺指标的比较

指　　　标	虹鳟鱼[1]	星斑川鲽[2]
$\dot{V}O_2(\mu mol \cdot min^{-1} \cdot kg^{-1})$	28.8	21.4
$P_{50}(mmHg)$	22.9	8.6
$PaO_2(mmHg)$	133.2	34.9
$PvO_2(mmHg)$	32	13.4
$[O_2]_a(mmol/L)$	3.42	2.05
$[O_2]_v(mmol/L)$	2.30	1.49
$[O_2]_a-[O_2]_v(mmol/L)$	1.12	0.56
$Vt_w(ml \cdot min^{-1} \cdot kg^{-1})$	177.5	109.2
$Vt_b(ml \cdot min^{-1} \cdot kg^{-1})$	18.3	39.2
Vt_w/Vt_b	10.5	2.9
Vent.CR(ml/μmol)	6.2	5.1
Perf.CR(ml/μmol)	0.32	1.83
$P_IO_2(mmHg)$	160	139
$P_EO_2(mmHg)$	86	44
$\Delta PO_2(mmHg)$[3]	41	67
$G_{diff}O_2(\mu mol \cdot min^{-1} \cdot kg^{-1} \cdot mmHg^{-1})$[4]	0.71	0.32
O_2弥散效率(%[5])	250	32

注：1. 数据是摘自 Davis and Cameron（1971 年）或 Cameron and Davis（1970 年），或者根据该文献数据重新计算；2. 数据是摘自 Wood 等（1979 年）或根据该文献数据重新计算；3. $\Delta PO_2=(P_IO_2+P_EO_2/2)-(PaO_2+PvO_2/2)$；4. $G_{diff}O_2=\dot{V}O_2/\Delta PO_2$；5. O_2弥散效率$=(PaO_2-PvO_2)/\Delta PO_2 \times 100$

在一定 ΔPO_2 下鱼鳃能转运的氧量称为迁移因素[213]或弥散导度（$G_{diff}O_2$），用 $\dot{V}O_2/\Delta PO_2$ 来表示。$G_{diff}O_2$ 用于评价鱼鳃的弥散能力，受表面积、弥散距离及 Krogh 渗透系数（KO_2）影响。鳟鱼的 $G_{diff}O_2$ 相对较高，这与其活跃的生活方式及达到高 PaO_2 的需求相适应。另一个氧转运能力的评价指标是氧从水弥散至血液的百分比效率。通常认为一定 ΔPO_2 下动静脉 PO_2 差可用于评价弥散效率。由于鱼类中水流与血流的逆流交换模式，鱼类中氧从水转运至血液的百分比效率可超过 100%，而在鳟鱼中则可达 250%。由于氧从水转运至血液的效率仅评估灌注鱼鳃的血流气体分压达到与呼出水流中相当水平的过程，与 $G_{diff}O_2$ 不同，该效率仅与弥散距离及 KO_2 有关，不受呼吸表面积影响。然而，水流及盐分快速流经鱼鳃是鳟鱼这种氧转运方式（即高氧弥散效率及 $G_{diff}O_2$）的不良后果之一。

3.6.2 星斑川鲽

星斑川鲽是活跃度很低的底栖鱼类,运动后极易疲劳[214-215]。星斑川鲽及其他鲽鱼常栖息于较为坚硬的底质中,因此常暴露于低氧中。星斑川鲽中血红蛋白对氧的亲和力高($P_{50}=8.6$ mmHg),使得在相对低 PaO_2 的状态下(34.9 mmHg)即能达到血红蛋白完全氧合(见表 3 - 3)[185]。星斑川鲽中低 PaO_2 既有优势又有劣势。其优势在于减少通气量(降低能量消耗)与提高 ΔPO_2(67 mmHg)(见表3 - 3)。当 $G_{diff}O_2$ 及氧弥散效率较低时(分别为 0.32 及 32),高 ΔPO_2 可促进氧在鱼鳃中的弥散。事实上,正是星斑川鲽这种在低 PaO_2 下能达到血红蛋白完全氧合的能力使得其 $G_{diff}O_2$ 及氧弥散效率降低,从而减少水流及盐分流经鱼鳃。尽管证据有限,但目前来看鲽鱼鱼鳃有效功能呼吸道表面积似乎与鲑鱼相似[216]。因此,星斑川鲽中 $G_{diff}O_2$ 及氧弥散效率降低(与鳟鱼相比)可能与功能呼吸道表面积(鳃片灌注程度)减小、而弥散距离增加(目前尚无鲽鱼的相关报道)有关。星斑川鲽中低 PaO_2 的劣势在于弥散的氧含量可能仅用于肌肉运动。

星斑川鲽需要异常高的静息心输出量($Vt_b = 39.2$ ml・min^{-1}・kg^{-1})来代偿其低血细胞比容及低动静脉氧浓度差(比鳟鱼约小 50%),这是星斑川鲽呼吸方式的一个突出特点。为了达到与鳟鱼相当的 $\dot{V}O_2$ 水平,星斑川鲽的心输出量约是鳟鱼的 2 倍。这也解释了为什么星斑川鲽的血液对流要求很高(约比鳟鱼高 6 倍),而通气灌注血流比很低(2.9)。星斑川鲽的低活跃度及运动能力差可能均与其高静息心输出量有关(见表 3 - 3)。

3.7 总结

从近百年鱼类的研究中,人们发现了鱼类氧摄取与运输的基本原理和机制,但仍很多问题有待进一步研究。例如,鱼类是如何感受氧浓度变化的,以及代偿机制是如何启动的。目前已知鳃氧化学感受器可感知低氧而诱发心肺反射,但氧化学感受器感知氧浓度的分子机制与反射的传入通路、中枢整合及传出通路均不清楚。另外,很多情况下感知低氧的机制及低氧诱发的效应通路亦不明确,如红细胞内有机磷酸盐水平降低及鱼鳃重塑等。最后,人们对鱼类氧摄取与运输的认识仅限于少量已知种类,面对如此庞大的鱼类种群,要真正挖掘与理解氧摄取与运输的多样性将是一个巨大的挑战。

(林莹妮、李庆云,译)

参 考 文 献

1 Krogh A. Some experiments on the cutaneous respiration of vertebrate animals[J]. Skand Arch Physiol, 1904, 16: 348 - 367.

2 Krogh A, Leitch I. The respiratory function of the blood in fishes[J]. J Physiol, 1919, 52: 288 - 300.

3 Krogh A. Comparative physiology of respiratory mechanisms[M]. Philadelphia: University of Pennsylvania Press, 1941: 1 - 172.

4 Graham J B. Air-breathing Fishes[M]. San Diego: Academic Press, 1997.

5 Jones D R, Randall D J. The respiratory and circulatory systems during exercise[M]//Hoar W S, Randall D J. Fish physiology. San Diego: Academic Press, 1978: 425 - 500.

6 Randall D J, Perry S F, Heming T A. Gas transfer and acid-base regulation in salmonids[J]. Comp Biochem Physiol B, 1982, 73: 93 - 103.

7 Randall D J, Daxboeck C. Oxygen and carbon dioxide transfer across fish gills[M]//Hoar W S, Randall D J. Fish physiology. New York: Academic Press, 1984: 263 - 314.

8 Malte H, Weber R E. A mathematical model for gas exchange in the fish gill based on non-linear blood gas equilibrium curves[J]. Respir Physiol, 1985, 62: 359 - 374.

9 Butler P J, Metcalfe J D. Cardiovascular and respiratory systems[M]//Shuttleworth T J. Physiology of elasmobranch fishes. Berlin: Springer-Verlag, 1988: 1 - 47.

10 Weber R E, Jensen F B. Functional adaptations in hemoglobins from ectothermic vertebrates[J]. Annu Rev Physiol, 1988, 50: 161 - 179.

11 Cameron J N. The Respiratory Physiology of Animals[M]. New York: Oxford University Press, 1989: 1 - 353.

12 Nikinmaa M, Tufts B L. Regulation of acid and ion transfer across the membrane of nucleated erythrocytes[J]. Can J Zool, 1989, 67: 3039 - 3045.

13 Perry S F, Wood C M. Control and coordination of gas transfer in fishes[J]. Can J Zool, 1989, 67: 2961 - 2970.

14 Piiper J. Factors affecting gas transfer in respiratory organs of vertebrates[J]. Can J Zool. 1989, 67: 2956 - 2960.

15 Piiper J. Modeling of gas exchange in lungs, gills and skin[M]//Boutilier R G. Advances in comparative and environmental physiology. Berlin: Springer Verlag, 1990: 15 - 44.

16 Randall D J. Control and co-ordination of gas exchange in water breathers[M]//Boutilier R G. Advances in comparative and environmental physiology. Berlin: Springer-Verlag, 1990: 253 - 278.

17 Thomas S, Motais R. Acid-base balance and oxygen transport during acute hypoxia in fish[J]. Comp Physiol, 1990, 6: 76 - 91.

18 Jensen F B. Multiple strategies in oxygen and carbon dioxide transport by haemoglobin[M]//Woakes A J, Grieshaber M K, Bridges C R. Physiological strategies for gas exchange and metabolism. Society for Experimental Biology Seminar Series. Cambridge: Cambridge University Press, 1991: 55 - 78.

19 Nikinmaa M. Membrane transport and control of hemoglobin-oxygen affinity in nucleated erythrocytes[J]. Physiol Rev, 1992, 72: 301 - 321.

20 Thomas S, Perry S F. Control and consequences of adrenergic activation of red blood cell Na$^+$/H$^+$ exchange on blood oxygen and carbon dioxide transport[J]. J Exp Zool, 1992, 263: 160 – 175.

21 Fritsche R, Nilsson S. Cardiovascular and ventilatory control during hypoxia[M] //Rankin J C, Jensen F B. Fish ecophysiology. London: Chapman & Hall, 1993: 180 – 206.

22 Perry S F, McDonald D. Gas exchange[M] //Evans D H. The physiology of fishes. Boca Raton: CRC Press, 1993: 251 – 278.

23 Nikinmaa M, Boutilier R G. Adrenergic control of red cell pH, organic phosphate concentrations and haemoglobin function in teleost fish[M] //Heisler N. Advances in comparative and environmental physiology. Berlin: Springer-Verlag, 1995: 107 – 133.

24 Val A L. Oxygen transfer in fish: morphological and molecular adjustments[J]. Braz J Med Biol Res, 1995, 28: 1119 – 1127.

25 Brauner C J, Randall D J. The interaction between oxygen and carbon dioxide movements in fishes [J]. Comp Biochem Physiol A, 1996, 113: 83 – 90.

26 Gilmour K M. Gas exchange[M] //Evans D H. The physiology of fishes. Boca Raton: CRC Press, 1997: 101 – 127.

27 Nikinmaa M. Oxygen and carbon dioxide transport in vertebrate erythrocytes: an evolutionary change in the role of membrane transport[J]. J Exp Biol, 1997, 200: 369 – 380.

28 Val A L. Organic phosphates in the red blood cells of fish[J]. Comp Biochem Physiol A Mol Integr Physiol, 2000, 125: 417 – 435.

29 Nikinmaa M. Haemoglobin function in vertebrates: evolutionary changes in cellular regulation in hypoxia[J]. Respir Physiol, 2001, 128: 317 – 329.

30 Perry S F, Gilmour K M. Sensing and transfer of respiratory gases at the fish gill[J]. J Exp Zool, 2002, 293: 249 – 263.

31 Jensen F B. Red blood cell pH, the Bohr effect, and other oxygenation-linked phenomena in blood O_2 and CO_2 transport[J]. Acta Physiol Scand, 2004, 182: 215 – 227.

32 Graham J B. Aquatic and aerial respiration[M] //Evans D H, Claiborne J B. The physiology of fishes. Boca Raton: CRC Press, 2006: 85 – 152.

33 Nikinmaa M. Gas transport[M] //Evans D H, Claiborne J B. The physiology of fishes. Boca Raton: CRC Press, 2006: 153 – 174.

34 Evans D H, Piermarini P M, Choe K P. The multifunctional fish gill: dominant site of gas exchange, osmoregulation, acid-base regulation, and excretion of nitrogenous waste[J]. Physiol Rev, 2005, 85: 97 – 177.

35 Strahan R. The velum and the respiratory current of Myxine[J]. Acta Zool, 1958, 39: 227 – 240.

36 Bartels H. The gills of hagfishes[M] //Jorgensen J M, Lomholt J P, Weber R E, et al. The biology of hagfishes. London: Chapman & Hall, 1998: 205 – 219.

37 Malte H, Lomholt J P. Ventilation and gas exchange[M] //Jorgensen J M, Lomholt J P, Weber R E, et al. The biology of hagfishes. London: Chapman & Hall, 1998: 223 – 234.

38 Hill R W, Wyse G A, Anderson M. Animal Physiology[M]. Sunderland, Massachusetts: Sinauer Associates, 2004.

39 Olson K R. Vascular anatomy of the fish gill[J]. J Exp Zool, 2002, 293: 214 – 231.

40 Wegner N C, Sepulveda C A, Graham J B. Gill specializations in high-performance pelagic teleosts

with reference to striped marlin (Tetrapturus audax) and wahoo (Acanthocybium solandri)[J]. Bull Mar Sci, 2006, 79: 747 - 759.

41 Hughes G M, Morgan M. The structure of fish gills in relation to their respiratory function[J]. Biol Rev, 1973, 48: 419 - 475.

42 Gilmour K M, Bayaa M, Kenney L, et al. Type IV carbonic anhydrase is present in the gills of spiny dogfish (Squalus acanthias)[J]. Am J Physiol, 2007, 292: R556 - R567.

43 Jones D R, Schwarzfeld T. The oxygen cost to the metabolism and efficiency of breathing in trout (Salmo gairdneri)[J]. Respir Physiol, 1974, 21: 241 - 253.

44 Holeton G F. Oxygen uptake and circulation by a hemoglobinless Antarctic fish (Chaenocephalus aceratus Lonnberg) compared with three red-blooded Antarctic fish[J]. Comp Biochem Physiol, 1970, 34: 457 - 471.

45 Desforges P R, Harman S S, Gilmour K M. et al. The sensitivity of CO_2 excretion to changes in blood flow in rainbow trout is determined by carbonic anhydrase availability[J]. Am J Physiol, 2002, 282: R501 - R508.

46 Greco A M, Gilmour K M, Fenwick J C. et al. The effects of soft-water acclimation on respiratory gas transfer in the rainbow trout, oncorhynchus mykiss[J]. J Exp Biol, 1995, 198: 2557 - 2567.

47 Julio A E, Desforges P, Perry S F. Apparent diffusion limitations for carbon dioxide excretion in rainbow trout (Oncorhynchus mykiss) are relieved by intravascular injections of carbonic anhydrase [J]. Respir Physiol, 2000, 121: 53 - 64.

48 Perry S F. Carbon dioxide excretion in fish[J]. Can J Zool, 1986, 64: 565 - 572.

49 Tufts B L, Perry S F. Carbon dioxide transport and excretion[M]//. Perry S F, Tufts B L.. In fish physiology. New York: Academic Press, 1998: 229 - 281.

50 Hughes G M, Shelton G. Respiratory mechanisms and their nervous control in fish[J]. Adv Comp Physiol Biochem, 1962, 1: 275 - 364.

51 Cameron J N, Davis J C. Gas exchange in rainbow trout (Salmo gairdneri) with varying blood oxygen capacity[J]. J Fish Res Bd Can, 1970, 27: 1069 - 1085.

52 Piiper J. Branchial gas transfer models[J]. Comp Biochem Physiol, 1998, 119A: 125 - 130.

53 Booth J H. Circulation in trout gills: the relationship between branchial perfusion and the width of the lamellar blood space[J]. Can J Zool, 1979, 57: 2183 - 2185.

54 Farrell A P, Sobin S S, Randall D J, et al. Intralamellar blood flow patterns in fish gills[J]. Am J Physiol, 1980, 239: R428 - R436.

55 Sollid J, De Angelis P, Gundersen K, et al. Hypoxia induces adaptive and reversible gross morphological changes in crucian carp gills[J]. J Exp Biol, 2003, 206: 3667 - 3673.

56 Brauner C J, Matey V, Wilson J M, et al. Transition in organ function during the evolution of air-breathing: insights from Arapaima gigas, an obligate air-breathing teleost from the Amazon[J]. J Exp Biol, 2004, 207: 1433 - 1438.

57 Sollid J, Weber R E, Nilsson G E. Temperature alters the respiratory surface area of crucian carp Carassius carassius and goldfish Carassius auratus[J]. J Exp Biol, 2005, 208: 1109 - 1116.

58 Ong K J, Stevens E D, Wright P A. Gill morphology of the mangrove killifish (Kryptolebias marmoratus) is plastic and changes in response to terrestrial air exposure[J]. J Exp Biol, 2007, 210: 1109 - 1115.

59　Sollid J, Nilsson G E. Plasticity of respiratory structures-adaptive remodeling of fish gills induced by ambient oxygen and temperature[J]. Respir Physiol Neurobiol, 2006, 154: 241 - 251.

60　Nilsson G E. Gill remodeling in fish-a new fashion or an ancient secret[J]. J Exp Biol, 2007, 210: 2403 - 2409.

61　Laurent P, Hobe H, Dunel-Erb S. The role of environmental sodium chloride relative to calcium in gill morphology of freshwater salmonid fish[J]. Cell Tiss Res, 1985, 240: 675 - 692.

62　Avella M, Masoni A, Bornancin M, et al. Gill morphology and sodium influx in the rainbow trout (Salmo gairdneri) acclimated to artificial freshwater environments[J]. J Exp Zool, 1987, 241: 159 - 169.

63　Leino R L, McCormick J H, Jensen K M. Changes in gill histology of fathead minnows and yellow perch transferred to soft water or acidified soft water with particular reference to chloride cells[J]. Cell Tiss Res, 1987, 250: 389 - 399.

64　Perry S F, Laurent P. Adaptational responses of rainbow trout to lowered external NaCl concentration: contribution of the branchial chloride cell[J]. J Exp Biol, 1989, 147: 147 - 168.

65　Greco A M, Fenwick J C, Perry S F. The effects of softwater acclimation on gill morphology in the rainbow trout, Oncorhynchus mykiss[J]. Cell Tiss Res, 1996, 285: 75 - 82.

66　Bindon S F, Fenwick J C, Perry S F. Branchial chloride cell proliferation in the rainbow trout, Oncorhynchus mykiss: implications for gas transfer[J]. Can J Zool, 1994, 72: 1395 - 1402.

67　Bindon S D, Gilmour K M, Fenwick J C, et al. The effect of branchial chloride cell proliferation on respiratory function in the rainbow trout, Oncorhynchus mykiss[J]. J Exp Biol, 1994, 197: 47 - 63.

68　Perry S F, Reid S G, Wankiewicz E, et al. Physiological responses of rainbow trout (Oncorhynchus mykiss) to prolonged exposure to softwater[J]. Physiol Zool, 1996, 69: 1419 - 1441.

69　Perry S F. Relationships between branchial chloride cells and gas transfer in freshwater fish[J]. Comp Biochem Physiol A, 1998, 119: 9 - 16.

70　Shelton G, Jones D R, Milsom W K. Control of breathing in ectothermic vertebrates[M]//Cherniak N S, Widdicombe J G. Handbook of physiology. Bethesda: American Physiological Society, 1986: 857 - 909.

71　Milsom W K. Mechanisms of ventilation in lower vertebrates: adaptations to respiratory and nonrespiratory constraints[J]. Can J Zool, 1989, 67: 2943 - 2955.

72　Smatresk N J. Chemoreceptor modulation of endogenous respiratory rhythms in vertebrates[J]. Am J Physiol, 1990, 259: R887 - R897.

73　Burleson M L, Smatresk N J, Milsom W K. Afferent inputs associated with cardioventilatory control in fish[M]//Hoar WS, Randall D J, Farrell A P. Fish physiology. San Diego: Academic Press, 1992: 389 - 423.

74　Milsom W K. Regulation of respiration in lower vertebrates: role of CO_2/pH chemoreceptors.[M]// Heisler N. Advances in comparative and environmental physiology. Berlin: Spinger-Verlag, 1995: 62 - 104.

75　Milsom W K. The role of CO_2/pH chemoreceptors in ventilatory control[J]. Braz J Med Biol Res, 1995, 28: 1147 - 1160.

76　Milsom W K, Sundin L, Reid S, et al. Chemoreceptor control of cardiovascular reflexes. In Biology of Tropical Fishes[M]//Val A L, Almeida-Val V M F. Manaus: INPA, 1999: 363 - 374.

77 Gilmour K M. The CO_2/pH ventilatory drive in fish[J]. Comp Biochem Physiol A, 2001, 130: 219-240.

78 Milsom W K. Phylogeny of CO_2/H^+ chemoreception in vertebrates[J]. Respir Physiol Neurobiol, 2002, 131: 29-41.

79 Gilmour K M, Perry S F. Branchial chemoreceptor regulation of cardiorespiratory function[M] // Zielinski B, Hara T J. Fish physiology. San Diego: Academic Press, 2007: 97-151.

80 Milsom W K, Brill R W. Oxygen sensitive afferent information arising from the first gill arch of yellowfin tuna[J]. Respir Physiol, 1986, 66: 193-203.

81 Burleson M L, Milsom W K. Sensory receptors in the 1st gill arch of rainbow trout[J]. Resp Physiol, 1993, 93, 97-110.

82 Dunel-Erb S, Bailly Y, Laurent P. Neuroepithelial cells in fish gill primary lamellae[J]. J Appl Physiol, 1982, 53: 1342-1353.

83 Bailly Y, Dunel-Erb S, Laurent P. The neuroepithelial cells of the fish gill filament — indolamine-immunocytochemistry and innervation[J]. Anat Rec, 1992, 233: 143-161.

84 Goniakowska-Witalinska L, Zaccone G, Fasulo S, et al. Neuroendocrine cells in the gills of the bowfin Amia calva. An ultrastructural and immunocytochemical study[J]. Folia Histochem Cytobiol, 1995, 33: 171-177.

85 Zaccone G, Fasulo S, Ainis L, et al. Paraneurons in the gills and airways of fishes[J]. Microsc Res Tech, 1997, 37: 4-12.

86 Sundin L, Holmgren S, Nilsson S. The oxygen receptor of the teleost gill[J]. Acta Zool, 1998, 79: 207-214.

87 Jonz MG, Nurse C A. Neuroepithelial cells and associated innervation of the zebrafish gill: a confocal immunofluorescence study[J]. J Comp Neurol, 2003, 461: 1-17.

88 Saltys H A, Jonz M G, Nurse C A. Comparative study of gill neuroepithelial cells and their innervation in teleosts and Xenopus tadpoles[J]. Cell Tissue Res, 2006, 323: 1-10.

89 Jonz M G, Fearon I M, Nurse C A. Neuroepithelial oxygen chemoreceptors of the zebrafish gill[J]. J Physiol, 2004, 560: 737-752.

90 Burleson M L Mercer S E, Wilk-Blaszczak M A. Isolation and characterization of putative O_2 chemoreceptor cells from the gills of channel catfish (Ictalurus punctatus)[J]. Brain Res, 2006, 1092: 100-107.

91 Vulesevic B, McNeill B, Perry S F. Chemoreceptor plasticity and respiratory acclimation in the zebrafish, Danio rerio[J]. J Exp Biol, 2006, 209: 1261-1273.

92 Jonz M G, Nurse C A. Development of oxygen sensing in the gills of zebrafish[J]. J Exp Biol, 2005, 208: 1537-1549.

93 Fritsche R, Nilsson S. Cardiovascular responses to hypoxia in the Atlantic cod, Gadus morhua[J]. Exp Biol, 1989, 48: 153-160.

94 Burleson M L, Smatresk N J. Effects of sectioning cranial nerves IX and X on cardiovascular and ventilatory reflex responses to hypoxia and NaCN in channel catfish[J]. J Exp Biol, 1990, 154: 407-420.

95 McKenzie D J, Burleson M L, Randall D J. The effects of branchial denervation and pseudobranch ablation on cardioventilatory control in an air-breathing fish[J]. J Exp Biol, 1991, 161: 347-365.

96 Hedrick M S, Jones D R. Control of gill ventilation and air breathing in the bowfin Amia Calva[J]. J Exp Biol, 1999, 202: 87 - 94.

97 Sundin L, Reid S G, Rantin F T, et al. Branchial receptors and cardiorespiratory reflexes in the neotropical fish, Tambaqui (Colossoma macropomum)[J]. J Exp Biol, 2000, 203: 1225 - 1239.

98 Reid S G, Perry S F. Peripheral O_2 chemoreceptors mediate humoral catecholamine secretion from fish chromaffin cells[J]. Am J Physiol, 2003, 284: R990 - R999.

99 Daxboeck C, Holeton G F. Oxygen receptors in the rainbow trout, Salmo gairdneri[J]. Can J Zool, 1978, 56: 1254 - 1259.

100 Smith F M, Jones D R. Localization of receptors causing hypoxic bradycardia in trout (Salmo gairdneri)[J]. Can J Zool, 1978, 56: 1260 - 1265.

101 Burleson M L, Smatresk N J. Evidence for two oxygen-sensitive chemoreceptor loci in channel catfish, Ictalurus punctatus[J]. Physiol Zool, 1990, 63: 208 - 221.

102 McKenzie D J, Taylor E W, Bronzi P, et al. Aspects of cardioventilatory control in the adriatic sturgeon (Acipenser naccarii)[J]. Respir Physiol, 1995, 100: 45 - 53.

103 Taylor E W, Short S, Butler P J. The role of the cardiac vagus in the response of the dogfish Scyliorhinus canicula to hypoxia[J]. J Exp Biol, 1977, 70: 57 - 75.

104 Wood C M, Shelton G. The reflex control of heart rate and cardiac output in the rainbow trout: interactive influences of hypoxia, haemorrhage, and systemic vasomotor tone[J]. J Exp Biol, 1980, 87: 271 - 284.

105 Fritsche R, Nilsson S. Autonomic nervous control of blood pressure and heart rate during hypoxia in the cod, Gadus morhua[J]. J Comp Physiol B, 1990, 160: 287 - 292.

106 Kinkead R, Fritsche R, Perry S F, et al. The role of circulating catecholamines in the ventilatory and hypertensive responses to hypoxia in the Atlantic cod (Gadus morhua)[J]. Physiol Zool, 1991, 64: 1087 - 1109.

107 Holeton G F, Randall D J. Changes in blood pressure in the rainbow trout during hypoxia[J]. J Exp Biol, 1967, 46: 297 - 305.

108 Davie P S, Daxboeck C. Effect of pulse pressure on fluid exchange between blood and tissues in trout gills[J]. Can J Zool, 1982, 60: 1000 - 1006.

109 Taylor E W, Barrett D J. Evidence of a respiratory role for the hypoxic bradycardia in the dogfish Scyliohinus canicula L[J]. Comp Biochem Physiol A, 1985, 80: 99 - 102.

110 Short S, Taylor E W, Butler P J. The effectiveness of oxygen transfer during normoxia and hypoxia in the dogfish (Scyliohinus canicula L.) before and after cardiac vagotomy[J]. J Comp Physiol B, 1979, 132: 289 - 295.

111 Perry S F, Desforges P R. Does bradycardia or hypertension enhance gas transfer in rainbow trout (Oncorhynchus mykiss) exposed to hypoxia or hypercarbia[J]. Comp Biochem Physiol A, 2006, 144: 163 - 172.

112 Farrell A P. Tribute to P L. Lutz: a message from the heart — why hypoxic bradycardia in fishes [J]. J Exp Biol, 2007, 210: 1715 - 1725.

113 Jensen F B, Fago A, Weber R E. Hemoglobin structure and function[M] // Perry S F, Tufts B L. Fish physiology. San Diego: Academic Press, 1998: 1 - 40.

114 Weber R. E, Fago A. Functional adaptation and its molecular basis in vertebrate hemoglobins,

neuroglobins and cytoglobins[J]. Respir Physiol Neurobiol, 2004, 144: 141 - 159.

115 Nikinmaa M, Airaksinen S, Virkki L V. Haemoglobin function in intact lamprey erythrocytes: interactions with membrane function in the regulation of gas transport and acid-base balance[J]. J Exp Biol, 1995, 198: 2423 - 2430.

116 Nikinmaa M, Salama A. Oxygen transport in fish[M]//Perry S F, Tufts B L. Fish physiology. San Diego: Academic Press, 1998: 141 - 184.

117 Brittain T. Root effect hemoglobins[J]. J Inorg Biochem, 2005, 99: 120 - 129.

118 Berenbrink M, Koldkjær P, Kepp O, et al. Evolution of oxygen secretion in fishes and the emergence of a complex physiological system[J]. Science, 2005, 307: 1752 - 1757.

119 Berenbrink M. Historical reconstructions of evolving physiological complexity: O_2 secretion in the eye and swimbladder of fishes[J]. J Exp Biol, 2007, 209: 1641 - 1652.

120 Randall D J, Perry S F. Catecholamines[M]//Hoar W S, Randall D J, Farrell A P. Fish physiology. San Diego: Academic Press, 1992: 255 - 300.

121 Reid S G, Bernier N J, Perry S F. The adrenergic stress response in fish: control of catecholamine storage and release[J]. Comp Biochem Physiol C, 1998, 120: 1 - 27.

122 Tetens V, Christensen N J. Beta-adrenergic control of blood oxygen affinity in acutely hypoxia exposed rainbow trout[J]. J Comp Physiol B, 1987, 157: 667 - 675.

123 Boutilier R G, Dobson G, Hoeger U, et al. Acute exposure to graded levels of hypoxia in rainbow trout (Salmo gairdneri): metabolic and respiratory adaptations[J]. Respir Physiol, 1988, 71: 69 - 82.

124 Fievet B, Caroff J, Motais R. Catecholamine release controlled by blood oxygen tension during deep hypoxia in trout: effect on red blood cell Na/H exchanger activity[J]. Respir Physiol, 1990, 79: 81 - 90.

125 Perry S F, Reid S D. Relationship between blood O_2 content and catecholamine levels during hypoxia in rainbow trout and American eel[J]. Am J Physiol, 1992, 263: R240 - R249.

126 Thomas S, Perry S F, Pennec Y, et al. Metabolic alkalosis and the response of the trout, Salmo fario, to acute severe hypoxia[J]. Respir Physiol, 1992, 87: 91 - 104.

127 Perry S F, Gilmour K M. Consequences of catecholamine release on ventilation and blood oxygen transport during hypoxia and hypercapnia in an elasmobranch (Squalus acanthias) and a teleost (Oncorhynchus mykiss)[J]. J Exp Biol, 1996, 199: 2105 - 2118.

128 Nickerson J G, Dugan S G, Drouin G, et al. Activity of the unique β-adrenergic Na^+/H^+ exchanger in trout erythrocytes is controlled by a novel β3 - AR subtype[J]. Am J Physiol, 2003, 285: R526 - R535.

129 Nickerson J G, Drouin G, Perry S F, et al. In vitro regulation of β-adrenoreceptor signaling in the rainbow trout, Oncorhynchus mykiss[J]. Fish Physiol Biochem, 2004, 27: 157 - 171.

130 Borgese F, Sardet C, Cappadoro M, et al. Cloning and expression of a cAMP-activated Na^+/H^+ exchanger — evidence that the cytoplasmic domain mediates hormonal regulation[J]. Proc Natl Acad Sci USA, 1992, 89: 6765 - 6769.

131 Nikinmaa M. Effects of adrenaline on red cell volume and concentration gradient of protons across the red cell membrane in the rainbow trout, Salmo gairdneri[J]. Mol Physiol, 1982, 2: 287 - 297.

132 Baroin A, Garcia-Romeu F, Lamarre T, et al. A transient sodium-hydrogen exchange system

induced by catecholamines in erythrocytes of rainbow trout, Salmo gairdneri[J]. J Physiol, 1984, 356: 21-31.

133 Nikinmaa M, Huestis W H. Adrenergic swelling of nucleated erythrocytes: cellular mechanisms in a bird, domestic goose, and two teleosts, striped bass and rainbow trout[J]. J Exp Biol, 1984, 113: 215-224.

134 Cossins A R, Richardson P A. Adrenalin-induced Na^+/H^+ exchange in trout erythrocytes and its effects upon oxygen-carrying capacity[J]. J Exp Biol, 1985, 118: 229-246.

135 Nikinmaa M. Adrenergic regulation of haemoglobin oxygen affinity in rainbow trout red cells[J]. J Comp Physiol B, 1983, 152: 67-72.

136 Ferguson R A, Tufts B L, Boutilier R G. Energy metabolism in trout red cells: consequences of adrenergic stimulation in vivo and in vitro[J]. J Exp Biol, 1989, 143: 133-147.

137 Val A L, Lessard J, Randall D J. Effects of hypoxia on rainbow trout (Oncorhynchus mykiss): intraerythrocytic phosphates[J]. J Exp Biol, 1995, 198: 305-310.

138 Boutilier R G, Iwama G K, Randall D J. The promotion of catecholamine release in rainbow trout, Salmo gairdneri, by acute acidosis: Interactions between red cell pH and haemoglobin oxygen-carrying capacity[J]. J Exp Biol, 1986, 123: 145-157.

139 Primmett D R N, Randall D J, Mazeaud M M, et al. The role of catecholamines in erythrocyte pH regulation and oxygen transport in rainbow trout (Salmo gairdneri) during exercise[J]. J Exp Biol, 1986, 122: 139-148.

140 Vermette M G, Perry S F. Adrenergic involvement in blood oxygen transport and acid-base balance during hypercapnic acidosis in the rainbow trout, Salmo gairdneri[J]. J Comp Physiol B, 1988, 158: 107-115.

141 Perry S F, Reid S D. The relationship between β-adrenoceptors and adrenergic responsiveness in trout (Oncorhynchus mykiss) and eel (Anguilla rostrata) erythrocytes[J]. J Exp Biol, 1992, 167: 235-250.

142 Szebedinszky C, Gilmour K M. High plasma buffering and the absence of a red blood cell β-NHE response in brown bullhead (Ameiurus nebulosus)[J]. Comp Biochem Physiol A, 2002, 133: 399-409.

143 Tufts B L, Randall D J. The functional significance of adrenergic pH regulation in fish erythrocytes [J]. Can J Zool, 1989, 67: 235-238.

144 Nikinmaa M. Vertebrate Red Blood Cells[M]. Berlin: Springer-Verlag, 1990.

145 Tufts B L. Acid-base regulation and blood gas transport following exhaustive exercise in an agnathan, the sea lamprey Petromyzon marinus[J]. J Exp Biol, 1991, 159: 371-385.

146 Wood S C, Johansen K. Blood oxygen transport and acid-base balance in eels during hypoxia[J]. Am J Physiol, 1973, 225: 849-851.

147 Nikinmaa M, Soivio A. Blood oxygen transport of hypoxic Salmo gairdneri[J]. J Exp Zool, 1982, 219: 173-178.

148 Nikinmaa M, Weber R E. Hypoxic acclimation in the lamprey, Lampetra fluviatilis: organismic and erythrocytic responses[J]. J Exp Biol, 1984, 109: 109-119.

149 Jensen F B. Pronounced influence of $Hb-O_2$ saturation on red cell pH in tench blood in vivo and in vitro[J]. J Exp Zool, 1986, 238: 119-124.

150 Brauner C J, Gilmour K M, Perry S F. Effect of haemoglobin oxygenation on Bohr proton release and CO_2 excretion in the rainbow trout[J]. Respir Physiol, 1996, 106: 65 - 70.

151 Lenfant C, Johansen K. Respiratory function in the elasmobranch Squalus suckleyi G[J]. Respir Physiol, 1966, 1: 13 - 29.

152 Wood C M, Perry S F, Walsh P J, et al. HCO_3^- dehydration by the blood of an elasmobranch in the absence of a Haldane effect[J]. Respir Physiol, 1994, 98: 319 - 337.

153 Butler P J, Taylor E W, Davison W. The effect of long term, moderate hypoxia on acid-base balance, plasma catecholamines and possible anaerobic end products in the unrestrained dogfish Scyliorhinus canicula[J]. J Comp Physiol, 1979, 132: 297 - 303.

154 Wood S C, Johansen K. Adaptation to hypoxia by increased HbO_2 affinity and decreased red cell ATP concentration[J]. Nature, 1972, 237: 278 - 279.

155 Wood S C, Johansen K, Weber R E. Effects of ambient PO_2 on hemoglobin-oxygen affinity and red cell ATP concentrations in a benthic fish, Pleuronectes platessa[J]. Respir Physiol, 1975, 25: 259 - 267.

156 Weber R E, Lykkeboe G. Respiratory adaptations in carp blood. Influences of hypoxia, red cell organic phosphates, divalent cations and CO_2 on hemoglobin-oxygen affinity[J]. J Comp Physiol, 1978, 128: 127 - 137.

157 Greaney G S, Powers D A. Allosteric modifiers of fish hemoglobins: in vitro and in vivo studies of the effect of ambient oxygen and pH on erythrocyte ATP concentrations[J]. J Exp Zool, 1978, 203: 339 - 350.

158 Soivio A, Nikinmaa M, Westman K. The blood oxygen binding properties of hypoxic Salmo gairdneri[J]. J Comp Physiol, 1980, 136: 83 - 87.

159 Tetens V, Lykkeboe G. Blood respiratory properties of rainbow trout, Salmo gairdneri: responses to hypoxia acclimation and anoxic incubation of blood in vitro[J]. J Comp Physiol, 1981, 145: 117 - 125.

160 Rutjes H A, Nieveen M C, Weber R E, et al. Multiple strategies of Lake Victoria cichlids to cope with lifelong hypoxia include hemoglobin switching[J]. Am J Physiol, 2007, 293: R1376 - R1383.

161 Boutilier R G, Ferguson R A. Nucleated red cell function: metabolism and pH regulation[J]. Can J Zool, 1989, 67: 2986 - 2993.

162 Bernier N J, Fuentes J, Randall, D J. Adenosine receptor blockade and hypoxia-tolerance in rainbow trout and Pacific hagfish II. Effects on plasma catecholamines and erythrocytes[J]. J Exp Biol, 1996, 199: 497 - 507.

163 Frangioni G, Berti R, Borgioli G. Hepatic respiratory compensation and haematological changes in the cave cyprinid, Phreatichthys andruzzii[J]. J Comp Physiol B, 1997, 167: 461 - 467.

164 Fange R, Nilsson S. The fish spleen: structure and function[J]. Experientia, 1985, 41: 152 - 157.

165 Perry S F, Vermette M G. The effects of prolonged epinephrine infusion on the physiology of the rainbow trout, Salmo gairdneri I. Blood respiratory, acid-base and ionic states[J]. J Exp Biol, 1987, 128: 235 - 253.

166 Vermette M G, Perry S F. Effects of prolonged epinephrine infusion on blood respiratory and acid-base states in the rainbow trout: alpha and beta effects[J]. Fish Physiol Biochem, 1988, 4: 189 - 202.

167 Perry S F, Kinkead R. The role of catecholamines in regulating arterial oxygen content during acute hypercapnic acidosis in rainbow trout (Salmo gairdneri)[J]. Respir Physiol, 1989, 77: 365 – 338.

168 Nilsson S, Grove D J. Adrenergic and cholinergic innervation of the spleen of the cod: Gadus morhua [J]. Eur J Pharmacol, 1974, 28: 135 – 143.

169 Nilsson S, Forster N E, Davison W, et al. Nervous control of the spleen in the red-blooded Antarctic fish, Pagothenia borchgrevinki[J]. Am J Physiol, 1996, 39: R599 – R604.

170 Yamamoto K, Itazawa Y, Kobayashi H. Direct observation of fish spleen by an abdominal window method and its application to exercised and hypoxic yellowtail[J]. Japan J Ichthyol, 1985, 31: 427 – 433.

171 Wells R M G, Weber R E. The spleen in hypoxic and exercised rainbow trout[J]. J Exp Biol, 1990, 150: 461 – 466.

172 Lai J C C, Kakuta I, Mok H O L, et al. Effects of moderate and substantial hypoxia on erythropoietin levels in rainbow trout kidney and spleen[J]. J Exp Biol, 2006, 209: 2734 – 2738.

173 Yamamoto K, Itazawa Y, Kobayashi H. Supply of erythrocytes into the circulating blood from the spleen of exercised fish[J]. Comp Biochem Physiol, 1980, 65A: 5 – 11.

174 Yamamoto K. Contraction of spleen in exercised freshwater teleost[J]. Comp Biochem Physiol, 1988, 89A: 65 – 66.

175 Yamamoto K, Itazawa Y. Erythrocyte supply from the spleen of exercised carp[J]. Comp Biochem Physiol, 1989, 92A: 139 – 144.

176 Pearson M P, Stevens E D. Size and hematological impact of the splenic erythrocyte reservoir in rainbow trout, Oncorhynchus mykiss[J]. Fish Physiol. Biochem, 1991, 9: 39 – 50.

177 Gallaugher P, Axelsson M, Farrell A P. Swimming performance and haematological variables in splenectomized rainbow trout, Oncorhynchus mykiss[J]. J Exp Biol, 1992, 171: 301 – 314.

178 Nikinmaa M, Rees B B. Oxygen-dependent gene expression in fishes[J]. Am J Physiol, 2005, 288L R: 1079 – 1090.

179 Chou C F, Tohari S, Brenner S, et al. Erythropoietin gene from a teleost fish, Fugu rubripes[J]. Blood, 2004, 104: 1498 – 1503.

180 Gallaugher P, Farrell A P. Hematocrit and blood oxygen-carrying capacity[M]//Perry S F, Tufts B L. Fish physiology. San Diego: Academic Press, 1998: 185 – 227.

181 Taglialatela R, Della Corte F. Human and recombinant erythropoietin stimulate erythropoiesis in the goldfish Carassius auratus[J]. Eur J Histochem, 1997, 41: 301 – 304.

182 Cech J J, Jr Laurs R M, Graham J B. Temperature-induced changes in blood gas equilibria in the albacore, Thunnus alalunga, a warm-bodied tuna[J]. J Exp Biol, 1984, 109: 21 – 34.

183 Dobson G, Wood S C, Daxboeck C, et al. Intracellular buffering and oxygen transport in the Pacific blue marlin (Makaira nigricans): adaptations to high-speed swimming[J]. Physiol Zool, 1986, 59: 150 – 156.

184 Brill R W, Bushnell P G. Effects of open- and closed-system temperature changes on blood oxygen dissociation curves of skipjack tuna, Katsuwonus pelamis, and yellowfin tuna, Thunnus albacares [J]. Can J Zool, 1991, 69: 1814 – 1821.

185 Wood C M, McMahon B R, McDonald D G. Respiratory gas exchange in the resting starry flounder, Platichthys stellatus: a comparison with other teleosts[J]. J Exp Biol, 1979, 78: 167 – 179.

186 Tetens V, Wells R M G, DeVries A L. Antarctic fish blood: respiratory properties and the effects of thermal acclimation[J]. J Exp Biol, 1984, 109: 265 - 279.

187 Wells R M G, Grigg G C, Beard L A, et al. Hypoxic responses in a fish from a stable environment: blood oxygen transport in the Antarctic fish Pagothenia borchgrevinki[J]. J Exp Biol, 1989, 141: 97 - 111.

188 Jensen F B, Weber R E. Respiratory properties of tench blood and hemoglobin adaptation to hypoxic-hypercapnic water[J]. Mol Physiol, 1982, 2: 235 - 250.

189 Gilmour K M, MacNeill G K. Apparent diffusion limitations on branchial CO_2 transfer are revealed by severe experimental anaemia in brown bullhead (Ameiurus nebulosus)[J]. Comp Biochem Physiol A, 2003, 135: 165 - 175.

190 Wells R M G, Weber R E. Is there an optimal haematocrit for rainbow trout, Oncorhynchus mykiss (Walbaum)? An interpretation of recent data based on blood viscosity measurements[J]. J Fish Biol, 1991, 38: 53 - 65.

191 Gallaugher P, Thorarensen H, Farrell A P. Hematocrit in oxygen transport and swimming in rainbow trout (Oncorhynchus mykiss)[J]. Respir Physiol, 1995, 102: 279 - 292.

192 Wood C M, McMahon B R, McDonald D G. Respiratory, ventilatory, and cardiovascular responses to experimental anaemia in the starry flounder, Platichthys stellatus[J]. J Exp Biol, 1979, 82: 139 - 162.

193 Hemmingsen E A, Douglas E L, Johansen K, et al. Aortic blood flow and cardiac output in the hemoglobin-free fish Chaenocephalus aceratus[J]. Comp Biochem Physiol, 1972, 43A: 1045 - 1051.

194 Egginton S. A comparison of the response to induced exercise in red- and white-blooded Antarctic fishes[J]. J Comp Physiol B, 1997, 167: 129 - 134.

195 Sidell B D, O'Brien K M. When bad things happen to good fish: the loss of hemoglobin and myoglobin expression in Antarctic icefishes[J]. J Exp Biol, 2006, 209: 1791 - 1802.

196 Johansen K, Mangum C P, Lykkeboe G. Respiratory properties of the blood of Amazon fishes[J]. Can J Zool, 1978, 56: 898 - 906.

197 Bushnell P G, Jones D R. Cardiovascular and respiratory physiology of tuna: adaptations for support of exceptionally high metabolic rates[J]. Env Biol Fish, 1994, 40: 303 - 318.

198 Jones D R, Brill R W, Mense D C. The influence of blood gas properties on gas tensions and pH of ventral and dorsal aortic blood in free-swimming tuna, Euthynnus affinis[J]. J Exp Biol, 1986, 120: 201 - 213.

199 Riera M, Prats M T, Palacios L, et al. Seasonal adaptations in oxygen transport in brown trout Salmo trutta fario[J]. Comp Biochem Physiol, 1993, 106A: 695 - 700.

200 Gollock M J, Currie S, Petersen L H, et al. Cardiovascular and haematological responses of Atlantic cod (Gadus morhua) to acute temperature increase[J]. J Exp Biol, 2006, 209: 2961 - 2970.

201 Pichavant K, Maxime V, Soulier P, et al. A comparative study of blood oxygen transport in turbot and sea bass: effect of chronic hypoxia[J]. J Fish Biol, 2003, 62: 928 - 937.

202 Hyde D A, Moon T W, Perry S F. Physiological consequences of prolonged aerial exposure in the Americal eel, Anguilla rostrata: blood respiratory and acid-base status[J]. J Comp Physiol B, 1987, 157: 635 - 642.

203 Takeda T. Ventilation, cardiac output and blood respiratory parameters in the carp, Cyprinus

carpio, during hyperoxia[J]. Respir Physiol, 1990, 81: 227 - 240.

204 Burggren W W. 'Air gulping' improves blood oxygen transport during aquatic hypoxia in the goldfish Carassius auratus[J]. Physiol Zool, 1982, 55: 327 - 334.

205 Perry S F, Reid S G, Gilmour K M, et al. A comparison of adrenergic stress responses in three tropical teleosts exposed to acute hypoxia[J]. Am J Physiol, 2004, 287: R188 - R197.

206 Johansen K, Mangum C P, Weber R E. Reduced blood O_2 affinity associated with air breathing in osteoglossid fishes[J]. Can J Zool, 1978, 56: 891 - 897.

207 Perry S F, Gilmour K M. An evaluation of factors limiting carbon dioxide excretion by trout red blood cells in vitro[J]. J Exp Biol, 1993, 180: 39 - 54.

208 Perry S F, Wood C M, Walsh P J, et al. Fish red blood cell carbon dioxide transport in vitro: a comparative study[J]. Comp Biochem Physiol, 1996, 113A: 121 - 130.

209 Brauner C J, Randall D J. The linkage between oxygen and carbon dioxide transport[M] //Perry S F, Tufts B L. Fish physiology. San Diego: Academic Press, 1998: 283 - 319.

210 Riggs A F. Studies of the hemoglobins of Amazonian fishes: an overview[J]. Comp Biochem Physiol, 1979, 62A: 257 - 271.

211 Weber R E. Functional significance and structural basis of multiple hemoglobins with special reference to ectothermic vertebrates[M] //Truchot J P, Lahlou B. Animal nutrition and transport processes. Basel: S. Karger, 1990: 58 - 75.

212 Weber R E. Hemoglobin adaptations in Amazonian and temperate fish with special reference to hypoxia, allosteric effectors and functional heterogeneity[M] //Val A L, Almeida-Val V M F, Randall D J. Physiology and biochemistry of the Fishes of the Amazon. Manaus, Brazil: INPA, 1996: 75 - 90.

213 Randall D J, Holeton G F, Stevens E D. The exchange of oxygen and carbon dioxide across the gills of rainbow trout[J]. J Exp Biol, 1967, 46: 339 - 348.

214 Wood C M, McMahon B R, McDonald D G. An analysis of changes in blood pH following exhausting activity in the starry flounder, Platichthys stellatus[J]. J Exp Biol, 1977, 69: 173 - 185.

215 Wood C M, Perry S F. Respiratory, circulatory, and metabolic adjustments to exercise in fish[M] //Gilles R. Circulation, respiration and metabolism. Berlin: Springer-Verlag, 1985: 2 - 22.

216 Hughes G M. The dimensions of fish gills in relation to their function[J]. J Exp Biol, 1966, 45: 177 - 195.

4

呼吸空气的脊椎动物的
氧摄取与氧转运

尼尼·斯科夫加德(Nini Skovgaard),詹姆斯·希克斯
(James W. Hicks),托比亚斯·王(Tobias Wang)

4.1 引言

　　具有呼吸功能的脊椎动物涵盖不同科目。呼吸功能在各种鱼类和早期四足动物中独立进化,现存物种拥有从胃肠道或口咽腔等不同结构演变而来的一系列呼吸器官(见第6章)。陆栖脊椎动物的肺芽起源于咽后部的腹侧袋,向腹腔延伸为对称的结构。经咽喉入肺有声门的保护,两肺间的肺动脉由心脏向肺泡表面转运去氧的静脉血,逐渐汇集成肺静脉,转运氧合的动脉血再流回至左心房。尽管现存具有呼吸功能的脊椎动物的肺芽胚胎发育和总体分布大致相同,但从两栖动物囊状肺的简单结构,到哺乳动物肺泡肺和鸟类多级支气管的复杂结构,其间存在较大的结构差异。然而,尽管有结构变异,在所有呼吸空气的脊椎动物中,具有换气功能的器官提供充足的氧和二氧化碳交换以满足动物多变的代谢需求是必需的。

　　脊椎动物通过有氧代谢以满足大部分的能量需求。作为有氧代谢的产物,三磷酸腺苷(ATP)无法有效地储存,因此氧转运过程代表传递氧(供给)和消耗ATP(需求)之间的持续平衡。这种平衡主要通过心血管和通气调节来实现,有助于持续地将充足的氧转运到组织维持代谢。这在需氧增加期间尤为明显,例如步行、奔跑、飞行或游动等,在这些情况下,绝大多数脊椎动物迅速调节氧转运

（通气和血流）以适应组织对氧的需求。相比之下，在供氧减少期间，例如心脏分流引起的低氧血症，组织可通过多种细胞机制减少对氧的需求。低氧诱导的低代谢（低氧代谢反应）[1-2]是恒温和变温动物常见的代谢模式[3]。此外，在氧供减少期间，许多脊椎动物可通过行为改变如降低体温来增加细胞/生化调节，从而有助于减少整体对能量的需求。低氧诱导的低体温是由于体温调节点的设定降低所致，并非是体温调节受损的结果[4]。大部分脊椎动物的代谢系数 $Q10$（体温每升高 10 ℃，呼吸频率增加的倍数）大约为 2，因此，体温每下降 10 ℃，新陈代谢率减半，而每降低 1 ℃则节省 11% 的能量。

尽管脊椎动物的氧转运系统在每个转运环节中均可有结构上的改变；但整个过程由高度协调的复杂系统完成，可及时调节氧供以满足组织能量需求的改变，且协调性强，可迅速反应（数秒钟）、可经过几天或几周（表型可塑性和习服）或经历几代（遗传改变和适应）。本章旨在回顾性描述脊椎动物气体交换和转运的定量模型，并列举针对氧供需改变进行综合反应的现存脊椎动物实例。脊椎动物的氧转运系统基于进化论进行讨论，聚焦影响心肺系统结构和功能特性的可能机制和环境因素，及其与 550 万年以来大气氧含量的关系（显生宙）。

4.2　氧摄取和转运的通用模型

在所有呼吸空气的脊椎动物中，氧转运过程包括从空气扩散至气体交换器官，通过血液转运至毛细血管并弥散至组织，最后用于线粒体呼吸。肺是呼吸空气的脊椎动物中最常见的气体交换器官，但许多鱼类运用其他结构呼吸空气（见第 6 章），两栖动物则依赖皮肤进行氧和二氧化碳的交换。皮肤和肺在气体交换的调节方面有所不同，将分别进行介绍。

Fick 原理和 Fick 定律用于描述呼吸中气体的转换和弥散过程，而描述气体运动的经典方程包理想气体定律、道尔顿（Dalton）分压定律和亨利（Henry）定律，这为准确描述脊椎动物气体运输系统提供了数学模型的理论基础，可用于一系列复杂的交换模式。例如，在一些文献中，数学模型分析气体交换对于理解各种气体交换器官之间的功能差异（如鳞翅目和哺乳动物的肺泡间隔，鸟类的多级支气管）[5]和分析宏观进化（如同构概念）意义重大[6]。

4.2.1　氧转运级联反应

图 4-1 展示氧如何从外界转运至细胞内线粒体，其中包括 4 个步骤相互作

用：肺通气、氧从空气弥散至血液、血液循环、氧释放至组织细胞。每步转移氧的速率由 Fick 原理（对流步骤）和 Fick 定律（弥散步骤）量化决定。这个过程的总驱动力是环境中氧分压（PO_2）和线粒体内 PO_2 的差值。由于物理因素（吸入空气的湿化导致水蒸气压升高，因此 PO_2 下降）和生理因素（气体交换器官或分流过程的通气/血流异质性），PO_2 在转运过程中逐步减少。氧从环境介质向线粒体转运的过程中 PO_2 总体下降称为"氧转运级联反应"。

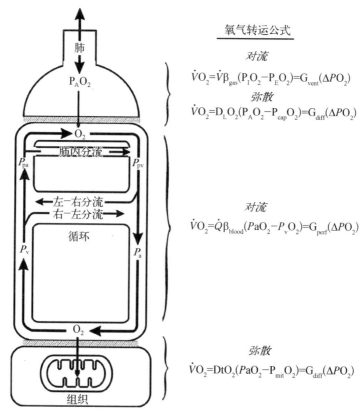

氧气转运公式

对流
$$\dot{V}O_2 = \dot{V}\beta_{gas}(P_IO_2 - P_EO_2) = G_{vent}(\Delta PO_2)$$
弥散
$$\dot{V}O_2 = D_LO_2(P_AO_2 - P_{cap}O_2) = G_{diff}(\Delta PO_2)$$

对流
$$\dot{V}O_2 = \dot{Q}\beta_{blood}(PaO_2 - P_vO_2) = G_{perf}(\Delta PO_2)$$

弥散
$$\dot{V}O_2 = DtO_2(PaO_2 - P_{mit}O_2) = G_{diff}(\Delta PO_2)$$

图中标注：肺、P_AO_2、O_2、肺内分流、P_{pa}、P_{pv}、左-右分流、右-左分流、循环、P_v、P_a、O_2、组织

图 4-1 氧级联示意图，涵盖肺内和心脏分流。从空气到代谢组织的氧转运由 4 个步骤组成：通气、氧从空气弥散至血液、全身循环以及氧弥散至细胞内。每个步骤的氧传递速率（$\dot{V}O_2$）由转换或弥散公式表示，可简化为 PO_2 差和电导（G）之间的乘积。P_v：体静脉 PO_2；P_{pa}：肺动脉 PO_2；P_{pv}：$P_{cap}O_2$：肺毛细血管 PO_2；P_{pv}：肺静脉 PO_2；P_a：体动脉 PO_2；详见气体转运公式[7]

氧转运级联的这 4 个步骤中氧的转移量，即氧摄取率（rate of oxygen uptake，$\dot{V}O_2$）由 ΔPO_2 和电导系数（G）决定（见图 4-1）。G_{diff} 代表肺和组织的弥散能力（D_LO_2 和 D_tO_2），而 G_{vent} 和 G_{perf} 是转换速率[通气（V）和心输出量（Q）]

和各自电容系数(β_{gas}或β_{blood})的乘积。电容系数代表氧浓度和PO_2之间的关系。与所有其他理想气体一样,在水和空气中,氧浓度和PO_2之间存在线性相关性。换言之,水中氧的溶解度与PO_2无关,仅反映自身的溶解度。然而在血液中,氧与血红蛋白结合在一起时,PO_2和氧浓度之间的关系特点借由 S 形的氧解离曲线体现,因此电容系数有很大的差异,在P_{50}(Hb - O_2 饱和度达 50% 时的PO_2)时达到最大值。当PO_2恒定时,电容系数与血红蛋白浓度线性正相关。气体交换时体现氧结合的特性,例如氧亲和力和氧结合力。这些系数在不同类别的群体中有很大的差异,氧亲和力和结合力会根据环境条件例如低氧或温度的变化作出相应的改变。因此,波尔定律提出酸性条件会减少血红蛋白的氧亲和力,二氧化碳和氧的转运是息息相关的。

静息时$\dot{V}O_2$与氧转运无关。在这种情况下,静脉氧分压(partial pressure of oxygen in the veins,$P\text{v}O_2$)由代谢和动脉血气决定。相反,当氧需求增加(体育活动或消化过程中),$\dot{V}O_2$决定氧转运,从而影响最大耗氧量($\dot{V}_{2\max}$),受氧转运系统的结构和功能所限[8],包括组织和肺内弥散能力,以及肺和心血管系统转运气体和血液的能力。

4.3 肺的气体交换

4.3.1 脊椎动物肺通气总览

从简单的囊样肺到复杂的支气管分支系统,不同类别脊椎动物的肺具有不同的形态学特征。尽管如此,所有肺通气都是由肺与环境之间的压差提供动力完成气体交换,共同目标均为促进环境氧与血液紧密接触进而增加气体交换。两栖动物和大部分呼吸空气的鱼类通过颊腔收缩迫使空气经开放的声门入肺,完成正压泵通气,而呼气通常则源自肺被动回缩。许多无尾两栖类动物如蜥蜴呼吸系统相当复杂,潮式通气和肺充气交替发生,即一次深大的呼气后跟随一系列逐渐加深的吸气。爬行动物和哺乳动物的肋间肌收缩、膈肌收缩,使胸腔容积增大,与环境形成压差,从而迫使氧进入肺。有些蜥蜴利用颊部抽吸增加肋间通气,肋间肌得以稳定躯干,这种通气机制在运动时十分重要。例如,萨凡纳蜥蜴(非洲大草原巨蜥)的颊部抽吸增强在运动过程中的通气[9]。如果阻断颊部通气可减少最大氧转运,便对有氧运动产生不利影响。在非禽类爬行动物中,鳄鱼有一套独特的肺通气系统。除了脊椎下肌群,鳄鱼还能利用肝脏位移扩大胸腔容积。这些动物的膈肌则附着在肝脏上，当肌肉收缩时，肝脏就被推向盆腔，同样也会增加肺容量。

鸟类的呼吸系统极其独特，是哺乳动物中唯一的拥有非双向通气系统（双向呼吸系统指吸气和呼气经过相同的通道）。鸟类具有 2 个平行排列的肺（侧枝支气管）和大量气囊。这些气囊有类似"风箱"样作用：在吸气和呼气过程中均向侧枝支气管产生单向气流，并在此进行气体交换。

4.3.2 脊椎动物肺的结构变异

呼吸空气的不同动物之间肺结构变异很大。哺乳动物的气道形成高度复杂且不规则的分支结构，支气管树分叉出上亿个肺泡，是气体交换的功能单位[10]。鸟类的呼吸系统包括平行排列的支气管分支，其弹性较小，顺应性有限，周围分布有放射状的微气管，外周分布有众多的毛细血管，发生气体交换[11-12]。两栖动物和爬行动物的肺结构比哺乳动物和鸟类更为简单，仅为一个简单的气道传导系统（气管分叉到初级支气管）。这种气道传导系统形成一种囊状的简单结构，并拥有单一腔室，含气的中央管腔向肺实质放射状开放。有些物种的肺含有更多的腔，有 1 个或多个分隔。气体交换发生于肺泡壁上空气和肺毛细血管之间的蜂窝状小孔内[13]。然而，爬行动物肺结构的复杂性似乎与总的氧转运能力无关。有些泰加蜥和巨蜥具有非常相似的最大耗氧率，但肺结构迥然不同，泰加蜥的肺呈囊状少分支，而巨蜥拥有非常复杂的肺结构和较多分支；泰加蜥的气体交换的总表面积比巨蜥小，但是弥散距离短。

两栖动物利用皮肤进行气体交换亦是一种重要的呼吸方式，对于肺体积极小或无肺的物种而言，皮肤是其唯一的呼吸器官。呼吸时气体在周围的空气与皮肤毛细血管网之间进行交换[14-15]。

4.3.3 肺通气和肺内气体的组成

如果肺进行潮式通气，可以用呼吸频率（f_R）和潮气量（V_T）的乘积来描述通气量（分钟通气量，$\dot{V}_E$），V_T 为每次呼吸的空气容积：

$$\dot{V}_E = f_R \times V_T \qquad (4.1)$$

气管和大部分支气管是厚而硬的实性结构，缺乏灌注，不参与气体交换，存在于这些气道内的气体容积称为解剖无效腔（V_D），因此，气体交换的有效通气（$\dot{V}_{eff}$）为：

$$\dot{V}_{eff} = f_R \times (V_T - V_D) \qquad (4.2)$$

哺乳动物的 $\dot{V}_{eff}$ 与肺泡通气（$\dot{V}_A$）相同，但是考虑到其他脊椎动物的肺并没有肺泡，因此用 $\dot{V}_{eff}$ 来表述有多少气体被转运至气体交换部位更为准确。物种间的 V_T 有差异，但通常占正常肺容量的 $10\% \sim 30\%$，而 V_D 是解剖上固定的体积，所以想要有效进行气体交换，增加 V_T 比增加 f_R 更有效。然而由于肺活量的限制，增加 V_T 比增加 f_R 的代价更大。

肺内气体的氧分压 $[P_L O_2$；哺乳动物的肺泡 $P O_2$（$P_A O_2$）$]$ 由 $\dot{V}O_2$ 相关的 $\dot{V}_{eff}$ 决定。因此，$P_L O_2$ 和 $\dot{V}O_2$ 和 $\dot{V}_{eff}$ 之间的关系为：

$$P_L O_2 = P_I O_2 - (\dot{V}O_2 / \dot{V}_{eff})(P_B - PH_2 O) \qquad (4.3)$$

其中 $P_I O_2$ 为吸入氧分压，P_B 为大气压，$PH_2 O$ 为人正常体温下的水蒸气压。该公式提示 $P_L O_2$ 随着 $\dot{V}_{eff}$ 增加而增加，并且在代谢需求增加时，$\dot{V}_{eff}$ 与 $\dot{V}O_2$ 成比例增加以维持 $P_L O_2$。$\dot{V}O_2 V_{eff}/\dot{V}$（气体转换需求，ACR）可用于有效判断肺通气和肺气体代谢状态。$P_L O_2$ 和 $\dot{V}O_2$ 均难以监测，但二氧化碳容易在肺内达到平衡，而且 $P_a CO_2$ 相对不易受分布和分流的影响，因此，肺泡气体公式便于计算 $P_L O_2$：

$$P_L O_2 = P_I O_2 - P_a CO_2 [F_I O_2 + (1 - F_I O_2) / RER] \qquad (4.4)$$

其中 $F_I O_2$ 为吸入氧浓度，RER 是呼吸交换率（$\dot{V}CO_2 / \dot{V}O_2$）。由于肺内气体交换的氧体积并不等同于增加的二氧化碳体积，故需将 RER 纳入计算。正常情况下 RER 为 $0.7 \sim 1.0$，取决于代谢产物。在许多爬行动物和哺乳动物中，运动产生的乳酸代谢性酸中毒会导致 RER 升至 2.0 以上，如果将此偏离正常情况的 RER 纳入计算会严重影响 $P_L O_2$ 的估算。

肺泡气体公式常被简化为：

$$P_L O_2 = P_I O_2 - P_a CO_2 / RER \qquad (4.5)$$

肺泡气体公式适用于大部分情况，而且概念上更为直观。接下来需要具体讨论的是，多数两栖动物和爬行动物常见心脏大血管分流，$P_a CO_2$ 高于离开肺的血液中 $P CO_2$，如果忽略会低估 $P_L O_2$。然而，一项基于理论模型的研究表明这些影响作用相对较小。

4.3.4 肺通过弥散的氧摄取

肺内气体和血液之间存在血-气屏障（blood-gas barrier，BGB），将气体与毛细血管血液分离，$\Delta P O_2$ 使氧被动地通过这一屏障进行弥散。在稳态下，由 Fick 第一定律指出摄氧量（$\dot{V}O_2$）与 $P O_2$ 压差（$\Delta P O_2$）和肺对氧的弥散能力（$D_L O_2$）成正比：

$$\dot{V}O_2 = D_L O_2 \times \Delta PO_2 \tag{4.6}$$

弥散能力为 Krogh 弥散系数（KO_2）与解剖弥散因子的乘积，其中，KO_2 反映气体和 BGB 物理化学性质，解剖弥散因子为 BGB 的呼吸表面积（A）与厚度（l）之比。

$$\dot{V}O_2 = KO_2 \times A/l \times \Delta PO_2 \tag{4.7}$$

因此，氧透过 BGB 的弥散量与呼吸表面积成正比，与 BGB 厚度成反比。呼吸表面积越大，BGB 越薄，氧气的弥散能力越强。

从两栖动物和爬行动物等变温动物到鸟类和哺乳动物等温血动物运动后最大耗氧率升高近 10 倍[16]。氧需的增加可能需要氧级联反应中所有步骤的改进。肺结构的复杂化导致气体交换单位变小，表面积增大以及 BGB 变薄，从而使氧弥散能力增加[13,17]。在呼吸空气的脊椎动物中，从两栖动物、爬行动物到哺乳动物和鸟类，肺结构的精细程度逐渐增加[18]。有趣的是，兽面龙和古蜥的体温调节进化的不同最终导致出现迥异的肺结构，表现为哺乳动物的肺泡肺和鸟类的支气管旁肺结构，但均可使最大氧流量速率得以维持。呼吸空气的脊椎动物中鸟类肺结构的高度精细分化极大地增加了呼吸表面积[每单位体积气体交换组织（mm^2/g）]。然而，与其他呼吸空气的脊椎动物相比，鸟类拥有与体重相匹配的低容积肺[18]。据记载，目前鸟类中紫耳蜂鸟具有最大的呼吸表面积，达 87 cm^2/g[19]，而哺乳动物中则为 Wahlberg 的饰肩果蝠（肩毛果蝠），达 138 cm^2/g[20]。然而，一般来说，无论哺乳动物还是鸟类，其呼吸表面积均处于相同范围[13]。

BGB 由三层组成：毛细血管内皮层、间质层和上皮层[17]。从最早的呼吸空气的脊椎动物向鸟类和哺乳动物等温血动物的进化过程中，BGB 的三层基本结构高度保守[17]。从两栖动物、爬行动物到哺乳动物和鸟类，BGB 的厚度逐渐变薄，紫耳蜂鸟的 BGB 厚度仅 0.1 μm[19]。薄 BGB 能增加氧弥散能力；但同时 BGB 需要保持一定强度以抵抗运动过程中肺毛细血管压力的升高。温血脊椎动物的 BGB 变薄进化以心脏分流、肺循环和全身循环分隔为基础，从而保护呼吸上皮免受肺血管高压导致的肺水肿[17]。鸟类拥有呼吸表面积大，BGB 极薄，使其在脊椎动物间拥有最大的氧弥散能力[13]，并可能为扑翼飞行供给相对充足的氧。哺乳动物中这个现象更为显著——飞行蝙蝠进化后拥有最薄的肺和最大的呼吸面积[13]。

一氧化碳重复呼吸技术可用以测定氧的肺内弥散能力（diffusing capacity for oxygen，$D_L O_2$）[21]。比较不同的脊椎动物可以发现两栖类和爬

行类动物的 D_LO_2 比鸟类和哺乳动物低一个数量级别[22]，且其耗氧量减少约 10 倍。

4.3.5 气体交换效率

在"理想肺"内，气体交换没有弥散限制，血液与肺内的 PO_2 迅速达到平衡。然而实际上，在许多动物中，从肺内流回心脏（肺静脉回流）的血 PO_2 低于肺 PO_2，并没有达到平衡状态。通常用肺泡动脉氧分压差（$P_A - PaO_2$）来评价哺乳动物的气体交换效率，也显示氧在空气和血液中平衡分布的程度。由于许多呼吸空气的脊椎动物并没有肺泡结构，也缺乏通过静脉回流降低 PaO_2 的心内分流系统，所以评价肺内气体与左心房的 PO_2 差（$P_L - P_{LAt} O_2$）是评价气体交换效率更简便的方法。

图 4-2 显示空气呼吸动物中不同类型的气体交换系统。鸟类的血流垂直经过支气管分支中的单向气流，这种与血流相关的呼吸结构（交叉-逆流气体交换模型）产生高效的气体交换：从理论上讲，肺静脉血 PO_2 高于呼出气 PO_2，在脊椎动物中，这最为有效，并会造成 $P_L - P_{LAt} O_2$ 负压差[24]。而两栖动物、爬行动物和哺乳动物的肺（潮气池气体交换模型），两栖动物的皮肤（开放池气体交换模型）可以在理想情况下使 $P_L - P_{LAt} O_2$ 趋于 0[24]。理论上各种气体交换模型在效

交叉逆流模型　　　　　　潮气池模型　　　　　　　开放池模型

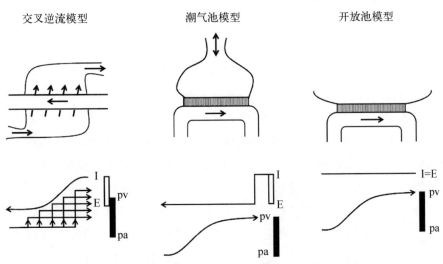

图 4-2 空气呼吸动物中不同的气体交换系统。交叉逆流模型（鸟类肺），血流垂直流向支气管内单向空气流形成高效气体交换，其中肺静脉 PO_2 可高于呼出气 PO_2。潮气池模型（哺乳动物、爬行动物、两栖动物肺）是有效的气体交换模型，动脉 PO_2 接近但不超过肺泡 PO_2。开放池模型（两栖动物皮肤）受到弥散限制，是效率最低的气体交换模式，动脉 PO_2 低于环境 PO_2。图中吸气（I）、呼气（E）、肺动脉（pa）和肺静脉（pv）PO_2 值[23]

率上存在差异,一般认为交叉-逆流气体交换模型>潮气池气体交换模型>开放池气体交换模型,但在体内,这些差异往往很小。用 $P_L - P_{LAt}$ O_2 描述气体交换与理想水平之间存在差异,其机制包括肺内分流、弥散限制和通气灌注血流比($\dot{V}/\dot{Q}$)(图 4 – 3)[26]。

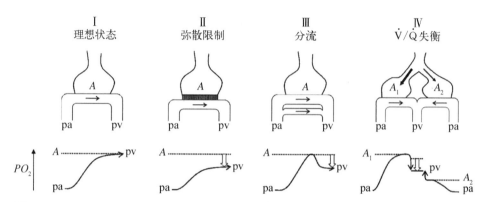

图 4 - 3 肺内气体分压和肺静脉血分压差异($P_AO_2 - P_p\dot{V}O_2$)的生理机制。理想的肺是不存在 $P_AO_2 - P_p\dot{V}O_2$ 差异。由于受到弥散限制,不完全的弥散平衡导致 $P_AO_2 - P_p\dot{V}O_2$ 差异。肺内分流的情况下,混合的肺动脉血引起终末毛细血管氧含量下降。如果通气-灌注不平衡,来自不同 $\dot{V}/\dot{Q}$ 的两个部分的血液混合导致 $P_AO_2 - P_p\dot{V}O_2$ 差异[25]

4.3.6 无效气体交换(与理想模型的差异)

在静息常氧条件下,哺乳动物和鸟类的 $P_L - P_{LAt}$ O_2 平均值为 4~10 mmHg[27],而爬行动物和两栖动物常常超过 20 mmHg[22,28-29]。应用多种惰性气体清除技术可测量因肺内分流和 $\dot{V}/\dot{Q}$ 差异导致的 $P_L - P_{LAt}$ O_2[30-31]。两栖动物的无效气体交换还有待考证,以下讨论仅限于爬行动物、哺乳动物和鸟类。鸟类和哺乳动物的每个气体交换单位所对应的通气和血流水平并不一致。有些单位的 $\dot{V}/\dot{Q}>1$,而有些单位 $\dot{V}/\dot{Q}<1$,由此产生的 $\dot{V}/\dot{Q}$ 异质性是静息常氧状态下无效气体交换的最主要的原因[32-34]。由于存在肺内分流,$P_L - P_{LAt}$ O_2 也可以为 0,肺内分流是指肺血流绕过呼吸介质,因此气体交换并未实现。肺内分流导致未经氧合的静脉血与动脉血混合,使得氧含量和 PO_2 降低。而哺乳动物和鸟类几乎不存在肺内分流[32-34]。除 $\dot{V}/\dot{Q}$ 异质性导致爬行动物的无效气体交换,肺内大分流也是其重要的因素(占肺总血量的 5% 以上)[35-37]。此外,爬行动物中肺内气体弥散受限(分层),以及氧弥散能力较低且分布不均匀会导致 $P_L - P_{LAt}$ O_2 变大[38]。

4.3.7 弥散受限

如果没有弥散受限,流经毛细血管的血流很快就会达到肺内的气体分压值(见图 4-3 中 I. 理想状态)。相反,当弥散限制气体交换时,肺内气体与流经毛细血管的血流无法达到平衡(见图 4-3 中 II. 弥散限制)。弥散受限的程度由与渗透传导($\dot{Q}\beta O_2$)相关的弥散能力(D)所决定,其中 $\dot{Q}$ 是血流量,βO_2 是血液的电容系数(PO_2 恒定的血氧含量变化)。$D/\dot{Q}\beta O_2$ 比率代表平衡系数,可预测气体交换的受限程度[25,39]。高 $D/\dot{Q}\beta O_2$ 意味着平衡更快达到,此时气体交换主要受到血流灌注限制,低 $D/\dot{Q}\beta O_2$ 时代表气体交换主要或完全受弥散限制。D 降低和或 $\dot{Q}$、βO_2 的升高都会导致弥散受限。

皮肤是两栖动物最重要的气体交换场所。两栖动物的皮肤具备所有气体交换系统最简单的结构,呼吸面与环境直接接触,因此称为"开放池"气体交换[25]。然而,没有呼吸功能的皮肤周围的空气中具有一层不流动的层面,这会增加弥散距离,降低皮肤的弥散能力(Ds),从而降低 $Ds/\dot{Q}\beta O_2$[40-41],因此,皮肤呼吸主要受弥散限制。可以通过运动(皮肤通气)减少呼吸组织周围的不流动层面,从而减少弥散受限。低氧或运动后,氧需求的增加使皮肤通气频率增加[40]。尽管两栖类皮肤的气体交换主要是受弥散限制,但有些蜥蜴在运动中通过增加 Ds 来提高它们的摄氧,这可能通过毛细血管募集完成[42]。

4.3.8 通气/灌注异质性

通气/灌注($\dot{V}/\dot{Q}$)异质性反映肺内不同部位具有不同的 $\dot{V}/\dot{Q}$ 比值,代表空间而非时间异质性。对整体而言,通气/灌注异质性可导致气体交换效率降低,并且增加 $P_L - P_{LAt} O_2$ 差异;若只考虑参加通气交换的肺血流,可能导致 PaO_2 降低但不增加 $P_L - P_{LAt} O_2$ 差异。图 4-4 显示经典的三室肺模型,解释肺单元之间的 $\dot{V}/\dot{Q}$ 差异如何增加 $P_L - P_{LAt} O_2$ 变化。具有气体交换功能的单元接受相等的血液灌注(灰色箭头),但以不同的速率进行通气(黑色箭头),这会产生三个不同的 $\dot{V}/\dot{Q}$ 区域:A=低;B=中;C=高。由于没有弥散受限,PO_2 在气液相保持平衡,直至毛细血管氧浓度 $[O_2]_c$ 亦达平衡,而此过程依赖于肺泡 PO_2 和氧解离曲线(oxygen dissociation curve,ODC)的形状。与理想的单元相比,低 PO_2 时的 ODC 形状较陡峭,低 $\dot{V}/\dot{Q}$ 区域中 $[O_2]_c$ 大大降低。而在肺高 PO_2 时 ODC 趋于平坦,高通气区域的 $[O_2]_c$ 并未较理想区域有所增加。上述异质性结果导致混合肺静脉血(P_{pv})的 PO_2 降低。$P_L - P_{LAt} O_2$ 差值的进一步增加由混合肺氧分压决定,而混合肺 PO_2 取决于三个不同 $\dot{V}/\dot{Q}$ 区域平均加权的整合效应,例如高通气

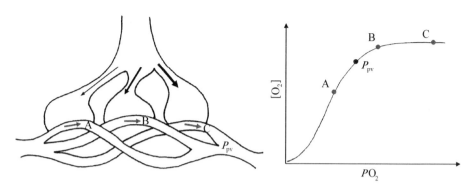

图4-4 三室肺模型显示功能性肺单元间的$\dot{V}/\dot{Q}$异质性会导致低效的气体交换。三个肺单元以不同的速率（黑色箭头）通气，但接受相同的血流灌注（灰色箭头），产生截然不同的$\dot{V}/\dot{Q}$。每个单位的气体和血流是平衡的，终末毛细血管氧含量（A，B和C）取决于肺PO_2和氧解离曲线（oxygen dissociation curve，ODC）的形状。低$\dot{V}/\dot{Q}$有助于混合肺静脉血PO_2（P_{pv}），低PO_2时ODC更陡峭，而高$\dot{V}/\dot{Q}$和高PO_2的ODC更平坦。导致比理想状态（B）时P_{pv}降低。由于混合肺PO_2是三室之间的加权平均值，并且取决于具有高PO_2高通气的单元，所以肺与左心房的PO_2差异（$P_L - P_{LAt}$）进一步加大[43]

区域具有更大的容积，使得肺内PO_2增加。

呼吸空气的脊椎动物的肺结构非常多样化，结构上从简单到复杂，氧弥散能力不断增加，但这种复杂化的过程也会增加$\dot{V}/\dot{Q}$异质性。然而，出乎意料的是，Powell和Hopkins[34]利用惰性气体清除技术评估哺乳动物、鸟类和爬行动物的$\dot{V}/\dot{Q}$分布时，发现$\dot{V}/\dot{Q}$异质性居然和复杂化的肺结构无关。事实上，与具有高度复杂肺结构的爬行动物和哺乳动物相比，一些具有简单肺结构的物种，例如蜥蜴，异质性的趋势更明显。$\dot{V}/\dot{Q}$异质性降低和动脉氧合改变是通过低氧性肺血管收缩，局部调节肺血流量的结果[44]。

4.3.9 低氧性肺血管收缩

低氧性肺血管收缩（hypoxic pulmonary vasoconstriction，HPV）是一种机体适应低氧的反应，使低通气的低氧区的肺血流转移至肺内通气相对良好的区域。HPV对于平衡血液灌注与通气以及提高肺内气体交换效率具有重要意义[44]。HPV的主要部位是毛细血管前肌肺小动脉，肺泡内低氧导致血管收缩[45]。脊椎动物的呼吸器官都具备这种古老而高度保守的机体反应，包括哺乳动物、鸟类和爬行动物的肺，以及两栖动物的皮肤和鱼鳃[44,46-49]。

HPV是种局部反应，低氧收缩持续存在于缺乏神经体液调节的离体肺和灌注肺内、肺动脉环以及离体肺动脉平滑肌细胞中（pulmonary arterial smooth muscle cells，PASMCs）。尽管HPV的具体机制尚未完全明确，但普遍认为缺氧改变了抑制电压门控K^+通道的活性氧（ROS）的产生，随着细胞内Ca^{2+}浓度

（[Ca^{2+}]i）升高，PASMCs 发生去极化导致血管收缩[50]，同时，也存在很多关于内皮细胞和内皮素 1（endothelin 1，ET-1）参与其中的争议[51]。因此，尽管有一些研究表明 HPV 是 PASMCs 特有的表现，但也有其他研究发现内皮细胞可通过释放 ET-1 导致 HPV。

在局部低氧的情况下，HPV 对于改善气体交换的生理意义十分显著。然而，在高海拔、某些病理生理条件、屏住呼吸等肺处于全面低氧的情况下，HPV 的作用就十分有限。HPV 也会给机体带来不利的影响——全面低氧增加肺血管阻力，并导致肺动脉压升高。HPV 引起的肺动脉压和毛细血管压的升高干扰肺液体平衡，且部分参与高原肺水肿的病理生理过程[52]。此外，长期低氧可能导致血管重塑和肺动脉高压[52]。有证据表明，在高海拔地区的人群中（>3 500 m），例如藏族人群和安第斯人群，他们对低氧的反应迟钝[52]。斑头雁每年两次迁徙都横穿喜马拉雅山脉，据记载，其在珠穆朗玛峰顶上空飞行时，高度为 8 848 m，吸入 PO_2 低至 43 mmHg，但其 HPV 明显减弱，这对于在运动和严重低氧中增加气体交换可能具显著优势[46]。

许多爬行动物，尤其是水生物种的呼吸模式，其特征是通气发作，由一次或多次呼吸组成，其中伴随不同持续时间的非呼吸期，此时肺和血液 PO_2 随着氧储备耗尽而下降[53]。在大多数非鳄鱼类爬行动物中，心室在解剖和功能上是不可分割的，因此全身和肺循环的血压相等[54]。肺和全身循环之间的血流分布主要是由肺和全身血管阻力决定[54-55]。将心脏视为整体，长时间屏住呼吸，HPV 会引起肺循环（右向左分流）旁路分流，从而降低利用肺氧储备的能力。但 HPV 也存在于一些心室分裂不良的爬行动物中，其肺血管阻力增加的阈值非常低（乌龟为 3 kPa，龙舌兰蜥蜴为 6 kPa），尚未确定整个肺循环的血管阻力在正常屏气期间是否会增加。在心室分裂的凯门鳄和具有典型的非鳄鱼未分裂心脏的龟类中，低氧会使其肺血管收缩，两者的阈值大相径庭（14 kPa vs 3 kPa），因此与凯门鳄相比，龟类明显减弱的 HPV 可确保其在潜水期间肺血流得以增加[55-56]。

4.4 心血管系统的氧转运

在心血管系统中，心脏通过动脉将血液泵送至毛细血管，进行气体交换，血液随后通过静脉回流心脏。在有肺的动物中，肺循环与全身循环并存平行，但只有鸟类和哺乳动物的两套循环是完全分离的，这种分离模式造就全身循环的高压和肺循环的低压。BGB 变薄，增加肺的弥散能力，肺循环的低压可防止肺毛细血管中的液体丢失。然而，在两栖动物和爬行动物中，心室的解剖结构没有分裂，并且全身动脉和肺动脉都由同一个心室进行供血，这意味着两个回路中的收缩压是相同的。爬行动物的特点是血压低于鸟类和哺乳动物的循环压力，通常认为这是用来保护肺循环的必要方式，但也只有代谢需求较低的冷血脊椎动物可以耐受。心脏内富氧和低氧的混合血对动脉血气的成分有很大的影响，并且可以显著减少传递给代谢组织的氧含量，下文会做详细描述。

心输出量（$\dot{Q}$）由每搏量（搏出量，Vs）和心率（f_H）决定：

$$\dot{Q}=f_H \times Vs \tag{4.8}$$

并且由心血管系统向代谢组织转运的氧含量（全身供氧 SOD）可相应地写为：

$$SOD=f_H \times Vs \times [O_2]_a \tag{4.9}$$

其中 $[O_2]_a$ 代表动脉氧浓度。与哺乳动物和鸟类相比，冷血脊椎动物在静息和运动期间的心率都显著降低，而 Vs 在校正体重后相似。此外，由于血细胞比容较低，冷血脊椎动物的 $[O_2]_a$ 通常较低。而且在相同体质指数时，冷血脊椎动物的血氧亲和力更低。

根据 Fick 定律，耗氧量是心输出量、血容量系数（β_{blood}）和动静脉 PO_2 差的乘积：

$$\dot{V}O_2=\dot{Q} \times \beta_{blood} \times (PaO_2 - P\dot{V}O_2) \tag{4.10}$$

血容量系数由血液携氧能力决定，这取决于血红蛋白浓度和氧解离曲线的形状。由于血容量系数和 PO_2 决定血液中的氧浓度，Fick 定律也可写为：

$$\dot{V}O_2=\dot{Q} \times ([O_2]_a - [O_2]_v) \tag{4.11}$$

其中 $[O_2]_a$ 代表动脉氧浓度，$[O_2]_v$ 代表静脉氧浓度。

心输出量是由搏出量和心率决定，Fick 定律也可写为：

$$\dot{V}O_2=f_H \times Vs \times ([O_2]_a - [O_2]_v) \tag{4.12}$$

4.4.1 心脏分流的作用

在两栖动物以及乌龟、蜥蜴和蛇类中，心脏没有完全分裂，从肺循环回到左心房的含氧血和从全身静脉回到右心房的低氧血液在心室内混合。这种混合血意味着动脉血的氧含量较回流的肺静脉降低，全身氧转运的比例相应减少。相同的现象发生在许多呼吸空气的鱼类中,来自呼吸系统的血液与静脉血混合,使得腹主动脉的氧含量降低。此外,鳄鱼的左主动脉弓发自右心室,所以低血压时,全身血液循环可能为低氧血。由于存在心脏分流,因此动脉血液气体成分不能反映肺功能情况,此时若评估肺内气体转运,需从左心房的肺静脉取血进行分析。

心脏内的血液混合通常称为心脏分流,其中右向左分流表示静脉血全身循环,而左向右分流表示肺和循环之间的回流。右向左分流对血氧浓度的影响可以用全身静脉血和肺静脉血氧浓度(分别为$[O_2]_{sv}$和$[O_2]_{pv}$)的加权平均以量化:

$$[O_2]_a = (\dot{Q}_{pul} \times [O_2]_{pv} + \dot{Q}R\text{-}L \times [O_2]_{sv})/(\dot{Q}_{pul} + \dot{Q}R\text{-}L) \quad (4.13)$$

其中$\dot{Q}_{pul}$代表肺血流,$\dot{Q}R\text{-}L$代表右向左分流。左向右分流并不影响动脉血氧浓度,但会增加肺动脉中的氧水平,所以可用上述公式表示。分析爬行动物心脏分流的影响时,需要考虑左右循环系统之间的血液成分差异[54,57-58]。

某些动物的心室未分裂,导致心室内不同氧浓度血的混合,并且血中气体混合在一个密闭的空间内,这意味着混合物的PO_2由血氧饱和度和血氧亲和力决定[59-60]。因此,动脉PO_2由分流流量、全身动静脉和肺静脉血液中氧浓度以及ODC综合决定。这种相互作用的结果造成心脏右向左分流机制,且不受肺通气改变的影响[61]。在食肉爬行动物,右向左心脏分流调节动脉血氧水平的作用出现于消化过程中,独立于肺通气。这些动物的餐后需氧增加与胃酸分泌导致的血液碱化相关,血浆$[HCO_3^-]$增加(被称为餐后碱潮现象)[62],其结果就是,蜥蜴和蛇通过相对低通气,增加动脉二氧化碳来中和餐后碱潮。与此同时,这些动物减少右向左分流,增加动脉氧含量,从而满足与消化相关的高氧需求。

心脏分流模式主要由全身和肺循环的流出阻力决定,肺循环的血流因高阻力从肺内流出,诱导右向左分流;而肺循环的血管扩张引起左向右分流。尽管全身和肺循环阻力受神经、体液和局部因素的调节,十分复杂,但是大多数爬行动物和两栖动物的肺血管阻力主要是由肺动脉周围的受迷走神经支配的平滑肌所控制[54,63]。除了减慢心率外,迷走神经兴奋还会导致肺动脉收缩,减少肺血流引起右向左分流。因此,心率和心脏分流模式常常是紧密相关的。

许多爬行动物和两栖动物是间歇呼吸性动物,短暂的呼吸间期是不同持续时间的呼吸暂停。心脏分流的范围在不同物种间的变化很大,并受通气状态影响。一般来说,大的右向左分流主要发生在呼吸暂停期,而肺通气主要与小的右向左分流或转换为大的左向右分流相关。因此，乌龟和某些海蛇在呼吸暂停时，肺血流可以完全停止，而肺通气时可能发生较大的左向右分流[54]。其他物种例如蜥蜴和蟒蛇的心脏结构分裂发育，心脏分流的可能性较低，血液混杂的程度也通常很小[64-65]。这些心脏分流的功能作用仍未明确[54,66-67]，但有证据表明当输氧需求增加时，右向左分流明显减少[68]。例如蟾蜍和海龟在运动时右向左分流明显减少[69-70]，而温度升高会导致响尾蛇和蟾蜍的右向左分流减少[69,71-72]。静息时新陈代谢耗氧降低，低动脉氧水平即可满足；而当需求增加时，则需具备减少分流的能力。

4.5 氧需求增加

脊椎动物在活动、消化和体温升高时代谢增加，其通气和血流迅速作出相应改变，以确保足够的氧运输来满足组织内增加的氧需求。所有呼吸空气的脊椎动物在代谢活跃时肺通气都会增加，但 f_R 和 V_T 的相对作用在不同类别的物种间有所差别。通常在运动期间，分钟通气量与代谢增加成正比，ACR 相对于静息值不会改变。ACR 的稳定性保证肺内气体（PO_2 和 PCO_2）在静息时保持稳定，并且气体交换时有足够的弥散梯度。然而在许多物种中，高强度运动时 ACR 将增加，导致肺内 PO_2 显著升高，PCO_2 降低。这种相对过度通气也出现于蜥蜴、蛇和鳄鱼的运动中。例如对草原巨蜥在踏步试验中直接测量通气和动脉血气，发现其存在相对的过度通气，其中肺的功能性通气量增加比例高于 $\dot{V}O_2$[9,73-75]。部分过度通气是通过有效运用颊部通气完成的，并且显著降低 $\dot{V}O_{2max}$[9]。然而这种相对的过度通气可能并非普遍存在于所有巨蜥中，Frappell 等[76]发现华氏巨蜥在踏步试验中肺通气与 $\dot{V}O_{2max}$ 成比例增加，比草原巨蜥的 $\dot{V}O_{2max}$ 降低 $30\% \sim 35\%$[9,74-75]。草原巨蜥在运动中的过度通气和肺内 PO_2 增加，可能有助于克服肺循环的弥散阻力[74,77]。

消化产生通气反应与运动通气反应有所不同。所有脊椎动物消化时伴随大量胃酸分泌，导致血浆$[HCO_3^-]$增加（餐后碱潮），这在两栖动物和爬行动物中尤为明显。在所研究的所有呼吸空气的物种中，餐后碱潮引起 $PaCO_2$ 增加，保持动脉 pH 值稳定。呼吸空气的脊椎动物在餐后，由于胃酸分泌引起的代谢性碱中毒会促发呼吸代偿[62]。而 $PaCO_2$ 增加是由相对低通气引起的，但肺通气增加并不同代谢产生的二氧化碳成比例[62]。图 4-6 比较了缅甸蟒在运动和消化过程中的通气量和 ACR 变化，并分别解释其相对过度通气和低通气。

受温度影响,当新陈代谢增加时,通气也会随之增加,其特点是 ACR 降低,随体温增加,二氧化碳产生增加,导致 $PaCO_2$ 增高。因此,保持相对低通气对酸碱调节很重要,并可解释动脉 pH(pH_a)值随温度升高而降低的原理。尽管仍存在不同争议,但 pH_a 值降低可起防止蛋白质电离的作用,这可能是温度大幅度改变时蛋白质功能得以维持的重要反应。矛盾之处在于,ACR 降低意味着 P_LO_2 随体温降低。假使 Hb - O_2 亲和力随体温降低而降低的话,这与高温通过酸碱调节导致亲和力降低相矛盾,因其影响氧输送[71]。尽管如此,P_LO_2 的降低是相当小的,并且只有在极端高温的情况下酸碱平衡才会影响氧转运。

就心血管反应而言,新陈代谢增加时,机体通过增加心输出量和或组织氧摄取($[O_2]_a - [O_2]_v$)来增加氧供。这些参数的增加会一定程度地决定整体氧耗的上限值($\dot{V}O_{2max}$)。除了 $\dot{V}O_{2max}$,无氧过程也会增加新陈代谢,但是乳酸堆积导致严重的酸中毒,所以这种反应只能在短时间内发生,例如生死逃离时的运动爆发。心输出量因心率增加和(或)搏出量增加而增加[79-80](见图 4 - 6)。图 4 - 5 的巨蜥在高体温时心率加快而心输出量增加,以满足对氧的需求。但在活动期间,耗氧量成倍增加至接近 $\dot{V}O_{2max}$ 时,仅心输出量增加不足以维持有氧代谢,需通过更大的组织氧摄取,例如增加动静脉氧含量差($[O_2]_a - [O_2]_v$)。

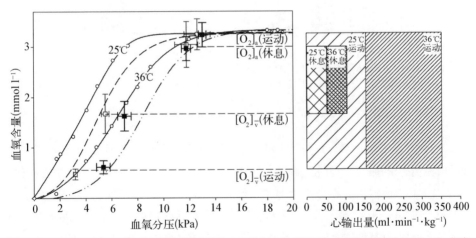

图 4 - 5 左图:运动和温度对于动脉和混合静脉 PO_2 和氧含量(□25 ℃;■36 ℃)的影响与 Hb - O_2 解离的关系。数值=平均值±标准误。O,在适当温度下从静息动物取血测定的动脉 PO_2 和氧浓度的实际测量值。根据运动时的静脉血 pH 和各个温度(25 ℃和 36 ℃)的波尔效应调整虚线和点虚线的回归线。右图:Fick 原理的图形显示,不同温度下休息和最大运动时心输出量,动脉和混合静脉氧含量差异($[O_2]_a -$ $[O_2]_v$)对于 $\dot{V}O_2$(阴影部分)的相对作用[78]

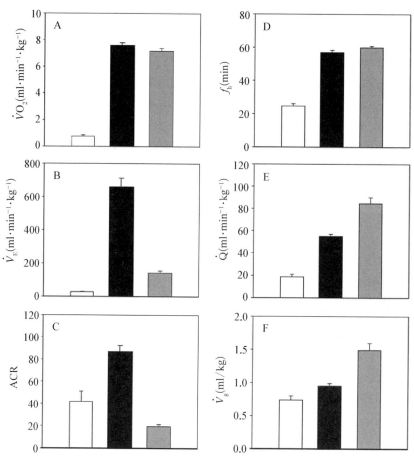

图 4 - 6 运动和消化对于 30 ℃时缅甸蟒蛇的心肺参数的影响。运动影响：蟒蛇在跑步机上爬行(0.4 km/h)。消化影响：蟒蛇被喂食相当于体重 25％的食物，并在喂食后 40 h 进行测量。(A) $\dot{V}O_2$，氧摄取；(B) $\dot{V}_E$，分钟通气量；(C) ACR($\dot{V}_E/\dot{V}O_2$)气体对流需求；(D) f_H，心率；(E) $\dot{Q}$，心输出量；(F) V_s，每搏输出量。休眠蟒蛇(白色柱状图)；运动蟒蛇(黑色柱状图)；消化中的蟒蛇(灰色柱状图)。数据显示平均值±标准误，$N=6$。不同字母表示均值之间的显著差异($P<0.05$)[79]

消化过程中代谢率会升高，肠吸收和后续营养物质的转运耗氧增加，故需增加代谢和消化组织的血流。餐后心血管反应包括心输出量增加，其中蟒蛇可以增加四倍，这是由于心率成倍增加和每搏量增加导致[81]（见图 4 - 6）。每搏量增加部分是由心室肌量增加 40％导致的，例如蟒蛇的心率随着喂养逐渐加快[82]。同时，机体也可通过重新分配来自其他器官的血流和扩张肠系膜血管来增加胃肠道血流灌注[83-84]。

在中等程度的活动中，尽管过度通气会增加动脉 PO_2，但由 ODC 形状决定的动脉氧含量保持不变。因此，动静脉氧含量差($[O_2]_a-[O_2]_v$)增加是由于组织内氧摄取增加，并导致$[O_2]_v$降低。组织氧摄取增加主要是弥散能力加强的结果,由毛细血管募集引起。休息时,并非骨骼肌中的所有毛细血管都被灌注,但在活动期间,开放更多的毛细血管,增加了血管传导和区域血流量[85]。静止时的氧摄取受到弥散限制。然而,毛细血管募集减少了氧从红细胞向线粒体扩散的距离,根据 Fick 弥散定律,这会增加组织内氧弥散能力(D_tO_2)和氧吸收:

$$\dot{V}O_2 = D_tO_2 \times (PaO_2 - P_{mito}O_2) \tag{4.14}$$

其中$\dot{V}O_2$代表氧吸收,D_tO_2代表组织氧弥散能力,PaO_2代表动脉PO_2,而$P_{mito}O_2$代表线粒体PO_2。

活动肌肉间的电导增加是由毛细血管募集和整个血管系统扩张引起的,这些扩张与非活动脏器中的血管收缩共同作用,使心输出量中很大一部分用于肌肉灌注,且同时保持血压不变。此外,局部因素如代谢产物、氧、pH 值和调节肽对血流的局部调节可改善灌注匹配并满足代谢需求。

从 $P_L - P_{Lat}$ 差异增加可以看出运动会降低气体交换效率[34,36]。运动员剧烈运动时,氧的 $P_L - P_{Lat}$ 差异可高达 40 mmHg,并且动脉血发生去饱和[86]。在一些非人类哺乳动物中曾观察到这一现象(见表 4 - 1),并被称为运动诱发的动脉低氧血症。对动脉低氧血症基本机制的解释仍存争议[87],但是,运动中发生的大部分动脉血去饱和可归因于弥散限制和$\dot{V}/\dot{Q}$不匹配,而在高强度运动中弥散限制变得越来越重要[88]。有几种机制可解释在逐渐增强的运动中$\dot{V}/\dot{Q}$异质性增加[88],包括:① 传导性气道和血管的微小结构变化;② 气道高反应引起的支气管收缩和肺内通气分布改变;③ 气道内的高流速,刺激细支气管分泌,改变气流分布;④ 影响气道和血管调节因子的分泌,进一步改变通气或血流分布;⑤ 轻度间质水肿影响通气或血流分布。

表 4 - 1 物种间运动时气体交换反应的比较[88]

物种	静 息			最 大 运 动				
	PO_2 (Torr)	PCO_2 (Torr)	$P_A - P_a$差 (Torr)	PO_2 (Torr)	PCO_2 (Torr)	$P_A - P_a$差 (Torr)	S_aO_2 (%)	$\dot{V}O_{2max}$ (ml·min^{-1}·kg^{-1})
山羊	105	37	2	123	26	4	95.0	57
牛犊	108	39	0	114	29	9	100.0	37
鼠	95	36	14	108	29	11	93.9	74
猪	104	43	0	99	37	14	89.7	68
狐狸				120	19	12	92.0	216
犬	97	34	13	101	25	26	92.6	137
小型马	107	37	0	95	25	32	90.3	89
马	105	41	4	77	50	28	81.6	144

在有心血管分流的动物(两栖动物和爬行动物)中,肺与动脉 PO_2 差异(P_L-P_a)增大可以发生在静息时,也可在运动期间逐渐出现。在静息状态下,心脏分流引起 P_L-P_a 差异。右向左分流增加动脉血中混合的静脉血,减少氧含量和 PO_2。因此,小的静脉分流也可产生 P_L-P_a 差异。相比之下,运动时的 P_L-P_a 差异显著增加,并非由动脉血去饱和引起,而是由运动过程中的过度换气所导致,通气反应与 $\dot{V}O_2$ 增加不匹配,从而导致肺 PO_2 增加[77]。

显然,$\dot{V}/\dot{Q}$ 异质性和弥散受限均对气体交换产生阻碍,然而,物种间这两种作用也是相对不同的[34,36,89]。蜥蜴是爬行动物中达到最高摄氧率的动物,肺也受到弥散限制,有学者认为这些蜥蜴在运动中过度通气以使得肺内 PO_2 超过静息水平,保持高动脉 PO_2[77]。鸸鹋是迄今为止唯一能够测量 $\dot{V}/\dot{Q}$ 分布的鸟类,$\dot{V}/\dot{Q}$ 异质性并未增加,并且在鸟类运动过程中可能存在的弥散受限仍有待量化[33]。

4.6 显生宙与脊椎动物氧输送系统进化

大气氧的弥散作用极大地影响机体功能进化。关于显生宙阶段(过去的 5.5 亿年)大气成分的模型显示,二叠纪的氧浓度可能高达 30%,而在晚三叠纪和早侏罗纪则降至 12%[90-91](见图 4-7)。因此,显生宙时期大气氧浓度的变化可能影响所有动物的进化史[92-95]。Graham 提出呼吸高浓度氧空气可通过减少通气和水分蒸发流失来帮助脊椎动物踏足陆地。另有说法是高氧浓度增加新陈代谢能力,可导致突触多样化,但尚存争议[92]。一些大规模的灭绝事件似乎与大气氧浓度下降(突然或逐渐)同时发生,例如在晚泥盆纪[96]和晚二叠纪[97]。相比之下,新生纪的氧浓度升高似乎对增加胎盘哺乳动物的体型有一定的影响[98]。有趣的是在三叠纪时,当氧浓度接近最低水平,出现现存的羊膜动物的主要分类起源,包括具有多种心肺形态[13,99]和辅助呼吸机制[100-105]。

然而,这些现象的时间相关性并不能解释大气氧为什么和如何影响所观察到的进化趋势。虽然无法直接测量已灭绝物种的生理功能,但是研究环境氧浓度的慢性改变对现存物种的生理效应的影响,可以获得对古大气影响的认知。这种方法被称为“实验古生理学”[106],尽管多次呼吁“从化石解释和现代实验的观点进行更多的古生理学研究”[107-108],但较少有关慢性异常氧条件下,模拟古大气氧的类似生物的实验研究[106]。直至近期,有研究报道慢性低氧和高氧暴露会影响昆虫[109-110]和脊椎动物[111-113]的生长和代谢。虽然这些研究仅能揭示吸

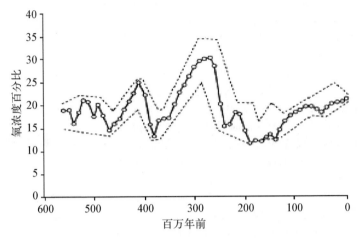

图 4-7 基于地球化学模型的显生宙时期的大气氧[90-91]

入氧对现存物种发育轨迹和生理功能的影响,但这些结果可为进一步推测显生宙时期脊椎动物进化的广泛模式提供依据。

致谢

作者获得国家科学基金会和丹麦研究委员会的支持。

(孙娴雯、李庆云,译)

参 考 文 献

1 Hochachka P W, Buck L T, Doll C J, et al. Unifying theory of hypoxia tolerance: molecular / metabolic defense and rescue mechanisms for surviving oxygen lack[J]. Proc Natl Acad Sci USA, 1996, 93: 9493-9498.

2 Hochachka P W, Lutz P L. Mechanism, origin, and evolution of anoxia tolerance in animals[J]. Comp Biochem Physiol, 2001, 130B: 435-459.

3 Hicks J W, Wang T. Hypometabolism in reptiles: behavioural and physiological mechanisms that reduce aerobic demands[J]. Resp Physiol Neurobiol, 2004, 141: 261-271.

4 Wood S C. Interactions between hypoxia and hypothermia[J]. Annu Rev Physiol, 1991, 53: 71-85.

5 Piiper J, Scheid P. Gas transport efficacy of gills, lungs and skin: theory and experimental data[J]. Respir Physiol, 1975, 23: 209-221.

6 Taylor C R. Weibel E R. Design of the mammalian respiratory system. I. Problem and strategy[J]. Respir Physiol, 1981, 44: 1-10.

7 Wang T, Hicks J W. An integrative model to predict maximum oxygen uptake of animals with central vascular shunts[J]. Zoology, 2002, 105: 45 - 53.

8 Wagner P D. Determinants of maximal oxygen transport and utilization[J]. Ann Rev Physiol, 1996, 58: 21 - 50.

9 Owerkowicz T, Farmer C G, Hicks J W. et al. Contribution of gular pumping to lung ventilation in monitor lizards[J]. Science, 1999, 284: 1661 - 1663.

10 Weibel E R, Gomez D M. Architecture of the human lung[J]. Science, 1962, 137: 577 - 585.

11 Duncker H R. Structure of avain lungs[J]. Respir Physiol, 1972, 14: 44 - 63.

12 Maina J N. Development, structure, and function of a novel respiratory organ, the lung-air sac system of birds: to go where no other vertebrate has gone[J]. Biol Rev, 2006, 81: 545 - 579.

13 Perry S F. Form and function in birds[M]. London: Academic Press, 1989.

14 Burggren W W, West N H. Changing respiratory importance of gills, lungs and skin during metamorphosisin the bullfrog Rana catesbeiana[J]. Respir Physiol, 1982, 47: 151 - 164.

15 Feder M E, Burggren W W. Cutaneous gas exchange in vertebrates: design, patterns, control, and implications[J]. Biol Rev, 1985, 60: 1 - 45.

16 Bennett A F, Ruben J A. Endothermy and activity in vertebrates[J]. Science, 1979, 206: 649 - 654.

17 West J B. Thoughts on the pulmonary blood-gas barrier[J]. Am J Physiol, 2003, 285: L501 - L513.

18 Maina J N. The gas exchangers: structure, function and evolution of the respiratory processes[M]. Heidelberg: Springer-Verlag, 1998.

19 Dubach M. Quantitiative analysis of the respiratory system of the house sparrow, budgerigar, and violet-eared hummingbird[J]. Respir Physiol, 1981, 46: 43 - 60.

20 Maina J N, King A S, King D Z. A morphometric analysis of the lungs of a species of bat[J]. Respir Physiol, 1982, 50: 1 - 11.

21 Krogh A, Krogh M. On the rate of diffusion of CO into the lungs of man[J]. Skand Arch Physiol, 1910, 23: 236 - 247.

22 Glass M L. Pulmonary diffusion capacity of ectothermic vertebrates[M]. Boca Raton: CRC Press, 1991.

23 Piiper J, Scheid P. Comparative physiology of respiration: Functional analysis of gas exchange organs in vertebrates[M]. Boston: University Park Press, 1977.

24 Piiper J, Scheid P. Maximum gas transfer efficacy of models for fish gills, avian lungs and mammalian lungs[J]. Respir Physiol, 1972, 14: 115 - 124.

25 Piiper J. Medium-blood gas exchange: diffusion, distribution and shunts[M]. Boca Raton: CRC Press, 1993.

26 Scheid P, Piiper J. Vertebrate respiratory physiology[M]. New York: American Physiological Society, 1997.

27 Piiper J. Modelling of gas exchange in lung gills and skin[M]. Berlin: Springer-Verlag, 1990.

28 Burggren W, Shelton G. Gas exchange and transport during intermittent breathing in chelonian reptiles[J]. J Exp Biol, 1979, 82: 75 - 92.

29 Hicks J W, White F N. Pulmonary gas exchange during intermittent ventilation in the American alligator[J]. Respir Physiol, 1992, 88: 23 - 36.

30 Wagner P D, Naumann P F, Laravuso R B. Simultaneous measurements of eight foreign gases in

blood by gas chromatography[J]. J Appl Physiol, 1974, 36: 600 – 605.

31 Wagner P D, Saltzman H A, West J B. Measurement of continuous distribution of ventilation-perfusion ratios: theory[J]. J Appl Physiol, 1974, 36: 588 – 599.

32 Hopkins S R, Stary C M, Falor E, et al. Pulmonary gas exchange during exercise in pigs[J]. J Appl Physiol, 1999, 86: 93 – 100.

33 Schmitt P M, Powell F L, Hopkins S R. Ventilation-perfusion inequality during normoxic and hypoxic exercise in the emu[J]. J Appl Physiol, 2002, 93: 1980 – 1986.

34 Powell F L, Hopkins S R. Comparative physiology of lung complexity: implications for gas exchange [J]. News Physiol Sci, 2004, 19: 55 – 60.

35 Powell F L, Gray A T. Ventilation-perfusion relationships in alligators[J]. Respir Physiol, 1989, 78: 83 – 94.

36 Hopkins S R, Hicks J W, Cooper T K, et al. Ventilation and pulmonary gas exchange during exercise in the Savanna monitor lizard (Varanus exanthematicus)[J]. J Exp Boil, 1995, 198: 1783 – 1789.

37 Hopkins S R, Wang T, Hicks J W. The effect of altering pulmonary blood flow on pulmonary gas exchange in the turtle Trachemys (Pseudemys) scripta[J]. J Exp Boil, 1996, 199: 2207 – 2214.

38 Wang T, Smits A W, Burggren W W. Pulmonary functions in reptiles[M]. Ithaca: Society for the Study of Amphibians and Reptiles, 1998.

39 Piiper J. Unequal distribution of pulmonary diffusing capacity and the alveolar-arterial PO_2 differences: theory[J]. J Appl Physiol, 1961, 16: 493 – 498.

40 Feder M E, Pinder A W. Ventilation and its effect on 'infinite pool' exchanges[J]. Am Zool, 1988, 28: 973 – 983.

41 Malvin G M. Microvascular regulation of cutaneous gas exchange in amphibians[J]. Am Zool, 1988, 28: 999 – 1007.

42 Burggren W W, Moalli R. 'Active' regulation of cutaneous gas exchange by capillary recruitment in amphibians: experimental evidence and a revised model for skin respiration[J]. Respir Physiol, 1984, 55: 379 – 392.

43 Skovgaard N, Wang T. Local control of pulmonary blood flow and lung structure in reptiles: implications for ventilation perfusion matching[J]. Respir Physiol Neurobiol, 2006, 154: 107 – 117.

44 von Euler U S, Liljestrand G. Observations on the pulmonary arterial blood pressure in the cat[J]. Acta Physiol Scand, 1946, 12: 301 – 320.

45 Weir E K, Archer S L. The mechanism of acute hypoxic pulmonary vasoconstriction: the tale of two channels[J]. FASEB J, 1995, 9: 183 – 189.

46 Faraci F M, Kilgore D L, Fedde M R. Attenuated pulmonary pressor response to hypoxia in bar-headed geese[J]. Am J Physiol, 1984, 247: R402 – R403.

47 Malvin G M, Walker B R. Sites and ionic mechanisms of hypoxic vasoconstriction in frog skin[J]. Am J Physiol, 2001, 280: R1308 – R1314.

48 Smith M P, Russell M J, Wincko J T, et al. Effects of hypoxia on isolated vessels and perfused gills of rainbow trout[J]. Comp Biochem Physiol, 2001, 130A: 171 – 181.

49 Skovgaard N, Abe A S, Rade D V, et al. Hypoxic pulmonary vasoconstriction in reptiles: a comparative study on four species with different lung structures and pulmonary blood pressures[J]. Am J Physiol, 2005, 289: R1280 – R1288.

50 Moudgil R, Michelakis E D, Archer S L. Hypoxic pulmonary vasoconstriction[J]. J Appl Physiol, 2005, 98: 390 - 403.

51 Aaronson P I, Robertson T P, Ward J P T. Endothelium-derived mediators and hypoxic pulmonary vasoconstriction[J]. Respir Physiol Neurobiol, 2002, 132: 107 - 120.

52 Bartsch P. Effect of altitude on the heart and lungs[J]. Circulation, 2007, 116: 2191 - 2202.

53 Milsom W K. Intermittent breathing in reptiles[J]. Annu Rev Physiol, 1991, 53: 87 - 105.

54 Hicks J W. Cardiac shunting in reptiles: Mechanism, regulation, and physiological functions[M]. Ithaca: Society for the Study of Amphibians and Reptiles, 1998.

55 Crossley D A, Wang T, Altimiras J. Hypoxia elicits pulmonary vasoconstriction in anaesthetized turtles[J]. J Exp Biol, 1998, 201: 3367 - 3375.

56 Nini Skovgaard, Augusto S Abe, Denis V Andrade, et al. Hypoxic pulmonary vasoconstriction in reptiles: a comparative study on four species with different lung structures and pulmonary blood pressures[J]. Am J Physiol, 2005, 289: R1280 - R1288.

57 Hicks J W, Ishimatsu A, Molloi S, et al. The mechanism of cardiac shunting in reptiles: a new synthesis[J]. J Exp Boil, 1996, 199: 1435 - 1446.

58 Ishimatsu A, Hicks J W, Heisler N. Analysis of cardiac shunting in the turtle Trachemys (Pseudemys) scripta: application of the three outflow vessel model[J]. J Exp Biol, 1996, 199: 2667 - 2677.

59 Wood S C. Effect of O_2 affinity on arterial PO_2 in animals with central vascular shunts[J]. J Appl Physiol, 1982, 53: 1360 - 1364.

60 Wood S C. Cardiovascular shunts and oxygen transport in lower vertebrates[J]. Am J Physiol, 1984, 247: R3 - R14.

61 Wang T, Hicks J W. Cardiorespiratory synchrony in turtles[J]. J Exp Biol, 1996, 199: 1791 - 1800.

62 Wang T, Busk M, Overgarrd J. The respiratory consequences of feeding in amphibians and reptiles [J]. Comp Biochem Physiol, 2001, 128A: 533 - 547.

63 Taylor E W, Andrade D V, Abe A S, et al. The unequal influences of the left and right vagi on the control of the heart and pulmonary artery in the rattlesnake, Crotalus durissus[J]. J Exp Biol, 2009, 212: 145 - 151.

64 Burggren W W, Johansen K. Ventricular hemodynamics in the monitor lizard Varanus exanthematicus: pulmonary and systemic pressure separation[J]. J Exp Biol, 1982, 96: 343 - 354.

65 Wang T, Altimiras J, Klein W, et al. Ventricular haemodynamics in Python molurus: separation of pulmonary and systemic pressures[J]. J Exp Biol, 2003, 206: 4241 - 4245.

66 Hicks J W, Wang T. Functional role of cardiac shunts in reptiles[J]. J Exp Zool, 1996, 275: 204 - 216.

67 Wang T, Hicks J W. Changes in pulmonary blood flow do not affect gas exchange during intermittent ventilation in resting turtles[J]. J Exp Biol, 2008, 211: 3759 - 3763.

68 Wang T, Warburton S J, Abe A S, et al. Vagal control of heart rate and cardiac shunts in reptiles: relation to metabolic state[J]. Exp Physiol, 2001, 86: 777 - 786.

69 Hedrick M S, Palioca W B, Hillman S S. Effects of temperature and physical acitivity on blood flow shunts and intracardiac mixing in the toad Bufo marinus[J]. Physiol Biochem Zool, 1999, 72: 509 - 519.

70　Krosniunas E H, Hicks J W. Cardiac output and shunt during voluntary activity at different temperatures in the turtle, Trachemys scripta[J]. Physiol Biochem Zool, 2003, 76: 679 - 694.

71　Wang T, Abe A S, Glass M L. Effects of temperature on lung and blood gases in the South Amercian rattlesnake, Crotalus durissus terrificus[J]. Comp Biochem Physiol, 1998, 121A: 7 - 11.

72　Gamperl A K, Milsom W K, Farrell A P, et al. Cardiorespiratory responses of the toad (Bufo marinus) to hypoxia at two different temperatures[J]. J Exp Biol, 1999, 202: 3647 - 3658.

73　Gleeson T T, Mitchell G S, Bennett A F. Cardiovascular response to graded activity in the lizards Varanus and Iguana[J]. Am J Physiol, 1980, 8: R174 - R179.

74　Mitchell G S, Gleeson T T, Bennett A F. Pulmonary oxygen transport during activity in lizards[J]. Respir Physiol, 1981, 43: 365 - 375.

75　Wang T, Carrier D R, Hicks J W. Ventilation and gas exchange in lizards during treadmill exercise [J]. J Exp Biol, 1997, 200: 2629 - 2639.

76　Frappell P, Schultz T, Christian K. Oxygen transfer during aerobic exercise in a varanid lizard Varanus mertensi is limited by the circulation[J]. J Exp Biol, 2002, 205: 2725 - 2736.

77　Wang T. Hicks J W. Why Savannah monitor lizards hyperventilate during activity: a comparison of model predictions and experimental data[J]. Respir Physiol Neurobiol, 2004, 141: 261 - 271.

78　Clark T D, Wang T, Butler P J, et al. Factorial scopes of cardiac-metabolic variables remain constant with changes in body temperature in the varanid lizard, Varanus rosenbergi[J]. Am J Physiol, 2005, 288: R992 - R997.

79　Secor S M, Hicks J W, Bennett A F. Ventilatory and cardiovascular responses of pythons (Python molurus) to exercise and digestion[J]. J Exp Biol, 2000, 203: 2447 - 2454.

80　Mortensen S P, Damsgaard R, Dawson E A, et al. Restrictions in systemic and locomotor skeletal muscle perfusion, oxygen supply and $\dot{V}O_2$ during high-intensity whole-body exercise in humans[J]. J Physiol, 2008, 586: 2621 - 2635.

81　Hicks J W, Wang T, Bennett A F. Patterns of cardiovascular and ventilatory response to elevated metabolic states in the lizard, Varanus exanthematicus[J]. J Exp Biol, 2000, 203: 2437 - 2445.

82　Andersen J B, Rourke B C, Caiozzo V J, et al. Postprandial cardiac hypertrophy in pythons[J]. Nature, 2005, 434: 37 - 38.

83　Axelsson M, Fritsche R, Holmgren S, et al. Gut blood flow in the estuarine crocodile, Crocodylus porosus[J]. Acta Physiol Scand, 1991, 142: 509 - 516.

84　Starck J M, Wimmer C. Patterns of blood flow during the postprandial response in ball pythons, Python regius[J]. J Exp Biol, 2005, 208: 881 - 889.

85　Krogh A. The supply of oxygen to the tissues and the regulation of the capillary circulation[J]. J Physiol, 1919, 52: 457 - 474.

86　Dempsey J A, Hanson P G, Henderson K S. Exercise-induced arterial hypoxemia in healthy human subjects at sea level[J]. J Physiol, 1984, 355: 161 - 175.

87　Hopkins S R. Exercise induced arterial hypoxemia: the role of ventilation-perfusion in equality and pulmonary diffusion limitation[M]. Berlin: Springer-Verlag, 2006.

88　Dempsey J A, Wagner P D. Exercise-induced arterial hypoxemia[J]. J Appl Physiol, 1999, 87: 1997 - 2006.

89　Seaman J, Erickson B K, Kubo K, et al. Exercise induced ventilation/perfusion inequality in the horse[J]. Equine Vet J, 1995, 27: 104 - 109.

90 Bergman N M, Lenton T M, Watson A J. COPSE: a new model of biogeochemical cycling over Phanerozoic time[J]. Am J Sci, 2004, 304: 397 - 437.

91 Barner R A. GEOCARBSULF: A combined model for Phanerozoic atmospheric O_2 and CO_2 [J]. Geochim Cosmochim Acta, 2006, 70: 5653 - 5664.

92 Graham J B, Dudley R, Aguilar N, et al. Implications of the late Paleozoic oxygen pulse for physiology and evolution[J]. Nature, 1995, 375: 117 - 120.

93 Huey R B, Ward P D. Hypoxia, global warming, and terrestrial Late Permian extinctions[J]. Science, 2005, 308: 398 - 401.

94 Barner R A, Vandern Brooks J M, Ward P D. Oxygen and evolution[J]. Science, 2007, 316: 557 - 558.

95 Flück M, Webster K A, Graham J, et al. Coping with cyclic oxygen availability: evolutionary aspects [J]. Integr Comp Biol, 2007, 47: 524 - 531.

96 Ward P D, Labanderia C, Laurin M, et al. Confirmation of Romer's Gap is low oxygen interval constraining the timing of initial arthropod and vertebrate terrestrialization[J]. Proc Natl Acad Sci, 2006, 103: 16818 - 16822.

97 Erwin D H. The Great Paleozoic Crisis: Life and Death in the Permian[M]. New York: Columbia University Press, 1993.

98 Falkowski P, Katz K, Milligan A, et al. The rise of atmospheric oxygen levels over the past 205 million years and the evolution of large placental mammals[J]. Science, 2005, 309: 2202 - 2204.

99 Burggren W W, Farrell A P, Lillywhite H B. Vertebrate cardiovascular systems[M]. New York: Oxford University Press, 1997.

100 Ruben J A, Jones T D, Geist N R, et al. Lung structure and ventilation in therapod dinosaurs and early birds[J]. Science, 1997, 278: 1267 - 1270.

101 Carrier D R, Farmer C G. The evolution of pelvic aspiration in archosaurs[J]. Paleobiology, 2000, 26: 271 - 293.

102 Claessens L P A M. Dinosaur gastralia: orgin, morphology and function[J]. J Vertebr Paleontol, 2004, 24: 89 - 106.

103 O'Connor P M, Claessens L P A M. Basic avian pulmonary design and flow-through ventilation in non-avian theropod dinosaurs[J]. Nature, 2004, 436: 253 - 256.

104 Brainerd E L, Owerkowicz T. Functional morphology and evolution of aspiration breathing in tetrapods[J]. Respir Physiol Neurobiol, 2006, 154: 73 - 88.

105 Klein W. Owerkowicz T. Function of intracoelomic septa in lung ventilation of amniotes: lessons from lizards[J]. Physiol Biochem Zool, 2006, 79: 1019 - 1032.

106 Berner R A, Vanden Brooks J M, Ward P D. Oxygen and evolution[J]. Science, 2007, 316: 557 - 558.

107 Berner R A. Atmospheric oxygen of the Phanerozoic time[J]. Proc Natl Acad Sci, 1999, 96: 10955 -10957.

108 Berner R A, Beerling D J, Dudley R, et al. Phanerozoic atmospheric oxygen[J]. Ann Rev Earth Planet Sci, 2003, 31: 105 - 134.

109 Harrison J, Frazier M R, Henry J R, et al. Responses of terrestrial insects to hypoxia or hyperxia

[J]. Respir Physiol Neurobiol, 2006, 154: 4 - 17.

110 Kaiser A, Klok J C, Socha J J, et al. Increase in tracheal investment with beetle size supports hypothesis of oxygen limit on insect gigantism[J]. Proc Natl Acad Sci, 2007, 104: 13198 - 13203.

111 Vanden Brooks J M. The effects of varying PO_2 levels on vertebrate evolution[J]. J Vertebr Paleontol, 2004, 24: 124A.

112 Chan T, Burggren W W. Hypoxic incubation creates differential morphological effects during specific development critical windows in the embryo of the chicken (Gallus gallus)[J]. Respir Physiol Neurobiol, 2005, 145: 251 - 263.

113 Owerkowicz T, Elsey R E, Hicks J W. Atmospheric oxygen affects growth trajectory, cardiopulmonary allometry and metabolic rate in the American alligator (Alligator mississipiensis) [J]. J Exp Biol, 2009, 212: 1237 - 1247.

第二部分

案例介绍

5

鱼类对低氧的适应

戈兰·尼尔森(Göran E. Nilsson)，
大卫·兰德尔(David J. Randall)

5.1 低氧的水生环境

海洋与淡水生物都可能受到氧浓度变化的影响。如第 1 章所述，氧在水中的溶解度很低，弥散缓慢，并且溶解度会随着温度的升高而下降。在相同氧饱和状态下，温度接近 0 ℃时，每升淡水含有 10.2 ml 氧，而在炎热环境条件下(如30 ℃)，每升淡水仅能容纳 5.9 ml 氧。在海水中，盐分也可以降低氧的溶解度，可使氧含量减少 20%或更多(见表 5-1)。

表 5-1 部分鱼类的 PO_2crit 与[O_2]crit

物 种	栖息地	PO_2crit (mmHg)	[O_2]crit (mg l^{-1})	T(℃)	参 考 文 献
低氧耐受硬骨鱼					
河豚	北美大西洋海岸	29	1.4	22	Ultsch 等(1981)[6]
鲤鱼	欧洲淡水	30	2.2	10	Beamish(1964)[7]
		30	1.8	20	Beamish(1964)[7]
		27	1.4	25	De Boeck 等(1995)[8]
鲫鱼	欧洲淡水	12(6)	1.0(0.5)	8	Sollid 等(2003)[9]
		23	1.4	18	Nilsson(1992)[10]

物　　　种	栖　息　地	PO$_{2crit}$ (mmHg)	[O$_2$]crit (mg l^{-1})	T(℃)	参 考 文 献
金鱼	家养(亚洲淡水)	25	1.8	10	Beamish(1964)[7]
		40	2.3	20	Beamish(1964)[7]
		74(36)	4.1(2.0)	22	Prosser 等(1957)[11]
欧洲鳗鱼	欧洲淡水	25	1.4	25	Cruz‐Neto 和 Steffensen (1997)[12]
象鼻鱼	热带非洲淡水	15	0.8	26	Nilsson(1996)[5]
奥斯卡慈鲷	亚马逊	31	1.6	28	Muusze 等(1998)[13]
罗非鱼	非洲淡水	19	1.1	20	Fernandes 和 Rantin (1989)[14]
		30	1.6	25	Verheyen 等(1994)[15]
		30	1.4	35	Fernandes 和 Rantin (1989)[16]
脆弱天竺鲷	大堡礁	26	1.0	30	Nilsson 等(2007a)[3]
宅泥鱼	大堡礁	29	1.2	30	Nilsson 等(2007a)[3]
虾虎鱼	大堡礁	22	0.9	30	Nilsson 等(2007a)[3]
低氧敏感硬骨鱼					
虹鳟鱼	北美淡水	90	6.0	15	Kutty(1968)[17]
河鳟	北美淡水	75	4.9	15	Beamish(1964)[7]
木氏食鲷	坦葛尼喀湖	47	2.5	25	Verheyen 等(1994)[15]
布氏新亮丽鲷	坦葛尼喀湖	154[1]	8.3	25	Verheyen 等(1994)[15]
欧洲鱼衔	大西洋东北部	125	6.8	12	Hughes 和 Umezawa(1968)[18]
软骨鱼		50(40)	2.2(1.7)	25	Routley 等(2002)[19]
肩章鲨	大堡礁	60	2.7	23	Chan 和 Wong(1977)[20]
竹鲨	大堡礁	60	3.6	7	Butler 和 Taylor(1975)[21]
小斑猫鲨	大西洋东北部	80	3.9	17	Butler 和 Taylor(1975)[21]

注：括号内的数值参考低氧习服个体相对应的数值；[1]指在氧水平低于100%空气饱和度时氧摄取迅速降低的物种。

受这些自然因素的影响，尤其当水中的氧含量低于空气中的含量时，脊椎动物在水中的呼吸比在空气中更为艰难。由大气进入水中的氧，或是由藻类和浮游植物通过光合作用合成的氧，很快被有机物的氧化反应所消耗。黑暗中无法通过光合作用生成氧，而氧在水中的弥散又极其缓慢（见第1章），因此氧进入深水区的途径主要靠对流，换言之，氧是通过水流而不是弥散作用被带往深处。但表层水由于光合作用及氧的弥散作用,其氧含量一般相对较高。而表层水的对流及混合作用也可以增加水中的氧含量,风对这一过程产生重大影响。

几个不同的水生物栖息地中均存在低氧的情况。香港浅海入口处的海下湾,由于其中的浮游动物、珊瑚、鱼类和其他有机组织会消耗氧,这些被消耗掉的氧又不能从表层水得到补充,因此在无风的情况下,其深部常处于低氧状态。而起风时,由于风可以对水产生混合作用,从而通过对流作用输送足够的氧到达深部,深部环境则不会出现低氧状态。香港周围水域大量沉积物降低其透光性,这样必然会减弱海水中的光合作用效率与氧的产生。这种影响的严重程度尚不明确[1]。在亚马孙河流域,资源丰富的小湖泊中的氧含量夜间几乎可以降低为零,而在白天又会变得过度饱和[2]。珊瑚潟湖的氧含量变化有类似的昼夜波动,这种变化取决于其产氧能力和潮汐的冲刷程度[3]。

寒冷的淡水比温暖的热带水域能容纳更多的氧,但在遥远的北方,一些小湖泊和池塘中发现了一些长期无氧的极端例子(完全无氧)。漫长的冬季里,这些湖泊和池塘会完全被冰覆盖几个月。这种情况下,黑暗和厚厚的冰层有效阻止了氧的产生以及空气中氧的弥散。只有极少数的脊椎动物能耐受那种极端条件,其对无氧的耐受性将在第 9 章中进行讨论。

广袤的海域基本都处于持续的低氧状态。正常情况下,表层水能通过光合作用与大气进行气体交换,从而维持高水平的氧含量。海洋光带下生存着大量微生物,它们以从上层落下的物质为食,耗氧率很高,因此,大部分海洋中层带氧含量都很低。而在更深层带中,由于微生物数量下降,耗氧量减少,同时洋流能够带来大量氧,导致其氧含量上升。洋流是基于温度差异造成的海水密度分布不均,加之地球的自转而形成,它可以将氧输送至海水深层。氧溶解度随着水温的增加而降低,因此越接近赤道的海洋,因环境温度高,其表层水的氧含量越低,这样运输至深层的氧含量也会减少。全球气候变暖使得洋流环流速度减慢,进而影响海洋中氧的分布。

群居鱼类,如鲱鱼,可使其生活的水域形成低氧带,群体后面的鱼所处的水环境中的氧含量较之前面的鱼群要低得多。尽管它们处于较低氧含量的环境,但如果它们能很好地利用前面鱼群运动所产生的涡流来运动的话,那它们的代谢率也会相应降低。此外,它们也可以调整其在鱼群中的位置,就好像鸟类在飞行中所形成的 V 字形一样。

人类经常将自身及所饲养动物的排泄废物丢弃至沿海水域,导致沿海水域的富营养化。与此对应的是增加的生物活动所致的氧消耗的增加,所以许多沿海水域低氧发生率相对较高。切萨皮克湾、墨西哥湾北部的"死区"、东京湾和波罗的海的底层水,都是众所周知由于人类活动导致海洋环境低氧的例子。

因水中氧含量波动很大,所以水生生物发生低氧事件更为常见。随着低氧发生率和低氧水平不断增加,鱼类越来越多的暴露于低氧环境中,而人们对生活在这种不同氧环境中的鱼类的生活习性知之甚少。一些鱼类可能会在低氧环境中迅速移动,尤其是在被猎捕或试图捕获猎物时,因此,比捕食者或者猎物更能耐受短期低氧的鱼将有明显的生存优势。有些鱼类可能会暴露在可预知的氧含量昼夜变化的环境中,或者可能困于被冰覆盖的低氧池塘中数月,然后进化出能在这些可预知的低氧时期存活下来的能力。例如,在珊瑚礁处于低氧期时,生活在其中的鹦鹉鱼的新陈代谢就会减少。而其他鱼类生命中大部分时间可能都会在广阔的海洋低氧区度过。

我们目前关于鱼类对低氧反应的认识大都基于实验室的研究,然而,在多达30 000多种鱼类种群中,只有小部分被详细研究过。这些研究对于鱼类在低氧期所发生的变化,进行了大量的细节性的描述。在大部分研究中,每一种反应对低氧环境中生存所产生的影响仍不明确。尽管我们只对小部分物种做过研究,但很明显,有些鱼类比其他鱼类更能耐受低氧,而且这些鱼类对于低氧的适应性能良好,这对于鱼类在低氧环境中的生存至关重要。

所有脊椎动物都能在某种形式的低氧条件下生存,不同的组织器官和物种之间所能耐受低氧的时间和程度不同。因此,从生理学角度来说,对于所有动物而言,我们无法明确定义究竟怎样的氧含量才可以称之为低氧。一些物种所经历的严重的、危及生命的低氧对其他物种而言,可能没有任何影响。大多数哺乳动物、鸟类以及如金枪鱼和鲑鱼等高度活跃的鱼类,只能在低氧环境中存活几分钟,而有些鲨鱼能在低氧环境中存活数小时甚至数天,有些鲤鱼则能在低氧环境中生存数月。不同组织对低氧的耐受能力也有显著差异。哺乳动物的脑对低氧的耐受力只有几分钟,皮肤则能耐受低氧达数小时或数天。其不同之处主要在于是否能适应能量供需的变化。陆生脊椎动物生活在一个相对恒定的有氧环境,而许多鱼类则生活在一个不断变化、常常低氧的环境中,结果导致鱼类比大多数陆生脊椎动物对低氧更为耐受。

5.1.1 变温性与低氧

一般认为,鱼类作为变温动物("冷血"动物),比恒温的哺乳动物和鸟类在面对低氧时更具优势,但这一观点目前受到一定挑战。变温的脊椎动物代谢过程产生的少许热量不足以使它们的体温明显高于水温。鱼类的体温不可能高于水温,是因为鱼类可通过鱼鳃与周围环境进行热交换,但一些高度活跃的鱼类,如金枪鱼和马林鱼,可能会通过逆向血流增加部分器官的温度。在相同的体温下,变温脊椎动物(鱼类、两栖动物和爬行动物)的静息耗氧量仅为同样大小的恒温动物(鸟类和爬行动物)的 10% 左右,大多数鱼类体温维持在 $-2\,℃ \sim 30\,℃$ 之间,而大多数恒温脊椎动物体温略低于 $40\,℃$。相比恒温动物而言,这种低体温又额外降低了鱼类的代谢率。动物在低氧环境下生存的主要问题是维持其细胞的能量消耗,因此低代谢率常被认为是耐受低氧环境的一大优势(见第 1 章)。然而,要做到这一点,三磷酸腺苷(ATP)的消耗必须与其生成相匹配,而低体温可以同时在器官和线粒体水平减缓呼吸功能,还可以抑制糖酵解酶的活性。因此,在低氧环境中低体温的优势可能主要在于减缓储存能量的耗竭和各种有害过程,而不是促进 ATP 生成和消耗相匹配。事实上,在严重低氧的环境下生存对鱼类来说并不轻松,大量物种在这种情况下迅速死亡就能说明这一点。

5.1.2 临界值

不同鱼类对低氧的耐受性差异很大,这无疑与其适应不同的生活方式和生存环境有关。临界氧分压($PO_2 crit$)或者临界氧浓度($[O_2]crit$)广泛用于测定鱼类对低氧的耐受性,并可以通过呼吸计量仪测定不同氧含量下的静息耗氧量而获得(见图 5-1)。$PO_2 crit$ 和 $[O_2]crit$ 分别代表动物用以维持其常规(或静息)耗氧率的最低 PO_2 和最低氧浓度。生理学家倾向于用分压来描述氧的水平,因为压力梯度是氧弥散的动力;而生态学家则更喜欢用氧浓度来描述。然而,在已知水温和盐浓度的情况下(见表 5-1),以 mg 或 ml/L 为单位的 $[O_2]crit$ 很容易通过测量的 $PO_2 crit$ 计算出来。如果 $[O_2]crit$ 以水中空气饱和度的百分比表示,那 $PO_2 crit$(mmHg)等于该百分比值乘以 1.55(水中 100% 空气饱和度通常指水与接近 155 mmHg 的 PO_2 达到平衡时的状态,如果远在水平面以上则另当别论)。

通常耐受低氧的物种比氧敏感物种有更低的 $PO_2 crit$。那些最适合低氧生存的物种的 $PO_2 crit$ 值多在 6~40 mmHg 之间,而对低氧敏感的物种,例如鲑鱼属和金枪鱼科,其 $PO_2 crit$ 往往在 70 mmHg 以上(见表 5-1)。然而,即使在可以耐受极低的 $PO_2 crit$ 的物种中,对于更严重的低氧环境如无氧条件的耐受能力也有很大差别,这是因为其在无氧条件下生成 ATP 的能力显著不同。因此,即使一种非洲莫尔米鱼—象鼻鱼(*Gnathonemus Petesii*),其 $PO_2 crit$ 为15 mmHg,与北古北界鲫鱼(*Carassius carassius*)的 $PO_2 crit$ 范围相同,但是在水中 PO_2 降至 $PO_2 crit$ 以下时,象鼻鱼几乎会立即死亡[5]。相比之下,北古

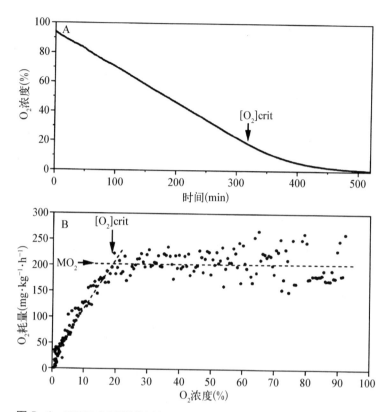

图 5-1 用封闭呼吸测量仪测定鱼类的临界氧浓度（[O₂]crit）。首先让虾虎鱼（宽纹叶鰕虎鱼）适应 200 ml 的有机玻璃圆筒大小的空间，通过腔内的水流被关闭，然后用 O₂ 电极来记录水中氧浓度。图（A）显示环境氧浓度随时间逐步降低。把鱼的重量和圆筒的容积纳入考虑，可计算出不同氧浓度下的氧耗率（图 B）。图（B）显示，[O₂]crit 出现在曲线明显转折处（从图 A 也可以看到，[O₂]crit 轻微偏离曲线）。当氧浓度低于 [O₂]crit 时，鱼类很难维持其静息耗氧率（$\dot{V}O_2$ 或 MO_2），氧摄取率与环境氧浓度几乎呈线性依赖（即环境 PO_2 成为流入鱼鳃氧浓度的主要决定因素）[4]

北界鲫鱼则可以在无氧条件下存活数天至数月，这取决于体温，因为它们特别适合在无氧条件下生成 ATP。这种耐受极端低氧的情况会在第 9 章中进一步描述。

PO_2 crit 是氧输送不能满足组织需求的临界点。如果动物的氧需求增加，那它的 PO_2 crit 会随之升高。因此，进食后、处于繁殖活跃期或者高度紧张的鱼，相较于禁食的鱼，其对 PO_2 crit 要求更高。另外，很明显，鱼类可以慢慢适应低氧，长期处于低氧环境中可以降低 PO_2 crit 水平（如表 5-1 所列举的一些物种）。

尽管基础代谢率随着体温的升高而增加，氧输送很大程度上仍然有赖于其弥散功能,随着温度的升高,氧弥散增加的程度要比代谢增加速率慢得多。结果导致 PO_2 crit 随着体温的升高而升高[23-25],既往资料显示,许多变温动物体温过高甚至达到致死性体温(Tc)时可以在正常氧含量的情况下达 PO_2 crit[26-27]。这意味着,若体温超过 Tc,氧输送系统就不再能满足机体的基础代谢率。

尽管 PO_2 crit 和 Tc 可以很好地描述一个物种耐受低氧和高水温的能力,而其他的阈值则可能更好地描述其长期生存的前景。氧耗与温度密切相关,因此,人们引入了"有氧代谢空间"的概念,认为它是种群/物种得以存活的一个关键因素,尤其是在面对全球变暖的大环境下[28]。有氧代谢空间是指氧耗在超过基础代谢率需求时可以增加的幅度,研究发现,超过一定温度,有氧代谢空间就开始下降,这种情况下,氧输送已达最大比率,很难再增加[29-30]。Frederch 和 Pörtner 等[31]将此定义为"恶化温度"(Tp:pejus=恶化)。研究认为 Tp 明显低于 Tc[29-30,32],研究认为这取决于动物的生理状态(如繁殖期或非繁殖期)。当水温超过 Tp 时,动物不会立即死亡,但是它进行维持其自身所必需的高级功能的能力会越来越受限,这些高级功能包括进食、生长以及繁殖等。因此,如果外界温度升高超过 Tp 时,将威胁到种群/物种的长期生存,尤其是当它们正与其他拥有更高 Tp 的种群/物种竞争生存空间时。Pörtner 和 Knust[28]在德国北海沿岸的鲇鱼种群(Zoarces viviparous)找到证据,在那里,他们发现鲇鱼繁殖量的减少与夏季水温的升高相一致。对于这个物种(也许还有其他很多物种)而言,其 Tp(16.8 ℃)只比其最佳生长温度(15.5 ℃)高一点,并且显著低于 Tc(21.6 ℃)[28]。同样的,一项关于大堡礁的研究表明,如果海洋温度升高 24 ℃,一些珊瑚礁鱼几乎失去所有的有氧代谢空间[33],英国哥伦比亚弗雷泽河中的红大马哈鱼(Oncorhynchus nerka)在海洋迁徙过程中,2004 年异常升高的水温使得其有氧代谢空间剧减,以至于一些种群无法到达它们的繁殖地[34]。

5.2 氧输送的维持

鱼类可以利用多种方式来应对低氧挑战,比如,在氧浓度下降时,通过一些机制来维持氧输送,而在氧输送难以维持时,则通过加强无氧代谢及降低能量消耗的方式以降低氧需,此外还有一些保护组织免受低氧损害的细胞调控机制。这些反应发生的时间不同,但通常几秒钟内通气量即增加,而新陈代谢的变化则要慢得多。尽管人们近年来才开始研究细胞水平的保护机制,但关于氧摄取维持的研究已进行了相当长的一段时间。

低氧期间，鱼类可以通过多种机制来维持组织氧输送。一些鱼类可以直接从空气中摄取氧而完全摆脱水中的低氧并适应这样的环境，此点将在第6章详细论述。其他一些鱼类可以通过掠过表面水而增加氧摄取，因为空气中氧可以弥散至表面水，表面水的含氧量较仅比它低1 mm水的含氧量要丰富得多[35]。许多鱼类在低氧时采用这种方法来获取氧，但都没有表现出特殊的形态上的适应性改变，例如金鱼[36]。还有一些鱼类为了应对低氧，身体会表现出显著的形态适应性改变。最大限度地利用地表水摄取氧气的鱼类可能在南美洲，尤其是在亚马逊地区。这里有一些鱼类，包括巨脂鲤属、石脂鲤属和石斧脂鲤属，在低氧1～2 h后会出现下唇水肿（由于血液和体液的过度浸润），使其嘴唇显著延伸，从而形成既能充分摄氧，又能将表面水输送到口中的完美外形（见图5-2）[37-39]。尽管如此，绝大多数鱼类在氧浓度下降时仍然是通过调整鳃通气量和血流量来维持氧输送，这一方式也包括一些显著的适应性机制。

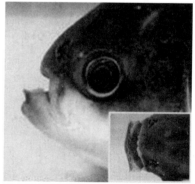

图5-2　从上方看到的低氧时石斧脂鲤的头部，低氧时其下唇水肿扩张（右）

生活方式活跃的鱼类比相对安静的物种，需要高氧摄取率，因此拥有更大面积的鳃片[40-41]。同样，对低氧适应良好的鱼类较之其低氧耐受性差的亲属，往往拥有更大的呼吸表面积[16,42-44]。呼吸表面积越大越有助于从水中摄取氧，我们可能会认为大多数鱼类都会从中受益。然而，事实上，并非所有的鱼类都有大的鳃，较大的鳃虽然增加了与环境的接触面积，但也可能带来一些弊端。这些弊端包括：① 增加的离子和水的流出所导致的离子泵的能量消耗[45-47]；② 增加了有毒物质如氨、藻类毒素、金属离子及各种人为毒素的吸收[48]；③ 增加接触病原体和寄生虫的机会；④ 增加出血风险，因为鱼类的全部心输出量都必须经过鱼鳃[49]；⑤ 阻碍摄食能力，因鳃占据了口腔大部分空间[50]。因此，鱼类想获得更大的呼吸表面积就必须得付出代价，比如提高氧摄取率以满足长时间的游泳，如马鲛鱼和金枪鱼，或者拥有即使在严重低氧的条件下也能从水中摄取氧的能力。

5.2.1 低氧对鳃可塑性的影响

低氧可通过自然选择和发育改变导致鱼鳃形态发生适应性改变。对这一现象研究最好的例子是一些非洲丽鱼科鱼类和鲤科鱼类，在低氧环境下，它们的呼吸表面积比其他居住在氧充足环境中的同族群更大[42,50]。"低氧种群"所表现出的鳃丝长度和鳃片表面积的增加，明显是由发育过程中的遗传差异和适应性变化所致。

一些鱼类可以通过改变它们鳃的形态，来应对短时间（几天）的低氧环境[22]。研究发现，在正常氧含量或低温环境中，鲫鱼的鳃片被包埋在层间细胞团（interlamellar cell mass，ILCM）中，而在低氧几天时间内大部分 ILCM 细胞死亡，从而显露出一个更大的呼吸表面积（见图 5 - 3）。其潜在机制包括低氧时 ILCM 细胞凋亡增加及有丝分裂减少[25]。然而，目前为止，启动这些机制的信号通路仍不清楚。当鲫鱼和金鱼从冷水游至温水时（代谢率升高），会发生明显类似的变化。这一现象表明，鳃重塑主要是为了满足氧摄取需求的增加。

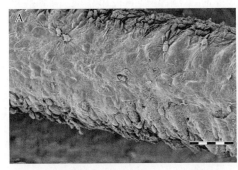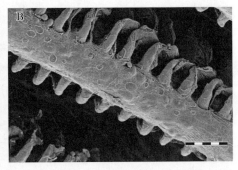

图 5 - 3 鲫鱼在低氧时发生鳃重塑。扫描电镜显示在正常氧含量水中（A）和低氧水中（B）的鲫鱼鳃丝外形，水温约 8 ℃，标尺＝50 μm[25]

鳗鱼（安圭拉）在应对温度变化时，也表现出类似但更温和的鳃重塑[51]。而且，在青海鲤鱼（*Gymnocypris Przewalski*）[52]以及红树林金鱼（氪星鱼）[53]也发现了鳃重塑。像鲫鱼和金鱼那样，鳃形态发生如此明显的变化，可能只发生在 Hb - O₂ 亲和力极高的物种中，因为这样即使在没有突出的鳃片时，也可以保证充足的氧摄取率[9]。鲫鱼和金鱼的 Hb - O₂ 亲和力已达历史最高水平（见表 3 - 2）。

氧浓度高或低温时，小的呼吸表面积在氧浓度高或低温时期具有优势，这很可能与拥有一个大鱼鳃所存在的内在不利因素有关（例如维持离子和水平衡的能量消耗，以及有毒物质、病原体和寄生虫的吸收等），但这些因素的重要性仍有待阐明[22]。鳃重塑已在第 3 章讨论（见 **3.1**）。

5.2.2　通气与循环的调节

当鱼类处于低氧环境中时，它们会迅速出现通气和循环的改变。通过增加口腔抽吸泵的容积和频率以增加鳃通气量（即增加通过鳃的水流）[54-56]。当鱼类处于氧水平持续下降的环境中时，其通气量逐渐增加至达到 [O₂]crit 为止，此后通气量开始下降（见图 5 - 4）。口腔抽吸泵作用的减弱可能是由于当组织 ATP 水平开始下降时，鱼类无法维持其通气量，或当仅有无氧糖酵解来生成 ATP 时，则会适应性抑制 ATP 的消耗。

循环对低氧的适应包括增加功能性呼吸表面积，即增加呼吸性鳃片的血流。这是通过增加每个鳃片的血液灌注程度和鳃片的总数量（通常称为鳃片募集）来实现的[58-59]。与其他脊椎动物相比，许多鱼类有显著的增加心脏每搏输出量的能力，有时甚至可达 3 倍之多[60]，而且在低氧期，鱼类通常会减慢心率，同时增加每搏输出量[61]以维持低氧期间的心输出量[62]。这种低氧所导致的心动过缓在很大程度上是由迷走神经介导的胆碱能反应，但耐低氧的长尾鲨除外，其心动过缓不受乙酰胆碱受体阻滞剂的影响[63]。低氧时心脏每搏输出量的增加，导致血压上升，这反过来又可以增加第二级鳃片的血流灌注，从而通过鱼鳃增加氧摄取量[64]。血流量的变化不仅可以增加气体交换的面积，还可以使上皮细胞变薄，从而缩短血液与水之间气体弥散的距离，进一步加强气体在鳃的弥散功能。每搏输出量接近于鳃的血容量，而且我们已经反复观察到心跳和呼吸之间的同步性。这种同步化的作用可以使血液在低通气与高通气条件下都能有效进行气体交换[65]。同时，减少鳃片跨壁压的振荡变化可减少鳃片血液的厚度的明显波动。此外，低氧所造成的心动过缓，使心脏舒张期时间越长，心肌细胞的氧合更充分[66]（见 **5.4**）。

低氧期间，鱼类的嗜铬细胞可释放包括儿茶酚胺类在内的激素和神经递质[21,67]，这些物质参与调节鱼类在低氧环境中的生存反应。为了进一步开放鳃片上的毛细血管，通过出鳃（传出）的血管收缩和入鳃（传入）的小动脉的舒张可以增加薄片血管的平均压[68-71]。相比之下，在氧含量丰富的水中，大部分血流

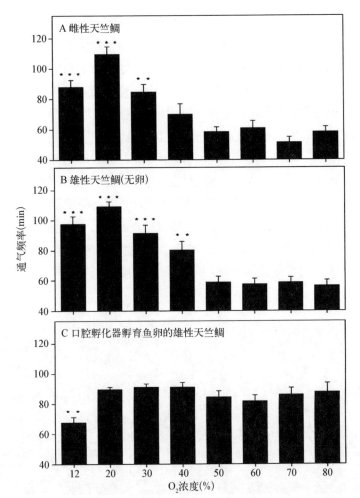

图 5-4　大堡礁的天竺鲷在低氧时鳃的通气明显增加。通气频率在低氧时明显增加（A、B），当环境氧浓度降至[O_2]crit 时，通气频率又开始下降（天竺鲷的[O_2]crit 为 10%～20%）。雄性天竺鲷通过口腔孵化器孵育鱼卵，在正常氧浓度时其通气已经达到最大程度，导致在低氧环境中不能再进一步增加通气量（C）[57]。* 表示与 80% 空气氧饱和度比较存在显著差异

可能会流经相对远离水的深埋在体内的鳃丝血管[72]。在低氧时鳃的胆碱能神经似乎参与了鳃微循环的调节，包括传出鳃小动脉的收缩[73]。儿茶酚胺类可能通过与 β 受体结合，介导传入脉管系统的舒张作用[74]。

　　有研究发现硫化氢（H_2S）可能是一种在低氧期间调控血流的潜在介质[75]。它是由两种胞质内吡哆醛-5'-磷酸依赖酶在组织中合成的，其中胱硫醚-β-合酶与血管中 H_2S 的生成有关。H_2S 在组织中不断被氧化，尤其是在线粒体中。H_2S 氧化速率随氧含量的下降而下降，导致低氧时组织中 H_2S 含量升高，从而使其成

为一个"氧感受器"。研究发现，H_2S在全身和鳃血管中兼具血管收缩剂和血管舒张剂的功能。由于实验性H_2S处理可以模拟低氧对血管阻力的影响，有学者认为H_2S可以解释低氧时鱼类和其他脊椎动物出现的大部分的循环变化[76]。

鳃片血流就像哺乳动物肺的肺泡血流一样，遵循层流流体力学原理：鳃片内压力的增加可以导致血流厚度的增加，而不是鳃片高度或长度的增加[70]。柱状细胞中的胶原蛋白通过肌动蛋白和肌球蛋白细丝沿应力线把每一层紧紧结合在一起[77-78]。有人提出，功能性呼吸表面积可能是通过改变鳃片内血管间隙的厚度来调控，而血管间隙的厚度是通过鳃片内柱状细胞的收缩或舒张来实现的（见图5－5）[79-82]。低氧时口腔和鳃盖腔内压的增加也能抵消鳃片内血压的升高，以及减少可能的低氧相关的鳃片血流量的增加[83]。在金枪鱼中观察到，限制鳃的水流，可能是为了增加鳃盖腔的压力，使鳃片血流变薄，从而增加气体的输送。目前，关于鱼类低氧期间调节鳃片血流厚度的来增强气体运输的潜在机制尚不完全清楚。

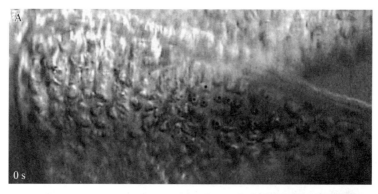

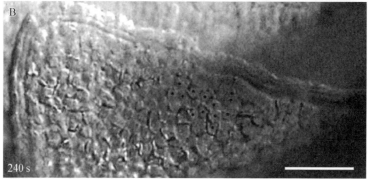

图5-5 注射内皮素肽诱导鳃片柱状细胞收缩。通过EPI-照明显微镜拍摄的图像显示，一条活鳕鱼的鳃片细胞在注射内皮素之前（A）和之后240 s（B）的变化。柱状细胞被标记为黑点，以便更容易看到收缩的效果[84]。标尺＝100 μm

5.3　脑对低氧状态的防御反应

脊椎动物的不同组织对低氧的易感性不同。脑由于其高能量需求故对低氧非常敏感,而肠道、皮肤、肌肉和肝脏对低氧相对不敏感,能经受相当长时间的低氧甚至无氧。第 1 章已述及,鱼脑中的 ATP 池每分钟更新一次。在低氧时,鱼脑是被机体优先处理保护的器官,在低氧状态下,鲫鱼[85]、鲤鱼[86]和肩章鲨鱼[87]测量出现脑内血流量的增加或脑血管阻力的降低。相反,对于那些能量需求不高和在低氧状态下可以暂停行使功能的器官,血液流动几乎可以停止,如消化道。对鳕鱼而言(Gadus morhua),在低氧情况下,测量的内脏器官血流急剧下降[88]。肌肉在低氧时通常是停止活动的,同时,肝代谢以无氧代谢为主。

低氧可导致人脑细胞肿胀,这是心脏骤停、卒中或头部创伤最严重的后果之一。对脑与颅骨紧密贴合的动物如哺乳动物而言,脑细胞肿胀对生命极具威胁。哺乳动物的脑组织肿胀增加了颅内的组织压力,减少了血流量,从而又加剧了低氧的问题。如果颅内压超过了血压,血流就无法到达脑组织。这是一个不能逆转的点,因为机体无法恢复脑的氧输送。磁共振成像(magnetic resonance imaging, MRI)显示鲤鱼脑在低氧 2 h 内出现细胞水肿、净水量增加以及脑容量增加(6.5%)。在恢复氧供的随后的 100 min 内,细胞肿胀达到 10%,但鲤鱼最终从这一打击中恢复过来,证明这些变化是可逆的,鲤鱼所拥有的大容量的颅腔可以在能量不足时允许更大的脑肿胀程度,而不会导致颅内压升高和全脑缺血[89]。由于水里经常会发生低氧,进化的力量可能促进形成一个相对松散而合适的颅盖骨,以允许脑肿胀。事实上,许多鱼脑都处于一个相当大的腔室里,这个空间给了脑肿胀的空间,不会发生颅内压升高或脑血流的减少。但并非所有的鱼类都能耐受低氧,鱼的颅腔和脑的体积也各不相同,例如,鲤鱼似乎比鳟鱼的脑有更大的空间(这是笔者个人观察,有待系统的定量研究),因此鲤鱼耐受低氧,而鳟鱼则不能。对低氧的耐受性虽不能简单地说是颅骨相对脑的大小的问题,但对脑肿胀的耐受性却可能是防御机制之一。大的颅腔也有其缺点。与低氧耐受强且活动少的鲤鱼相比,鲑鱼需迎着瀑布逆流而上,水流会对脑造成巨大的机械冲击,由此鲑鱼进化出与脑更贴合的颅骨。

耐低氧的鱼类也常常耐氨[90],表明可能存在共同机制,因为氨中毒会引起哺乳动物的脑肿胀。目前有几个理论解释哺乳动物脑急性氨中毒时的病理生理机制，其中包括谷氨酰胺积累导致星形胶质细胞肿胀[91]。氨中毒时有些鱼类在脑和其他组织中积累了高浓度的谷氨酰胺，这足以导致哺乳动物的肝性脑病[92]，但对这些鱼类而言似乎不是问题。谷氨酰胺合成酶抑制剂蛋氨酸磺酸盐对哺乳动物的保护剂量，对鱼类的急性氨中毒没有保护作用[93-94]。因此，从氨到谷氨酰胺的解毒过程是鱼类耐氨性的关键，但与哺乳动物不同[95]，在氨中毒后，谷氨酰胺的合成和在脑中的积累似乎并不是导致死亡的主要原因。一个因素可能是在高氨和低氧状态下，脑肿胀对是无害的。如果颅腔能耐受脑肿胀，那么动物可以更好地耐受高氨和低氧。

5.4 鱼的心脏对低氧的适应

低氧时，心脏在循环中处于一个相当不利的位置，因为它需从回心的静脉血液中获得的大量或全部氧，而静脉血含氧量比动脉血少，低氧期间可能几乎完全耗尽氧。此外，低氧时酸中毒也严重威胁心脏功能，这是由于 H^+ 与 Ca^{2+} 会竞争结合心肌细胞肌钙蛋白[96]。这种情况下，儿茶酚胺通过增加心肌细胞内 Ca^{2+} 水平发挥代偿作用[97-98]；另一种在低氧时能起到保护心脏作用的机制是基于低氧诱导的动静脉开放（通过鳃中吻合的动静脉血流），这允许氧合动脉血回流到心脏的静脉侧，从而增加心脏的 PO_2，但这种贡献不大。对低氧的鳕鱼的研究发现[99]，来自鳃动静脉分流的血液仅占心输出量 8%。软骨鱼类和一些硬骨鱼类都有冠状动脉，能将富氧血从鳃带回心脏[100]。然而，冠状动脉通常存在于高度活跃的物种，如鲑鱼、金枪鱼和箭鱼，有许多对低氧耐受的种类则缺乏冠状动脉血供应（包括鲤科鱼类），所以这些鱼类的心脏必须适应低氧状态。鲫鱼的心脏缺乏冠状动脉血液供应，但在无氧供应的情况下能够维持甚至增加心脏输出数天，这可能与鲫鱼能在低氧的环境下有效避免酸中毒的发生有关[101]（详见第9章）。

耐低氧脊椎动物通过减少心脏输出量降低能量消耗[62,102-103]，这样使能量消耗与有氧和无氧能量生成相匹配。表现出相当强大的耐低氧能力的脊椎动物则借助于糖酵解供能维持足够低的心脏做功[62]。此外，许多鱼类在低氧时表现出心动过缓和每搏输出量增加，这可减少心脏做功，并通过增加血液在心室内停留时间和降低氧的弥散距离帮助心肌获取[62]。

5.5 鱼类血液系统对低氧的适应

鱼类当中,越活跃的物种对低氧耐受性越差,而低氧耐受性好的物种行动都显得相对迟缓。高度活跃的鲑鱼临界氧分压(PO_2 crit)为 75~90 mmHg(见表 5-1),鲣金枪鱼在水中氧含量低于 60% 的空气饱和度时便死亡[104]。潜在的原因可能是活跃的鱼类组织较高的最大氧摄取率($\dot{V}O_{2max}$)降低了低氧耐受,因为高 $\dot{V}O_{2max}$ 和低氧耐受对血红蛋白携氧能力的要求相反[105]。维持低氧时的氧摄取需要高 Hb-O_2 亲和力,但这意味着即使在低氧分压时大部分的氧仍然与血红蛋白结合。最极端的例子是高 Hb-O_2 亲和力的鲫鱼和金鱼,两者的 P_{50}(Hb-O_2 饱和度为 50% 时的 PO_2)分别为 0.8 mmHg(10 ℃鲫鱼[9])到 2.6 mmHg(26 ℃金鱼[36])(见表 3-2)。因此,在耐低氧鱼类组织中,从血液到线粒体的小压力梯度,使 PO_2 缓慢释放。在金鱼中,静脉 PO_2 在常氧条件下低至 2.2 mmHg,在中度低氧时降到 0.7 mmHg,当水 PO_2 接近 PO_2 crit 时,PaO_2 和 PvO_2 的差异仍保持[36]。因此,为了允许高的氧输送,活动性高的和低氧敏感的鱼,如鲑鱼,有相对较低的 PO_2 与 Hb-O_2 亲和力[105-106](见表 3-2)。

然而,鱼类在低氧时有能力在一定程度上调节 Hb-O_2 的亲和力(见 2.4.1)。像其他脊椎动物一样,鱼 Hb-O_2 亲和力也受温度、H^+、PCO_2 和有机磷酸盐的影响,任何这些变量的减少将增加 Hb-O_2 亲和性,反之亦然。如果有机会,鱼会在低氧期间移动到较凉的水中[107-108],这不仅会因为 Q_{10} 效应减少全身 ATP 的消耗,同时也增加血氧亲和力。

与哺乳动物不同,低氧引起的过度通气对鱼类的二氧化碳排出和血液 pH 值的影响并不大[55]。这是因为鱼类血液中的二氧化碳含量非常低,鳃弥散能力很高,这样,通气的变化对血液中的二氧化碳含量影响不大:硬骨鱼类二氧化碳排泄速率限制步骤是碳酸氢钠从血浆转移到红细胞[109]。由于无氧代谢增加,鱼类的低氧往往伴随着血液 pH 值的降低。增加的血 H^+ 减少 Hb-O_2 亲和力通过可诱发玻尔和鲁特效应,表现出在低氧情况下适应不良的变化(鲁特和波尔效应详见 3.5)。在硬骨鱼类中,儿茶酚胺在这种情况下起着保护作用,由于它们激活了红细胞膜中的 β 肾上腺素能 Na^+/H^+ 交换体,可明显提高细胞内 pH 值[110]。然而,对于软骨鱼类,β 肾上腺素能 Na^+/H^+ 交换体似乎缺乏[111],儿茶酚胺对低氧释放反应也是不固定的[112]。一般来说,低氧时软骨鱼类的 Hb-O_2

亲和力变化不如硬骨鱼类明确。

相比之下，有机磷酸盐在提高低氧耐受性的作用明确。硬骨鱼类红细胞中 ATP 和 GTP 作为最重要的有机磷酸盐调节物，在低氧期间含量下降，导致 $Hb-O_2$ 亲和性增高。儿茶酚胺诱导的红细胞碱化是低氧增加血氧亲和力的快速反应机制，而有机磷酸盐的下降往往需要数小时，是慢性低氧时增加血氧亲和力的主要机制[110]。亚马逊鱼类体内有机磷酸盐的变化可用来反应水中氧含量的昼夜变化[113]。

$Hb-O_2$ 亲和力的增加将有助于低氧时从水中的氧摄取，但对组织的氧摄取是有害的。那么在低氧期间，如何将氧输送到组织中维持氧供？与大量的血液测量相比，对鱼体内组织氧张力的测量相对较少。

低氧状态下的鳟鱼，植入红色肌肉氧探针监测结果显示 PaO_2 随着水中 PO_2 的下降而降低，但低氧时两者差异较小，这反映鳃弥散能力的增加[114]。低氧时肌肉氧张力也会下降，但不像 PaO_2 下降那么明显（见图 5-6）。鳟鱼与哺乳动物不同，即使在低氧期间组织 PO_2 仍高于 PvO_2（见表 5-2）。

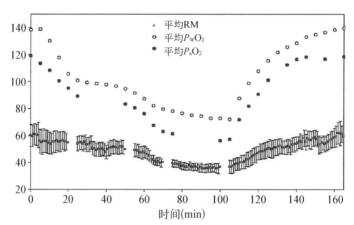

图 5-6　鳟鱼红色肌肉（RM）的动脉血氧分压（PaO_2）易受水氧分压（PwO_2）的影响[114]

表 5-2　哺乳动物的肌肉组织氧分压（PO_2）低于混合静脉血，
但鳟鱼肌肉组织的 PaO_2 和混合 PvO_2 之间[114]

PO_2（mmHg）	人、大鼠、犬	鲑鱼
动脉	100	100
静脉	40	
组织	25～35	61

低氧期间组织 PO_2 高于 PvO_2 与以下两个机制有关。一种机制认为,肌肉血流相对于其他组织血流是相当快速的,而且低氧状态下肌肉是不活动的,这样肌肉从血液中摄氧量是少的;当离开肌肉的血液与其他来自组织的静脉血混合,便现出一种比肌肉 PO_2 更低的混合静脉血。另一种机制认为,组织摄氧与动脉血和肌肉组织之间的 PO_2 差异没有直接关系,而是由于血红蛋白的鲁特效应,其中血液的酸化驱动氧从血红蛋白脱离,以类似鱼鳔摄取氧的方式提高肌肉毛细血管 PO_2[115]。流出鳟鱼鳃的血液中的氧仍处于非平衡状态[116]。当血液从鳃中流出时,血浆碳酸氢盐结合氢离子发生水化作用,从而使血浆 pH 值逐渐提高。碳酸氢盐水化形成的二氧化碳将进入红细胞从而使红细胞内部酸化,引起鲁特位移和 PO_2 提高。由于动脉系统容量小,血液可能只在动脉系统内停留几秒钟,而进入肌肉的碳酸盐系统不可能与流经的血液达到平衡。碳酸酐酶催化肌肉内皮细胞的碳酸盐系统达到平衡,通过增强鲁特效应提高 PO_2。然而,动脉血氧水平不是流出鱼鳃血液中的水平,而是在测量系统中已经达到平衡的血氧水平[114]。因此,离开鳃的血液处于非平衡状态[116],在增强组织氧合的同时,可能对组织的氧输送影响不大。如果二氧化碳从组织中进入血液中转移足够快,并且在大量的氧转移之前,便会引起鲁特效应。

如果鲁特效应对氧在组织中的释放占主导地位,那么鱼类将通过降低红细胞中有机磷酸盐浓度降低 $Hb - O_2$ 亲和力,从而提高动脉氧含量。这种情况下,鳃的摄氧量将增强,不会对组织中的氧输送产生不利影响。鱼类贫血也会导致有机磷酸盐浓度的上升,降低 $Hb - O_2$ 亲和力,这点与哺乳动物的反应类似[110]。因此,在贫血时,脊椎动物的反应似乎是通过降低减少 $Hb - O_2$ 亲和力,使氧更易于释放到组织。

低氧期间,在几分钟或几小时内便可因为红细胞肿胀与脾脏释放红细胞至循环系统可引起的血细胞比容增加,但这种反应无论是在物种内部还是在物种间都存在明显的变异[117]。低氧引起尿量增加和血浆容量的减少,可能是由于心脏肽的释放增加所致[118],尿量增加和血浆容量减少也是导致低氧时血细胞比容的增加的原因。在一般情况下,强耐低氧鱼类的血液血红蛋白水平没有明显高于低耐低氧品种[119]。然而,证据显示,低氧时虹鳟可在数天或者数周发生促红细胞生成素诱导的血红细胞和血红蛋白含量增加[120]。一些低氧诱导因子(HIF)也已在鱼类中得到鉴定(见第 2 章),低氧时促红细胞生成素合成增加可能与 HIF 相关。

5.6　降低能量消耗

如果外周氧水平低于 PO_2crit，向组织氧输送便受损。鱼类为了生存，必须减少能源消耗和/或上调无氧代谢[121]。PO_2crit 反映了鱼从水中提取氧的能力，随后能量消耗和氧摄取的减少反映鱼对低氧在行为和生理反应上的重组。通过以上调整可减少鱼的 PO_2crit。事实上，低氧适应可减少金鱼[11]，斑点鳟鱼和肩章鲨[19] 静息状态下的氧耗和 PO_2crit。

对环境应激的代谢抑制性反应在无脊椎动物和脊椎动物都有相关研究，包括低氧的鱼类[4,13,122-124]。大量的研究工作通过抑制 ATP 产生和消耗过程（如离子泵、蛋白质合成等）来了解代谢抑制的机制，许多关于这方面的综述已发表[125-127]。这些多从生化机制方面探讨代谢抑制的机制，而忽视行为和生理策略，如进入低温环境、减少活动、抑制喂养和繁殖。

PO_2crit 是维持静息状态代谢率的最低氧水平，在接近 PO_2crit 环境中动物便不再进行其他额外活动，如存活无关的活动（比如繁殖与喂养）均受到抑制。与其他动物一样，鱼类在低氧时通过减少游泳和（或）降低体温（游至温度更低的水域）来节约能量[24,128]。肩章鲨在低氧环境之下，基本保持在一种昏迷状态[129]。

大量研究报道在低氧环境中鱼类出现摄食减少和生长停滞[130-135]。鲤鱼在低氧初期表现为摄食受抑，但几天之后再次开始摄食，体重减少率仅为 1%[136]，食物在肠道中的转移与转化几乎没有受到影响：整个过程几乎没有改变。鱼类低氧时出现的摄食减少与转化受抑制有助于减少与生长无关的摄食能量消耗，最终有助于降低低氧期间能量消耗。

低氧期间鱼类繁殖也受到抑制。鲤鱼可出现性腺停止发育与性活动的减少[137]。研究发现，石首鱼长期处于低氧环境中时会出现包括促性腺激素释放激素在内的所有性腺轴相关蛋白表达的减少[138]。雌性海湾刺头鱼暴露在低氧环境中出现产卵减少与初次排卵的延迟[139]。低氧抑制斑马鱼生长与增加其胚胎的畸形率，同时也明显增加雄性石斑鱼的比例[140]。低氧也会抑制鲤鱼交配与黄体生成素的大量释放，后者会导致卵子成熟受抑和排卵。

天竺鲷以相当直接的方式抑制低氧状态下的繁殖能力。雄性天竺鲷吐出口腔孵卵，立刻改善鳃的氧摄取能力使自身可以在低氧环境中得以存活[57]。而且，低氧期间，相比小孵卵器的雄性天竺鲷而言，拥有大孵卵器的雄性天竺鲷会将孵卵器吐到氧浓度更高的周围环境中，这一现象显示出产仔量与低氧耐受间的平衡。

低氧导致鲫鱼蛋白质合成的下降,其中肝脏蛋白合成下降程度最大达95%,肌肉和心脏下降约50%,然而脑组织中蛋白合成无明显改变。基因和蛋白质表达变化存在不一致性,但目前利用 mRNA 基因芯片技术[141-144]及蛋白质组学方法[145-146]的研究并不多,包括对一些普通项目的研究,比如,参与有氧代谢基因的抑制。一项关于斑马鱼的蛋白质组学的研究显示,蛋白质表达的变化不如 mRNA 表达的变化广泛[145]。普通的将科小鱼在低氧时,肌肉组织中的丙酮酸脱氢酶活性是减低的[147],金鱼在低氧 0.5 h 后,其肝脏腺苷酸活化蛋白激酶(AMP-activated protein kinase,AMPK)的活性很快上升,但总的 AMPK 蛋白量并无变化,这一现象提示 AMPK 活性的变化是发生在蛋白质翻译后磷酸化的过程中[148]。在低氧的鲫鱼中,AMPK 活性的这一变化也发生在脑和心脏[149](见 **9.1**)。

细胞膜离子通道的抑制有助于节约能量,但是在一项关于刺鳍鱼低氧耐受的基因芯片的研究并未发现任何显示通道抑制有关的基因。即便是在低氧耐受性最好的鲫鱼的研究中也未表现出广泛的通道抑制(见第 9 章)。因此推测,低氧情况下出现的大范围的通道抑制可能是细胞能量代谢减少的结果,而不是原因。

由于 ATP、ADP 和 AMP 的降解,腺苷酸从能量供应不足的细胞中释放出来。在包括低氧等所导致能量。不足的鱼类,腺苷酸的浓度会上升,它有助于能量代谢抑制的调节[129]对脊椎动物而言,腺苷酸的作用包括刺激肝糖原分解,调节组织血流并参与糖酵解,以及抑制神经元兴奋性和神经递质释放等,这些均会导致对 ATP 的利用减少。换句话说,腺苷酸通过调节 ATP 的消耗和产出之间的平衡,维持低氧或低氧下的生存[4]。有证据表明,在硬骨鱼类(虹鳟鱼、鲫鱼)、软骨鱼类(金钱鲨)以及盲鳗鱼中[129,150-151],腺苷酸有参与代谢抑制的调节作用;而在低氧的鲫鱼中,腺苷酸有调节脑部血流的作用[85]。

5.7 低氧性组织损伤

虽然大多数鱼类有较好的低氧环境适应能力,但在严重的,近乎致命的低氧情况下也会发生一定程度的组织损伤。事实上,在低氧 6～30 h 后,鲟鱼的中枢神经系统细胞出现明显的凋亡[152]。低氧导致鱼类出现一定程度的组织损伤的情况下,仍能存活,可能是因为鱼类有强大的组织再生能力,包括脑组织。导致其强大再生能力的一个原因是鱼类的身体及脑在其生命的整个过程中都是在不断生长，例如，鱼类的脑细胞增殖能力远远超过哺乳动物的脑细胞[153]。

低氧可诱导哺乳动物细胞 DNA 降解以及凋亡[154-155]。目前关于低氧诱导的 DNA 损伤的相关在体研究较少，而关于鱼类的这种研究更少。在低氧的环境中，在体研究发现，鲤鱼的肝细胞在低氧第一天便出现广泛的 DNA 损伤[156]，这是通过末端转移酶介导的 dUTP 标记方法（TUNEL）研究证实的。低氧期间，TUNEL 标记显著升高（在肝脏中大约 60%），4 天后更显著（水中氧浓度低至 0.5 mg/L）。低氧暴露 1 周后，TUNEL 印记水平显著降低，但 42 天后仍维持在较高水平，且高于正常氧供条件下的肝脏。如此广泛的 DNA 损伤常常导致程序性细胞死亡，即凋亡。因此，TUNEL 技术常常用来证实凋亡的发生。

低氧时，如果 TUNEL 信号是鳗鱼肝细胞凋亡率的指示，那么低氧 6 周后，鳗鱼肝细胞在低的增殖率情况下，其肝脏应该缩小，但是在此期间，肝脏的大小以及肝细胞的数量并无显著变化[156]。此外，细胞增殖也无显著变化，半胱天冬氨酶-3 的活性及单链 DNA 均无增加，这些结果显示：在低氧期间，肝细胞的凋亡并未增加。研究显示，一些抗凋亡因子（Bcl-2、Hsp70、p27）会上调，而一些促凋亡基因（四跨膜蛋白 5、细胞死亡激活因子）会下调。肝细胞可能进入细胞周期抑制阶段以便对抗损伤 DNA 的修复。鉴于在低氧期间，细胞增殖和细胞数都无明显变化，受损的细胞也没有进入凋亡，因此其必须恢复[156]。由此推测，鱼类在低氧时，一些组织器官有其自身抗凋亡的能力。

低氧期间，DNA 损伤可能与活性氧（ROS）的产生有关。在体研究观察到，鳗鱼在低氧期间，其肝脏的解偶联蛋白表达有显著增加，但肾脏没有（Hung，2005，未发表的博士学位论文）。在哺乳动物，解偶联蛋白位于线粒体内侧，并且促进 NADH 氧化[157]。这在哺乳动物调节热量产生中是很重要的，但是很明确的是鱼类肝脏的解偶联蛋白不是用来产生热量的，那为什么也会有解偶联蛋白的存在呢？一个可能的原因是鱼类肝脏的解偶联蛋白功能是降低线粒体膜的潜能，因此低氧期间会出现 ROS 的产生，在大鼠研究中已证实 ROS 的产生率与线粒体的潜能是有关的[158]。

5.8 低氧耐受性

最后，我们将讨论鱼类身体大小是如何影响低氧耐受的。这需要对前面讨论过的调节鱼类低氧反应的主要机制做一概括。许多鱼类，比如鳗鱼，在生命初始阶段体重仅一至几毫克，最后可以生长至超过 10 kg，它的体重增加超过 6 个数量级，而硬骨鱼类的体重增加可以达 8 个数量级，板鳃鱼类的体重增加达 9 个数量级。最小的脊椎动物是近年描述的两种硬骨鱼：来自苏门答腊岛沼泽的宝石鲻鱼和来自大堡礁的胖婴鱼，这两种鱼成年后的身长约 8 mm[159-160]，体重 10～20 mg。在硬骨鱼类，最大的种类包括太阳鱼和鲟鱼，它们的体重可达 2 000 kg[161]；在软骨鱼类，鲸鲨的体重可达 34 000 kg[162]。

不足为奇，存在许多关于鱼类体型大小是如何影响低氧耐受的观点。关于身体大小是如何影响生物功能的研究称为缩放[163]，有一篇关于鱼类低氧耐受缩放的综述，其中两个主要的观点包括：① 在低氧环境中，身体大小本身在调节有氧代谢生存中并不重要（鱼类可以摄取其中少量的氧）；② 然而在严重低氧的环境中，ATP 需要通过有氧代谢产生时，身体大小变得很重要[119]。

关于第一个观点的解释主要包括两方面：一方面是代谢性氧需求；另一方面是鱼类的呼吸表面积以某种方式进行缩放，其缩放指数为 0.76～0.9[119]，这两者都与身体尺寸有关系。因此，随着鱼类身体尺寸的增加，其质量特异性代谢率下降，鳃的表面积也下降。换句话说，鳃的表面积似乎与鱼的代谢需求是紧密相关的。其他一些影响氧摄取的因素，包括血细胞比容、Hb - O$_2$ 亲和力、心输出量和氧的弥散距离，则与身体大小有很少甚至没有任何关系[119]。因此，在低氧情况下，鱼类从水中摄取氧的能力与身体尺寸大小是没有相关性的。一项关于来自大堡礁的小热带鱼的相对较大的研究发现也支持这一观点，研究发现身体大小（10 mg～40 g）本身与鱼类水中氧摄取并无相关性（见图 5 - 8A）。

然而，也有很多种鱼类，它们中体型较小的个体在低氧的环境中，要么能很好地摄取氧，要么完全不能，其原因可能是身体大小与它们栖息地和生活方式的差异有关。小热带鱼类一个很明显的例子，它们在生命初始阶段生活在珊瑚礁，在浮游生活方式的幼虫阶段，能保持每秒 50 倍身体长度的速度游动数小时至数天[164]。这意味着它们有最高级的器官特异性氧摄取能力，而且很可能低的 Hb - O$_2$ 亲和力有助于其快速释放氧。而在生命早期，它们显示较差的氧摄取能力（[O$_2$]crit 维持在 40％～60％空气饱和度）。一旦它们定居到珊瑚礁，则表现出良好的低氧耐受性（见图 5 - 7），因为它们所处的珊瑚基质因光合作用终止出现严重的低氧状态[3]。亚马逊地图鱼也是一种大体格低[O$_2$]crit 的鱼类[165]，与之相比，拥有大体型的加州鲈鱼和黄鲈耐受低氧能力却比较体型较小鱼类差[166-167]。综上所述，鱼类对低氧耐受力的差异可能是鱼类生命不同阶段对栖

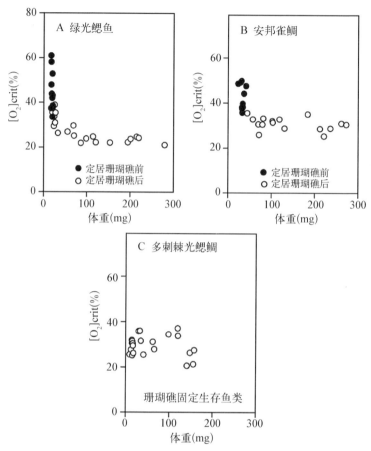

图 5 - 7　大堡礁蜥蜴岛的三种小热带鱼种在定居珊瑚礁前后[O₂]crit 随体重的变化。(A) 绿光鳃鱼(17～280 mg)；(B) 安邦雀鲷(23～80 mg)；(C) 多刺棘光鳃鲷(9～157 mg)。多刺棘光鳃鲷缺乏浮游幼年期(幼年期被父母养育)，在定居珊瑚礁后[O₂]crit 随体重的变化明显。绿光鳃鱼与安邦雀鲷有明显较高的[O₂]crit,定居珊瑚礁后会迅速降低,为了生存它们需要耐受低氧,因为它们必须在严重低氧的珊瑚礁中度过整个夜晚。定居珊瑚礁之前这些鱼类中的一部分生活在珊瑚礁的附近区域,这点解释了为什么鱼群中有很大的[O₂]crit 有很大的变异度[168]

息环境的偏好所致。

　　但当氧水平低于[O₂]crit 发生无氧糖酵解的情况发生时,体型较大的鱼相对于体型较小的鱼有明显的优势。比如处于低氧环境的 10 mg 的小热带鱼在 15% 空气饱和度时便发生低氧,而 40 g 的小热带鱼在 5% 空气饱和度才发生低氧(见图 5 - 8C)。这可能是因为体格较小的鱼类有更高的体重特异性代谢率(见图 5 - 8B)。如果需要用无氧糖酵解来完全补偿因低氧引起的有氧呼吸的不足,小体型鱼的高代谢率意味着储备的糖原被快速耗尽,同时产生较多

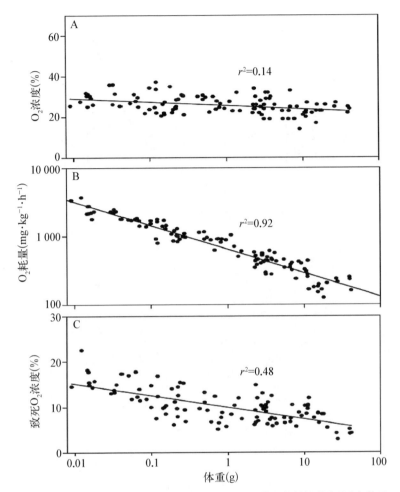

图 5-8 来自大堡礁蜥蜴岛 15 个种类的 117 个小热带鱼的低氧耐受程度与体重之间的关系。(A) [O₂]crit 几乎不依赖体重;(B) 与其他物种相似,氧耗量随体重升高而降低;(C) 致死性的氧浓度在一些小型鱼类个体中明显较高[3,119]

的乳酸和 H^+ 等损害机体的毒性物质(见图 5-9)。同样,严重低氧时发生的糖酵解不能产生足够的 ATP 以维持代谢,拥有高代谢率的小型鱼类便更快的耗尽 ATP。

凡事皆有例外,大多数鲫鱼可以把无氧糖酵解产生的乳酸转化成乙醇并排泄到水中。这样就可以使其在无氧环境中长期存活,其体内存在的大量糖原也就更有意义,同时乳酸的毒性作用对其也不再是个问题。事实上,鲫鱼组织含有较多的糖原,它们的体型似乎也不影响其在低氧环境中存活。鲫鱼卓越的低氧耐受性将在第 9 章详述。

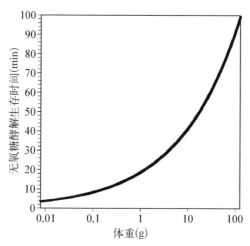

图 5 - 9 依赖无氧糖酵解生存时间与体重之间的关系。体型越大生存时间越长,因为体型小的鱼类将更快的耗竭自身的糖原或者由自身产生的乳酸中毒而死。此指数型的生存时间图形适用于所有鱼类,其在低氧时的生存时间主要依赖消耗自身贮存糖原的速度以及酸度。生存时间的计算基于 10 mg～100 g 的小热带鱼的代谢率估算的,同时假设为无氧条件下的代谢率,乳酸含量 20 mmol /kg 为致死浓度或糖原储存为 10 mmol 糖基单位 /kg[119]。代谢抑制、不同体型的糖原贮存量、乳酸中毒的极限这些因素都会影响 y 轴的数值,但只要相关因素与体重无关,那么曲线的形状便不会发生变化,因为曲线的形状由代谢率与体型大小的关系决定

（李红鹏、李庆云,译）

参 考 文 献

1 Lam K K Y. Hydrography, nutrients and phytoplankton, with special reference to a hypoxic event, at an experimental artificial reef at Hoi Ha Wan, Hong Kong[J]. Asian Mar Biol, 1999, 16: 35 - 64.

2 Val A L Almeida-Val V M F. Fishes of the Amazon and their environment: physiological and biochemical features[M]. Heidelberg: Springer Verlag, 1995.

3 Nilsson G E, Hobbs J P A. Östlund-Nilsson S. A tribute to P. L. Lutz: Respiratory ecophysiology of coral-reef teleosts[J]. J Exp Biol, 2007, 210: 1673 - 1686.

4 Nilsson G E, Renshaw G M C. Hypoxic survival strategies in two fishes: extreme anoxia tolerance in the North European crucian carp and natural hypoxic preconditioning in a coral-reef shark[J]. J Exp Biol, 2004, 20: 131 - 139.

5 Nilsson G E. Brain and body oxygen requirements of Gnathonemus petersii, a fish with an exceptionally large brain[J]. J Exp Biol, 1996, 199: 603 - 607.

6　Ultsch G R, Jackson D C. Moalli R. Metabolic oxygen conformity amonglower vertebrates-the toadfish revisited[J]. J Comp Physiol, 1981, 142: 439 – 143.

7　Beamish F W H. Respiration of fishes with special emphasis on standard oxygen consumption. III. Influence of oxygen[J]. Can J Zool, 1964, 42: 355 – 366.

8　De Boeck G, De Smet H, Blust R. The effect of sublethal levels of copper on oxygen consumption and ammonia excretion in the common carp, Cyprinus carpio[J]. Aquatic Toxicol, 1995, 32: 127 – 141.

9　Sollid J, Weber R E, Nilsson G E. Temperature alters the respiratory surface area of crucian carp Carassius carassius and goldfish Carassius auratus[J]. J Exp Biol, 2005, 208: 1109 – 1116.

10　Nilsson G E. Evidence for a role of GABA in metabolic depression during anoxia in crucian carp (Carassius carassius L.)[J]. J Exp Biol, 1992, 164: 243 – 259.

11　Prosser C L, Barr L M, Pinc R D, et al. Acclimation of goldfish tolow concentrations of oxygen[J]. Physiol Zool, 1957, 30: 137 – 141.

12　Cruz-Neto A P, Steffensen J F. The effects of acute hypoxia and hypercapnia on oxygen consumption of the freshwater European eel[J]. J Fish Biol, 1997, 50: 759 – 769.

13　Muusze B, Marcon J, Van den Thillart G, et al. Hypoxia tolerance of Amazon fish, respirometry and energy metabolism of the cichlid Astronotus ocellatus[J]. Comp Biochem Physiol, 1998, 120A: 151 – 156.

14　Fernandes M N, Rantin F. T. Respiratory responses of Oreochromis niloticus (Pisces, Cichlidae) to environmental hypoxia under different thermal conditions[J]. J Fish Biol, 1989, 35: 509 – 519.

15　Verheyen E, Blust R. Decleir W. Metabolic rate, hypoxia tolerance andaquatic surface respiration of some lacustrine and riverine African cichlid fishes [J]. Comp Biochem Physiol, 1994, A107: 403 – 411.

16　Fernandes M N, Rantin F T, Kalinin A L, et al. Comparative study of gill dimensions of 3 Erythrinid species in relation to their respiratory function[J]. Can J Zool, 1994, 72: 160 – 165.

17　Kutty M N. Respiratory quotients in goldfish and rainbow trout[J]. J Fish Res Bd Can, 1968, 25: 1689 – 1728.

18　Hughes G M, Umezawa S I. On respiration in the dragonet Callionymuslyra L[J]. J Exp Biol, 1968, 49: 565 – 582.

19　Routley M H, Nilsson G E. Renshaw G MC. Exposure to hypoxiaprimes the respiratory and metabolic responses of the epaulette shark toprogressive hypoxia[J]. Comp Biochem Physiol, 2002, A131: 313 – 321.

20　Chan D K O, Wong T M. Physiological adjustments to dilution of the external medium in the lip shark, Hemiscyllium plagiosum (Bennet) III. Oxygen consumption and metabolic rates[J]. J Exp Zool, 1977, 200: 97 – 102.

21　Butler P J, Taylor E W, Capra M F, et al. The effect of hypoxia on the levels of circulating cathecholamines in the dogfish Scyliorhinus canicular[J]. J Comp Physiol, 1978, B127: 325 – 330.

22　Nilsson G E. Gill remodeling in fish — a new fashion or an ancient secret[J]. J Exp Biol, 2007, 210: 2403 – 2409.

23　Fry F E J, Hart J S. The relation of temperature to oxygen consumption in the goldfish[J]. Biol Bull, 1948, 94: 66 – 77.

24　Schurmann H, Steffensen J F. Effects of temperature, hypoxiaand activity on the metabolism of juvenile Atlantic cod[J]. J Fish Biol, 1997, 50: 1166 – 1180.

25　Sollid J, De Angelis P, Gundersen K, et al. Hypoxia inducesadaptive and reversible gross-morphological changes in crucian carp gills[J]. J Exp Biol, 206: 3667 – 3673.

26　Lannig G, Bock C, Sartoris F J, et al. Oxygen limitation of thermal tolerance in cod, Gadus morhua L, studied by magnetic resonance imaging and on-line venous oxygen monitoring[J]. Am J Physiol, 2004, 287: R902 – R910.

27　Pörtner H O, Mark F C, Bock C. Oxygen limited thermal tolerance in fish? — Answers obtained by nuclear magnetic resonance techniques[J]. Respir Physiol Neurobiol, 2004, 141: 243 – 260.

28　Pörtner H O, Knust R. Climate change affects marine fishes through theoxygen limitation of thermal tolerance[J]. Science, 2007, 315: 95 – 97.

29　Fry F E J. Fish Physiology[M]. New York: Academic Press, 2007.

30　Brett J R, Groves T D D. Fish Physiology[M]. San Diego: Academic Press, 1979.

31　Frederich M, Pörtner H O. Oxygen limitation of thermal tolerance defined by cardiac and ventilatory performance in spider crab, Maja squinado[J]. Am J Physiol, 2000, 279: R1531 – R1538.

32　Brett J R. Fish Physiology[M]. San Diego: Academic Press, 1979.

33　Nilsson G E, Crawley N, Lunde I G, et al. Elevated temperature reduces the respiratory scope of coral reef fishes[J]. Global Change Biol, 2009, 15: 1405 – 1412.

34　Farrell A P, Hinch S G, Cooke S J, et al. Pacific Salmon in hot water: applying aerobic scope models and biotelemetry to predict the success of spawning migrations[J]. Physiol Biochem Zool, 2008, 81: 697 – 708.

35　Kramer D L, McClure M. Aquatic surface respiration, a wide spread adaptation to hypoxia in tropical fishes[J]. Env Biol Fish, 2008, 7: 47 – 55.

36　Burggren W W. 'Air gulping' improves blood oxygen transport during aquatic hypoxia in the goldfish Carassius auratus[J]. Physiol Zool, 1982, 55: 327 – 334.

37　Branson B A, Hake P. Observations of an accessory breathing mechanism in Piaractus nigripinnis (Cope)[J]. Zool Anz, 1972, 189: 292 – 297.

38　Braum E. Junk W J. Morphological adaptation of two Amazonian characoids (Pisces) for surviving in oxygen deficient waters, Int[J]. Revue Res Hydrobiol, 1982, 67: 869 – 886.

39　Winemiller K O. Development of dermal lip protuberances for aquaticsurface respiration in South American characid fishes[J]. Copeia, 1982, 1989: 382 – 390.

40　Gray I E. Comparative study of the gill area of marine fishes[J]. Biol Bull, 1954, 107: 219 – 255.

41　Bernal D, Dickson K A, Shadwick R E, et al. Analysis of the evolutionary convergence for high performance swimming in lamnid sharks and tunas [J]. Comp Biochem Physiol, 2001, 129A: 695 – 726.

42　Chapman L J, Galis F. Shinn J. Phenotypic plasticity and the possible role of genetic assimilation: hypoxia-induced trade-offs in the morphological traits of an African cichlid[J]. Ecol Lett, 2000, 3: 387 – 393.

43　Chapman L J, Hulen K G. Implications of hypoxia for the brain size and gill morphometry of mormyrid fishes[J]. J Zool, 2001, 254: 461 – 472.

44　Chapman L J, Chapman C A, Nordlie F G, et al. Physiological refugia: swamps, hypoxia tolerance and maintenance of fish diversity in the Lake Victoria region[J]. Comp Biochem Physiol, 2002,

133A: 421 – 437.

45 Nilsson S. Fish Physiology: Recent Advances[M]. London: Croom Helm, 1986.

46 Gonzalez R J, McDonald D G. The relationship between oxygen consumption and ion loss in a freshwater fish[J]. J Exp Biol, 1992, 163: 317 – 332.

47 Bœuf G, Payan P. How should salinity influence fish growth[J]. Comp Biochem Physiol, 2001, 130C: 411 – 423.

48 Wood C M. Target organ toxicity in marine and freshwater teleosts[M]. London: Taylor & Francis, 200.

49 Sundin L, Nilsson G E. Acute defence mechanisms against haemorrhage from mechanical gill injury in rainbow trout[J]. Am J Physiol, 1998, 275: R460 – R465.

50 Schaack S, Chapman L J. Interdemic variation in the African cyprinid Bar bus neumayeri: correlations among hypoxia, morphology, and feeding performance[J]. Can J Zool, 2003, 81: 430 – 440.

51 Tuurala H, Egginton S, Soivio A. Cold exposure increases branchial water-blood barrier thickness in the eel[J]. J Fish Biol, 1998, 53: 451 – 455.

52 Matey V, Richards J G, Wang Y X, et al. The effect of hypoxia on gill morphology and ionoregulatory status in the Lake Qinghai scaleless carp, Gymnocypris przewalskii[J]. J Exp Biol, 2008, 211: 1063 – 1074.

53 Ong K J, Stevens E D, Wright P A. Gill morphology of the mangrove killifish (Kryptolebias marmoratus) is plastic and changes in response to terrestrialair exposure[J]. J Exp Biol, 2007, 210: 1109 – 1115.

54 Saunders R L. The irrigation of the gills in fishes. II. Efficiency of oxygenuptake in relation to respiratory flow activity and concentrations of oxygen andcarbon dioxide[J]. Can J Zool, 1962, 40: 817 – 862.

55 Holeton G F D J. Randall. The effect of hypoxia upon the partial pressureof gases in blood and water afferent and efferent to the gills of rainbow trout[J]. J Exp Biol, 1967, 46: 317 – 327.

56 Randall D J, Smith J C. The regulation of cardiac activity in fish in a hypoxic environment[J]. Physiol Zool, 1967, 40: 104 – 113.

57 Östlund-Nilsson S, Nilsson G E. Breathing with a mouth full of eggs: respiratory consequences of mouthbrooding in cardinalfishes[J]. Proc. R. Soc. Lond. B, Biol. Sci, 2004, 271: 1015 – 1022.

58 Booth J H. The effect of oxygen supply, epinephrine and acetylcholine on the distribution of blood flow in trout gills[J]. J Exp Biol, 1979, 83: 31 – 39.

59 Soivio A, Tuurala H. Structural and circulatory responses to hypoxia in the secondary lamellae of Salmo gairdneri gills at two temperatures[J]. J Comp Physiol, 1981, B145: 37 – 43.

60 Farrell A P, Jones D R. Fish physiology[M]. San Diego: Academic Press, 1992.

61 Holeton G F, Randall D J. Changes in blood pressure in the rainbow trout during hypoxia[J]. J Exp Biol, 1967, 46: 297 – 305.

62 Farrell A P, Stecyk J A W. The heart as a working model to explore themes and strategies for anoxic survival in ectothermic vertebrates[J]. Comp Biochem Physiol, 2007, 147A, 300 – 312.

63 Stensløkken K O, Sundin L, Renshaw G M C, et al. Adenosinergic and cholinergic control mechanisms during hypoxia in the epaulette shark (Hemiscyllium ocellatum), with emphasis on branchial circulation[J]. J Exp Biol, 2004, 207: 4451 – 4461.

64 Randall D J. The control of respiration and circulation in fish during exercise and hypoxia[J]. J Exp Biol, 1982, 100: 275 - 288.

65 Randall D J, Holeton G. F, Stevens E. Don. The exchange of oxygen and carbon dioxide across the gills of rainbow trout[J]. J Exp Biol, 1967, 46: 339 - 348.

66 Farrell A P. Tribute to P L Lutz: a message from the heart-why hypoxic bradycardia in fishes[J]. J Exp Biol, 2007, 210: 1715 - 1725.

67 Wahlqvist I, Nilsson S. Adrenergic control of the cardio-vascular system of the Atlantic cod, Gadus morhua, during 'stress'[J]. J Comp Physiol, 1980, 137: 145 - 150.

68 Davis J C. An infrared photographic technique useful for studying vascularization of fish gills[J]. J Fish Res, Board Can, 1972, 29: 109 - 111.

69 Booth J H. The distribution of blood flow in the gills of fish: application of a new technique to rainbow trout (Salmo gairdneri)[J]. J Exp Biol, 1978, 73: 119 - 130.

70 Farrell A P, Sobin S S, Randall D J, et al. Intralamellar blood flow patterns in fish gills[J]. Am J Physiol, 1980, 239: R428 - R436.

71 Taylor E W. Barrett D J. Evidence of a respiratory role for the hypoxic bradycardia in the dogfish Scyliorhinus canicula L[J]. Comp Biochem Physiol, 1985, 80A: 99 - 102.

72 Pärt P, Tuurala H, Nikinmaa M, et al. Evidence for anon-respiratory intralamellar shunt in perfused rainbow trout gills[J]. Comp Biochem Physiol, 1984, 79A: 29 - 34.

73 Sundin L, Nilsson G E. Neurochemical mechanisms behind gill microcirculatory responses to hypoxia in trout: in-vivo microscopy study[J]. Am J Physiol, 1979, 272R: 576 - 585.

74 Pettersson K. Adrenergic control of oxygen transfer in perfused gills of the cod, Gadus morhua[J]. J Exp Biol, 1983, 102: 327 - 335.

75 Olson K R. Hydrogen sulfide and oxygen sensing: implications in cardiorespiratory control[J]. J Exp Biol, 2008, 211: 2727 - 2734.

76 Olson K R, Dombkowski R A, Russell M J, et al. Hydrogen sulfide as an oxygen sensor/transducer in vertebrate hypoxic vasoconstriction and hypoxic vasodilation[J]. J Exp Biol, 2006, 209: 4011 - 4023.

77 Booth J H. Circulation in trout gills: The relationship between branchial perfusion and the width of the lamellar blood space[J]. Can J Zool, 1979, 57: 2185 - 2193.

78 Kudo H, Kato A, Hirose S. Source Fluorescence visualization of branchial collagen columns embraced by pillar cells[J]. J Histochem Cytochem, 2007, 55: 57 - 62.

79 Sundin L, Nilsson G. E. Endothelin redistributes blood flow through the lamellae of rainbow trout gills: evidence for pillar cell contraction[J]. J Comp Physiol, 1998, B168: 619 - 623.

80 Stensløkken K O, Sundin, Nilsson G E. Endothelin receptors in teleost fish: cardiovascular effects and branchial distribution[J]. Am J Physiol, 2006, 290: R852 - R860.

81 Kudo H, Kato A. Hirose S. Source Fluorescence visualization of branchialcollagen columns embraced by pillar cells[J]. J Histochem Cytochem, 2007, 55: 57 - 62.

82 Sultana N, Nag K, Kato A, et al. Pillar cell and erythrocyte localization of fugu ETA receptor and its implication[J]. Biochem. Biophys. Res. Comm, 2007, 355: 149 - 155.

83 Randall D J, Daxboeck C. Fish physiology[M]. New York: Academic Press, 2007.

84 Stensløkken K O, Sundin L, Nilsson G E. Cardiovascular and gill microcirculatory effects of

endothelin－1 in Atlantic cod: evidence for pillar cell contraction［J］. J Exp Biol, 1999, 202: 1151－1157.

85 Nilsson G E, Hylland P, Löfman C O. Anoxia and adenosine induce increased cerebral blood flow in crucian carp[J]. Am J Physiol, 1994, 267: R590－R595.

86 Yoshikawa H, Ishida Y, Kawata K, et al. Electroencephalograms and cerebral blood-flow in carp, Cyprinus carpio, subjected to acute hypoxia[J]. J Fish Biol, 1999, 46: 114－122.

87 Söderström V, Renshaw G M C, Nilsson G E. Brain blood flow and blood pressure during hypoxia in the epaulette shark (Hemiscyllium ocellatum), a hypoxia tolerant elasmobranch［J］. J Exp Biol, 1999, 202: 829－835.

88 Axelsson M, Fritsche R. Effects of exercise, hypoxia and feeding on the gastrointestinal blood flow in the Atlantic cod Gadus morhua[J]. J Exp Biol, 1991, 158: 181－198.

89 Van der Linden A, Verhoye M, Nilsson G E. Does anoxia induce cell swelling in carp brains? Dymanic in vivo MRI measurements in crucian carp and common carp[J]. J Neurophysiol, 2001, 85: 125－133.

90 Walsh P J, Veauvy C M, McDonald M D, et al. Piscine insights into comparisons of anoxia tolerance, ammonia toxicity, stroke and hepatic encephalopathy［J］. Comp Biochem Physiol, 2007, 147A: 332－343.

91 Felipo V. Butterworth R F. Neurobiology of ammonia[J]. Prog. Neurobiol, 2002, 67: 259－279.

92 Randall D J, Ip Y K. Ammonia as a respiratory gas in water andair-breathing fishes. Respir Physiol Neurobiol, 2006, 154: 216－225.

93 Tsui T K N, Randall D J, Hanson L, et al. Dogmas and controversies in the handling of nitrogenous wastes: ammonia tolerance in the oriental weather loach, Misgurnus anguillicaudatus[J]. J Exp Biol, 2004, 207: 1977－1983.

94 Yuen K Ip, Bee K Peh, Wai L, et al. Effects of intra-peritoneal injection with NH4Cl, urea or NH4Cl$^+$ urea on nitrogen excretion and metabolism in the African lungfish Protopterus dolloi[J]. J Exp Zool, 2005, 303A: 272－282.

95 Brusilow S W. Hyperammoniemic encephalopathy[J]. Medicine, 2002, 81: 240－249.

96 Gesser H, Jorgensen E. pHi, contractility and Ca-balance under hypercapnic acidosis in the myocardium of different vertebrate species[J]. J Exp Biol, 1982, 96: 405－412.

97 Farrell A. P. A protective effect of adrenaline on the acidotic teleost heart[J]. J Exp Biol, 1985, 116: 503－508.

98 Farrell A P, MacLeod K. Chancey B. Intrinsic mechanical properties of the perfused rainbow trout heart and the effects of catecholamines and extracellular calcium under control and acidotic conditions ［J］. J Exp Biol, 1986, 125: 319－345.

99 Sundin L. Nilsson S. Arterio-venous branchial blood flow in the Atlanticcod Gadus morhua[J]. J Exp Biol, 1992, 165: 73－84.

100 Davie P S, Farrell A P. The coronary and luminal circulations of the myocardium of fishes[J]. Can J Zool, 1991, 2: 158－164.

101 Stecyk J A W, Stensløkken K O, Farrell A P, et al. Maintained cardiac pumping in anoxic crucian carp[J]. Science, 2004, 306: 77.

102 Stecyk J A W, Farrell A P. Regulation of the cardiorespiratory systemof common carp (Cyprinus

carpio) during severe hypoxia at three seasonal acclimation temperatures[J]. Physiol Biochem Zool, 2006, 79: 614 - 627.

103 Stecyk J A W, Farrell A P. Effects of extracellular changes onspontaneous heart rate of normoxia-and anoxia-acclimated turtles (Trachemysscripta)[J]. J Exp Biol, 2007, 210: 421 - 431.

104 Gooding R M, Neill W H. Dizon A E. Respiration rates and low-oxygen tolerance limits in skipjack tuna, Katsuwonus pelamis[J]. Fisheries Bull, 1981, 79: 31 - 48.

105 Burggren W, McMahon B, Powers D. Environmental and metabolic animal physiology[M]. New York: Wiley-Liss, 1991.

106 Jensen F B, Fago A. Weber R E. Fish physiology[M]. San Diego: Academic Press, 1998.

107 Rausch R N, Crawshaw L I, Wallace H L. Effects of hypoxia, anoxia, and endogenous ethanol on thermoregulation in goldfish, Carassius auratus[J]. Am J Physiol, 2000, 278: R545 - R555.

108 Bicego K C, Barros R C, Branco L G. Physiology of temperature regulation: comparative aspects [J]. Comp Biochem Physiol, 2007, 147A: 616 - 639.

109 Tufts B L, Perry S F. Fish physiology[M]. New York: Academ, 1998.

110 Nikinmaa M, Salama A. Fish physiology[M]. San Diego: Academic Press, 1998.

111 Tufts B L, Randall D J. The functional significance of adrenergic pHregulation in fish erythrocytes [J]. Can J Zool, 1998, 67: 235 - 238.

112 Perry S F, Gilmour K M. Consequences of catecholamine release on ventilation and blood oxygen transport during hypoxia and hypercapnia in anelasmobranch Squalus acanthias and a teleost Oncorhynchus mykiss[J]. J Exp Biol, 1996, 199: 2105 - 2118.

113 Val A L. Organic phosphates in the red blood cells of fish[J]. Comp Biochem Physiol, 2000, 125A: 417 - 435.

114 McKenzie D J, Wong S, Randall D J, et al. The effects of sustained exercise and hypoxia upon oxygen tensions in the red muscle of rainbow trout[J]. J Exp Biol, 2004, 207: 3629 - 3637.

115 Pelster B, Randall D J. Fish physiology[M]. San Diego: Academic Press, 1998.

116 Gilmore K M. Fish Physiology[M]. New York: Academic Press, 1998.

117 Gallaugher P, Farrell A P. Fish physiology[M]. New York: Academic Press, 1998.

118 Tervonen V, Ruskoaho H, Lecklin T, et al. Salmon cardiac natriuretic peptide is a volume-regulating hormone[J]. Am J Physiol, 2002, 283: E353 - E361.

119 Nilsson G E, Östlund-Nilsson S. Does size matter for hypoxia tolerance in fish[J]. Biol Rev, 2008, 83: 173 - 189.

120 Lai J C, Kakuta I, Mok H O, et al. Effects of moderate and substantial hypoxia on erythropoietin levels in rainbow trout kidney and spleen[J]. J Exp Biol, 2006, 209: 2734 - 2738.

121 Boutilier R G, Dobson G, Hoeger U, et al. Acute exposure to graded levels of hypoxia in rainbow trout (Salmo gairdneri): metabolic and respiratory adaptations[J]. Respir Physiol, 1987, 71: 69 - 82.

122 Van Waversveld J, Addink A D F, Van den Thillart G. Simultaneous direct and indirect calorimetry on normoxic and anoxic goldfish[J]. J Exp Biol, 1989, 142: 325 - 335.

123 Johansson D, Nilsson G E. Törnblom E. Effects of anoxia on energy metabolism in crucian carp brain slices studied with microcalorimetry[J]. J Exp Biol, 1995, 198: 853 - 859.

124 van Ginneken V, Nieveen M, VanEersel R, et al. Neurotransmitter levels and energy status in brain

of fish species withand without the survival strategy of metabolic depression[J]. Comp Biochem Physiol, 1996, 114A: 189 - 196.

125 Hand S C, Hardewig I. Downregulation of cellular metabolism duringenvironmental stress: mechanisms and implications[J]. Ann Rev Physiol. 1996, 58: 539 - 563.

126 Hochachka P W, Buck L T, Doll C J, et al. Unifying the ory of hypoxia tolerance: molecular metabolic defense and rescue mechanisms for surviving oxygen lack[J]. Proc Natl Acad Sci USA, 1996, 93: 9493 - 9498.

127 Storey K B, Storey J M. Metabolic rate depression in animals: transcriptional and translational controls[J]. Biol Rev, 2004, 79: 207 - 233.

128 Nilsson G E, Rosén P, Johansson D. Anoxic depression of spontaneouslocomotor activity in crucian carp quantified by a computerized imaging technique[J]. J Exp Biol, 1993, 180: 153 - 163.

129 Renshaw G M C, Kerrisk C B, Nilsson G E. The role of adenosine in the anoxic survival of the epaulette shark, Hemiscyllium ocellatum[J]. Comp Biochem Physiol, 2002, 131B: 133 - 141.

130 Secor D H, Gunderson T E. Effects of hypoxia and temperature onsurvival, growth, and respiration of juvenile Atlantic sturgeon, Acipenser oxyrinchus[J]. Fish Bull, 1998, 96: 603 - 613.

131 Pichavant K, Person-Le-Ruyet J, Le Bayon N, et al. Effects of hypoxia on growth and metabolism of juvenile turbot[J]. Aquaculture, 2000, 188: 103 - 144.

132 Taylor J C, Miller J M. Physiological performance of juvenile southernflounder, Paralichthys lethostigma, in chronic and episodic hypoxia[J]. J Exp Mar Biol Ecol, 2001, 258: 195 - 214.

133 Zhou B S, Wu R S S, Randall D J, et al. Bioenergetics and RNA/DNA ratios in the common carp (Cyprinus carpio) under hypoxia[J]. J Comp Physiol, 2001, B171: 49 - 57.

134 Foss A, Evensen T H, Oiestad V. Effects of hypoxia and hyperoxia on growth and food conversion efficiency in the spotted wolfish Anarhichas minor (Olafsen)[J]. Aquaculture Res, 2002, 33: 437 - 444.

135 Bernier N J, Craig P M. CRF-related peptides contribute to the stress response and the regulation of appetite in hypoxic rainbow trout[J]. Am J Physiol, 2005, 289: R982 - R990.

136 Wang S H, Yuen S F, Randall D J, et al. Hypoxia inhibits fish spawning viaLH-dependent final oocyte maturation[J]. Comp Biochem Physiol, 2008, 148C: 363 - 369.

137 Wu R S S, Zhou B S, Randall D J, et al. Aquatic hypoxia is an endocrine disruptor and impairs fish reproduction[J]. Envir Sci Tech, 2003, 37: 1137 - 1141.

138 Thomas P, Rahman S, Kummer J, et al. Neuroendocrine changes associated with reproductive dysfunction in atlantic croaker after exposure to hypoxia[M]. Baltimore: Society of Environmental Toxicology and Chemistry, 2005.

139 Landry C A, Steele S L, Manning S, et al. Long term hypoxia suppresses reproductive capacity in the estuarine fish, Fundulus grandis. Comp[J]. Biochem. Physiol, 2007, 148A: 317 - 323.

140 Shang E H H, Yu R M K, Wu R S S. Hypoxia affects sex differentiation and development, leading to a male-dominated population in zebrafish (Daniorerio)[J]. Environ Sci Tech, 2006, 40: 3118 - 3122.

141 Gracey A Y, Troll J V, Somero G N. Hypoxia-induced gene expression profiling in the euryoxic fish Gillichthysmirabilis[J]. Proc Natl Acad Sci USA, 2001, 98: 1993 - 1998.

142 van der Meer D L, Van den Thillart G E, Witte F, et al. Gene expression profiling of the long-

term adaptive response to hypoxia in the gills of adult zebrafish[J]. Am J Physiol, 2005, 289: R1512 -R1519.

143 Gracey A Y. Interpreting physiological responses to environmental change through gene expression profiling[J]. J Exp Biol, 2007, 210: 1584 - 1592.

144 Ju Z, Wells M C, Heater S J, et al. Multiple tissue gene expression analyses in Japanese medaka (Oryzias latipes) exposed to hypoxia[J]. Comp Biochem Physiol, 2007, 145C: 134 - 144.

145 Bosworth C A 4th, Chou C W, Cole R B, et al. Protein expression patterns in zebrafish skeletal muscle: initial characterization and the effects of hypoxic exposure [J]. Proteomics, 2005, 5: 1362 - 1371.

146 Smith R W, Cash P, Ellefsen S, et al. Proteomic changes in thecrucian carp brain during exposure to anoxia[J]. Proteomics, 2009, 9: 2217 - 2229.

147 Richards J G, Sardella B A, Schulte P M. Regulation of pyruvatede hydrogenase in the common killifish, Fundulus heteroclitus, during hypoxia exposure [J]. Am J Physiol, 2008, 295: R979 - R990.

148 Jibb L A. Richards J G. AMP-activated protein kinase activity duringmetabolic rate depression in the hypoxic goldfish, Carassius auratus[J]. J Exp Biol, 2008, 211: 3111 - 3122.

149 Stensløkken K O, Ellefsen S, Stecyk J A W, et al. Differential regulation of AMP-activated kinase and AKT kinasein response to oxygen availability in crucian carp (Carassius carassius)[J]. Am J Physiol, 2008, 295: R1403 - R1414.

150 Nilsson G E. The adenosine receptor blocker aminophylline increases anoxic ethanol production in crucian carp[J]. Am J Physiol, 1991, 261: R1057 - R1060.

151 Bernier N, Harris J, Lessard J. et al. Adenosine receptor blockade and hypoxia-tolerance in rainbow trout and Pacific hagfish. I. Effects on anaerobic metabolism[J]. J Exp Biol, 1996, 199: 485 - 495.

152 Lu G, Mak Y T, Wai S M, et al. Hypoxia-induced differential apoptosis in the central nervous system of the sturgeon (Acipenser shrenckii)[J]. Microscopy Res. Tech, 2005, 68: 258 - 263.

153 Sørensen C, Øverli Ø, Summers C H, et al. Social regulation of neurogenesis in teleosts[J]. Brain Behav Evol, 2007, 70: 239 - 246.

154 Thompson E. B. Special topic: apoptosis[J]. Ann Rev Physiol, 1998, 60: 525 - 532.

155 Bras M, Queenan B, Susin S A. Programmed cell death via mitochondria: different modes of dying [J]. Biochemistry (Mosc.), 2005, 70: 231 - 239.

156 Poon W L, Hung C Y, Nakano K, et al. An in vivo study of common carp (Cyprinus carpio L.) liver during prolonged hypoxia[J]. Comp Biochem Physiol, 2007, D2: 295 - 302.

157 Krauss S, Zhang C Y, Lowell B B. The mitochondrial uncoupling-protein homologues[J]. Nature Rev Mol Cell Biol, 2005, 6: 248 - 261.

158 Korshunov S S, Korkina O V, Ruuge E, et al. Fatty acids as natural uncouplers preventing generation of O_2^- and H_2O_2 by mitochondria in the resting state[J]. FEBS Lett, 1998, 435: 215 - 218.

159 Watson W, Walker Jr J J. The world's smallest vertebrate, Schindleria brevipinguis, a new paedomorphic species in the family Schindleriidae (Perciformes: Gobioidei) [M]. Records of the Australian Museum, 2004.

160 Kottelat M, Britz R, Hui T H, et al. Paedocypris, a new genus of Southeast Asian cyprinid fish

with a remarkable sexual dimorphism, comprises the world's smallest vertebrate[J]. Proc. R. Soc. Lond. B, Biol. Sci, 2006, 273: 895 - 899.

161 Frimodt C. Multilingual illustrated guide to the world's commercial coldwater fish[M]. Oxford: Fishing News Books, 1995.

162 Chen C T, Liu K W, Young S J. Elasmobranch biodiversity, conservation and management, Proc. Int. Seminar and workshop in Sabah, Malaysia[M]. IUCN, Gland, Switzerland, 1999.

163 Schmidt-Nielsen K. Scaling: Why is animal size so important [M]. Cambridge: Cambridge University Press, 1984.

164 Bellwood D R, Fisher R. Relative swimming speeds in reef fish larvae[J]. Mar Ecol Prog Ser, 2001, 211: 299 - 303.

165 Sloman K A, Wood C M, Scott G R, et al. Tribute to R. G. Boutilier: the effect of size on the physiological and behavioural responses of oscar, Astronotus ocellatus, to hypoxia[J]. J Exp Biol, 2006, 209: 1197 - 1205.

166 Burleson M L, Wilhelm D R. Smatresk N J. The influence of fish size on the avoidance of hypoxia and oxygen selection by largemouth bass[J]. J Fish Biol, 2001, 59: 1336 - 1349.

167 Robb T, Abrahams M V. Variation in tolerance to hypoxia in a predator and prey species: an ecological advantage of being small[J]. J Fish Biol, 2003, 62: 1067 - 1081.

168 Nilsson G E, Östlund-Nilsson S, Penfold R, et al. From record performance to hypoxia tolerance — respiratory transition in damselfish larvae settling on a coral reef[J]. Proc R Soc Lond B Biol Sci, 2007, 274: 79 - 85.

6

在水中和空气中"呼吸"：空气呼吸的鱼类

杰弗里·B·格雷厄姆(Jeffrey B. Graham)，
尼古拉斯·C·韦格纳(Nicholas C. Wegner)

6.1 前言

在某些紧急情况条件下，如暴露于低氧水域或阻碍鳃呼吸时，一些鱼类会采取呼吸空气作为辅助呼吸方式。现存的 2.8 万余种鱼类均利用鳃与水环境进行氧和二氧化碳交换。然而，接近 400 种生物能够呼吸空气，这些生物隶属于 50 个种系，包括 17 类硬骨鱼。呼吸空气的能力使这些鱼类得以生存，并且占据无法用鳃呼吸的鱼类栖息地。在这些呼吸空气的鱼类当中，形成这一特殊能力的主要原因是暴露于慢性或周期性低氧的环境。

鱼类是重要的并且首先进行空气呼吸的脊椎动物，因此在有关脊椎动物低氧适应的书籍中，描述鱼类空气呼吸的章节是必不可缺的[1]。有大量文献报道了鱼类的空气呼吸适应性[1-3]及如何跃出水面呼吸的相关内容[4]。本章通过 3 个案例阐述低氧和动脉氧摄取如何影响不同鱼种的行为、生理和自然进化。

6.2 氧和水

随着越来越多的学科出现交叉，如生理学、野外生态学、环境生物学，因此需大量精确的术语来描述水是如何影响呼吸的。本书第 1 章已描述水中氧含量远低于空气。空气中氧浓度为 20.95% 或约 210 ml/L，相反，空气饱和的 25 ℃ 淡水氧含量仅为 6.3 ml/L，而空气饱和的 25 ℃ 海洋水含氧量仅为 5.0 ml/L。由于有必要区分溶解在水中的氧体积（比如，ml/L）和水氧分压（PwO_2），即氧在水中的张力，所以理解"空气饱和水"这个术语有重要的意义。在海平面，大气压力是 1 atm（$=760$ Torr≈ 760 mmHg$=101.3$ kPa）。当大气水蒸气饱和度为 100% 且温度为 25 ℃ 时，PO_2 的计算如下：

$$PO_2 = (760-24) \times 0.209\ 5 = 154.2\ mmHg\ (=20.6\ kPa=0.206\ atm)$$

式中，760 mmHg 是总大气压力，25 ℃ 水蒸气压力为 24 mmHg，0.2095 为空气中的氧浓度。25 ℃ 空气饱和水（例如，与空气充分扩散平衡）的 PO_2 与空气 PO_2 相同（154.2 mmHg$=20.6$ kPa），由于水的氧溶解度较低导致水中氧含量降低；PO_2 和氧的溶解度之间的关系可以通过 Henry 定律描述：

$$[O_2] = \alpha PO_2$$

上式中，$[O_2]$ 是指氧浓度（ml/L），α 为氧溶解度和电容系数（1 atm 条件下 1 升水中溶解的氧）。如第 1 章中表 **1.1** 中所述，温度和盐浓度会降低这个系数，所以，解读氧浓度信息时必须考虑到二者对其的影响。然而，PwO_2 易与大气 PO_2 达到平衡，两者之差决定氧弥散的方向和速度。水和空气的相对 PO_2 引出"饱和度百分比"的概念（PwO_2/空气 $PO_2 \times 100\%$），此概念使得描述水中相对氧含量的术语更易理解，例如"正常含氧量"（水中 70%~100% 氧饱和度），"高氧量"（PwO_2 高于空气，亦称为过饱和），"低氧量"（$PwO_2<70\%$）。此外，"中度""严重""极端"和"无氧"等措辞可进一步定义低氧水平。最后，水或空气和血液中的 ΔPO_2 决定不同阶段氧从呼吸器官弥散至线粒体的时间，从而导致 PO_2 降低。

6.3　水中低氧和鱼类呼吸空气

6.3.1　栖息地

一篇有关鱼类呼吸的综述[3]记录了不同水生环境中的低氧事件。目前的讨论限于浅水栖息地的低氧，因为空气可以进入那里，鱼类就可以呼吸空气。水中氧的耗竭主要是取决于生物需氧量（biological oxygen demand，BOD；生物群的呼吸作用，包括细菌分解）。水生植物的光合作用和大气中氧的弥散作用可增加水中氧含量，这得益于对流和混合过程，如气流和潮汐流，以及风和热驱动的循环。根据氧来源和水域之间的平衡，浅水区在白天会变得高氧，而在夜间孤立的潮间带则会低氧，例如，在白天低潮区会变成高氧（由于在封闭的体积内，光合作用产氧效率高）[5-6]。类似地，在涨潮期间，海水通过水下泥洞的混合和渗透，可以维持洞穴水的氧水平，供给鱼类充足的呼吸。然而，在退潮的时候，洞穴的水停滞，高 BOD 和泥浆的骤减会很快耗尽贮存的氧，这就要求鱼到洞穴口[7]或陆地上[8]呼吸空气。

低氧通常发生在热带和温带沼泽及被淹没的森林中，这些森林被大量的植被覆盖，透光性和混合性均较低。热带水域的温度变化不大，但许多淡水栖息地的氧化作用会随着不同季节的流动水和固定水域的条件而改变。当光照温度超过 41 ℃，流动的水蒸气将变为孤立的水池[9]。由于林冠的低透光性和生活在水中的高密度生物，非洲中部和邻近地区的纸莎草森林始终处于低氧状态。在亚马逊地区，长期低氧的情况也会发生，鱼类生存的水域水温为 28～31 ℃、pH 值低至 3.5 时，该水域含氧浓度为 0.4～2.0 ml/L（根据温度的不同，饱和度大约在 5％～36％）[3,10-11]。

6.3.2 鱼类空气呼吸的环境

鱼类的呼吸包括水中呼吸（水生呼吸）或陆地呼吸（两栖呼吸）。水生呼吸的鱼类在水面上吸入空气，并将其储存在呼吸器官中，氧经呼吸上皮吸收入血并输送到全身。当空气中的大部分气体被吸收时，鱼就会呼出气体并启动下一次呼吸运动。

水生呼吸分为两类：兼性和连续性空气呼吸。兼性呼吸空气者通常是在特定的环境条件下，如低氧的环境下使用空气呼吸。连续呼吸空气者则为规律性地吸入空气，即使在常氧水中亦如此。这种呼吸行为通常为生活在慢性低氧或频繁低氧环境下的物种的特征[12]。

"串联"或者环路模式[1,3,13]对大多数呼吸空气的鱼类造成困扰，即通过呼吸器官获得的氧进入静脉循环，存在混入其他低氧静脉血流返回心脏的风险。而且血液在抵达身体之前必须通过鱼鳃，这就存在氧弥散至低氧水的可能性。因此，南美肺鱼、美洲肺鱼和非洲肺鱼这三类鱼有着特殊的心脏特征、鱼鳃结构和血循环，目的是为了减少呼吸器官和其他静脉的接触，减少反式鳃氧的流失。少数其他鱼类也是如此，例如多鳍鱼和芦鳗属（多鳍鱼和绳鱼）、裸臀鱼类（非洲长刀鱼）、弓鳍鱼属（弓鳍鱼）和月鳢（黑鱼）[1]。减少鳃的面积也就减少了跨鳃氧流失的可能性，一些连续的空气呼吸者由于必须呼吸空气，所以它们的鳃区很小[1]。另一些鱼类在每次呼吸的时候，调节通过鳃的水流和血流保存氧。在上述例子中，水流和血流不匹配将富含氧的血液通过正在通气的鳃，使水中的氧流失降到最少[3,14]。

两栖类呼吸者不能接触水，因脱水后存在鳃的脱水以及鳃在维持二氧化碳释放和离子酸碱平衡失调等的功能障碍的风险[1,3]。两栖类呼吸鱼类包括肺鱼、沼泽鳗鱼（合鳃鱼科）、骨甲鲶鱼（骨甲鲶科），以及一些其他的出现在低热带沼泽中的物种，其经历了极端的旱季条件所出现的小池塘完全干旱[1,4,15]。许多海潮鱼在退潮时也会暴露在空气中[4,16-20]。生活在拥挤沿海的鱼类，在低潮时逐渐低氧，最初可能是兼性空气呼吸，当低氧变得逐渐严重时，它们就会从水里冒出来进行空气呼吸（如杜父鱼科、寡杜父鱼属和刺鳍鱼）[5,18,21-22]。红树林鳉鱼占据独特的、水面上的栖息地，比如在落叶和漂浮的原木的白蚁洞里[23-24]。尽管在很多情况下，两栖动物的空气呼吸是由于栖息地的水消失从而导致低氧，但是，一些潮间带鱼的自然行为，如鳉和弹涂鱼则是为了利用空气和水表面的资源从而露出水面[4,16,25]。

6.4 空气呼吸鱼概览

在化石记录、古气候学和现存鱼类的进化关系的大背景下，现代鱼类呼吸的组合方式解释了实验室研究和现场数据。

6.4.1 种系发生

脊椎动物呼吸适应的许多方面都根植于鱼类的进化史。图 6.1 描述和总结了鱼类的进化史[26-28]。鱼类是最早的脊椎动物，椎体支撑使它们区别于在寒武纪早期形成的低级脊椎动物（50 亿年以前）[29]。第一批鱼是无颚的，可能用鳃过滤来进食和呼吸。泥盆纪被称为"鱼类时代"，见证了从无颚鱼到有颚鱼的演变，盾皮鱼是第一个有鱼下颌和所有其他颌类脊椎动物的姊妹群（即颌类），刺鲛（带刺的鲨鱼）以及早期鲨鱼和硬骨鱼类（整骨鱼＝真口鱼）[28,30]，包括硬骨鱼的两大类——肉鳍鱼和雷鳍。泥盆纪水域还存在着一群肌鞭虫，它们与肺鱼关系密切，并产生了早期的四足动物，在泥盆纪晚期首次进入陆地[28,31-32]。尽管在泥盆纪，骨鱼和肺鱼都有多样性且仍然存在，但是在古生代结束之前，盾皮鱼和棘皮动物都灭绝了（见图 6-1）。

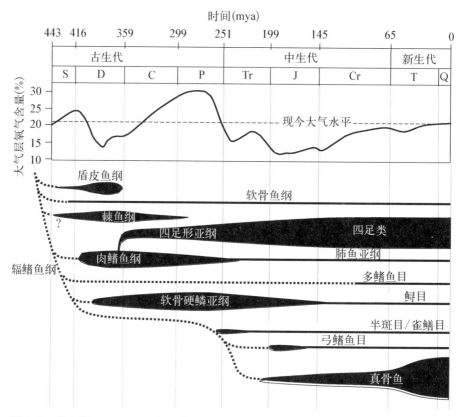

图 6 - 1 从志留纪(443 mya)至今，鱼类的进化和大气氧水平变迁。虚线显示群体间假定的系统演变关系。相对带厚度表明了不同类群的化石出现和可能的多样性。汇编来自[26,29-31,33]。氧水平显示的是相对于现今大气水平[34-35]。地质时期的缩写：S，志留纪；D，泥盆纪；C，石炭纪；P，二叠纪；Tr，三叠纪；J，侏罗纪；Cr，白垩纪；T，第三纪；Q，第四纪

　　百万年前中生代(251—65 mya)按照顺序出现了辐射、生物多样性和不同种类的射线鳍，包括鲟目(鲟鱼、鲟属)、半椎鱼科(雀鳝目的祖先，雀鳝属和大雀鳝属)和弓鳍鱼。起源于中生代的真骨鱼类(真骨附类)，是最大的骨类鱼亚群，且包括96%的鱼类[30]；其主要辐射进化发生在新生代(≤65 mya)。

6.4.2　古大气层和空气呼吸鱼类

　　地球化学数据显示整个地球时代大气氧水平近似，这为认识高氧和低氧大气在生物区系进化中可能扮演的角色提供了新视角。氧的记录早在古生代就已存在(见图 6 - 1)。表明氧相对于目前大气水平的减少和增加均为20.95%。氧含量在中后期泥盆纪和早三叠世、早侏罗世和早白垩世均较低，仅12%～17%。从石炭纪开始，氧的浓度稳定上升到30%以上，一直持续到二叠纪早期，然后氧

急剧下降。

大气氧浓度较低会影响呼吸和代谢，进一步加剧水低氧的程度，并可增加肺鱼等群体的呼吸选择。晚期古生代和早期中生代类群生活在较低的大气氧环境。除鲟形目外，大多数中生代鱼类的祖先是呼吸空气的生物，包括阿米巴鱼、瘦鳍鱼和苍术鱼，还有其他一些呼吸空气的基底硬骨鱼，包括骨舌鱼目（见图6-1）。

相反，大气中氧浓度增加可能会增强水中和陆地上生物的有氧活动，并促进生物体的代谢转变，其中氧弥散是呼吸作用的一个关键特征。例如，昆虫呼吸高度依赖于气管内氧弥散，体积巨大和飞行这两大特征均需最大化的氧弥散，两者都发生在石炭纪—二叠超氧纪[36-38]。四足动物的出现发生在泥盆纪，当时大气中的氧很低。然而，早期四足动物主要出现在石炭纪，当时大气中的氧正在上升。将早期四足动物进化与大气氧联系起来的假说已经被提出[34-36,39]。

6.4.3 空气呼吸鱼类的多样性

Graham[1]列举出已知的空气呼吸鱼类参见本章附录。所有已知的空气呼吸的鱼都是骨鱼（Grade Teleostomi，Class Actinopterygii）[30]。现存物种的记录表明，空气呼吸在许多类群中独立进化。该研究还表明，空气呼吸很可能是在分化为翼鳍和叶鳍之前较早发生的。在脊椎动物进化的早期阶段，空气呼吸的唯一迹象是泥盆纪底栖动物化石中成对的、类似肺的结构。然而，将这些结构称为"肺"仍存在争议，需要进一步确认[1,40]。现存许多保存完好的沟鳞鱼化石，利用高分辨率X射线计算机断层扫描技术获得这些结构的精确形态学数据是可行的。

由于盾皮鱼类长期以来被认为是软骨鱼的祖先，所以有关沟鳞鱼的"肺"的报道，以及在现存的软骨鱼中没有出现呼吸结构的知识，促使人们推测空气呼吸鱼类是从盾皮鱼进化而来的，在软骨鱼中消失了，最后在硬骨鱼中又重新出现[1,41,42]。然而支持这个假设的证据并不充足[40,42-43]，现存空气呼吸鱼类的起源并不一致[1]，这种特化存在于单一的盾皮鱼中，并不能代表整个群体的特征。鲨鱼和鳐不存在空气呼吸，但不排除此为适应性改变的可能性，空气呼吸可能出现在生活于淡水沼泽的特定物种，如异棘鲨类（大型类似鳗鱼的古生代鲨鱼）。

6.4.4 肺和鱼鳔

鱼类可利用肺和鳔两者进行空气呼吸[1]。鱼类肺的特征包括：① 发育为后胚胎咽部的腹外突出部分；② 成对生长或双叶结构延伸到后部，主要（其动脉起源于第 3 和第 4 鳃弓，而肺静脉将富氧血液回流至心脏或其附近）。现存的肺鱼使用肺呼吸，但也使用鳃和皮肤进行水呼吸。另外，虽然腔棘鱼（一种与肺鱼和四足动物有关的原始叶鳍）不进行空气呼吸，但它有一个退化的、脂肪沉积的、类似于肺的器官，与肺循环相连。在辐鳍鱼中，只有多鳍鱼和二叠纪虫使用辅助肺呼吸。

鳔的特征包括：① 发育为后胚胎咽部背壁或侧壁的外囊；② 后生长是在背肠系膜内发生的单个或双叶管，占据了腹膜的上部；③ 或长或短的气道管连接，通常没有声门；④ 在大多数情况下，血液循环是通过非肺动脉流动和系统性环路，也就是说，在大多数情况下，通过背主动脉向腹腔或鱼鳔动脉供血，引流到肝门静脉系统或后主静脉[1]。

6.4.5 肺和鳔的同源性

图 6-2 显示鱼类和四足动物中肺和鳔的种族分布情况。尚无早期脊椎动物肺存在的化石证据。然而，从分化部位（后胚咽）来看，早期发育类型（腹中线部肺芽声门），以及形态学（肺隔膜和齿突），都强烈支持肺鱼和四足动物中肺的同源性的观点，并且将脊椎动物呼吸生理和鱼类起源联系在一起[1,40,42-46]。表 6-2 显示出辐鳍鱼纲多鳍鱼目的鱼类存在肺，与之类似，鱼鳔也至少存在于 8 个目、11 个科、19 个属中，其中包括原始非硬骨鱼类，比如雀鳝属和弓鳍鱼属，以及其他 6 种硬骨鱼目。

除了呼吸，鳔还发挥其他的功能，比如控制浮力、接收声音和产生声音。对照研究表明器官结构和功能改变与辐鳍鱼的进化是一致的，尤其是作为硬骨鱼类辐射到多种不同生态栖息地的结果[33,42-43]。通常来说，鳔的进化是从用鳔呼吸到不用鳔呼吸（即使一些种群出现鱼鳔作为空气呼吸器官的继发改变），从管鳔类到闭鳔类的过程[1,33]。

射线鳍鱼中肺和鳔同时存在成为两种器官进化关系的争议起源。达尔文观察到一个完整的浮力调节器官逐渐转化到完全的呼吸功能器官的过程，将之视为"有变化的传衍"。Darwin 观察[47]这样一个转化，需要腹腔内器官位置发生纵向改变，（比如从背侧到腹侧），以及鳔管与咽部连接点的 180°扭转。后来，进化论的证据指向最原始的器官不是鳔而是肺。这个复杂的证明过程中，运用了很多物种转化中间产物的实例，并被用于从相反的角度解释"传衍"，然而，这些证据仍然不足以令人信服[1]。

相关研究[40,46,48]证实，即使辐鳍鱼的肺和鳔都是在后咽部经早期胚胎组织

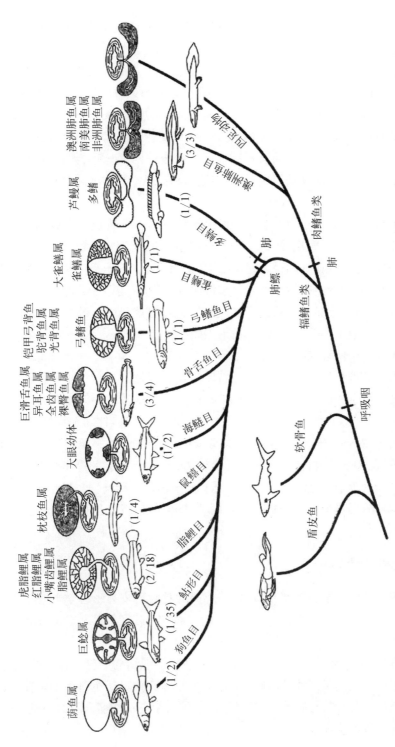

图 6-2　现存的四足动物和 10 个鱼目中肺以及起类似肺作用鳔的发生和结构多样性。每个鱼目中的数字指出的是鳔或肺的发生的相关科数（比如，鲶鱼目中 35 科中有 1 科应用鳔呼吸），列举出的属是有该器官的属。在每组中某一属（*）的横截面（前位象）展示出呼吸器官和实质与复杂性相对复杂性其位置复杂性进化管相关（椭圆图中所示）[1,40,49]。注意：许多现存的具有有管鳔的鱼类，其鳔不发挥呼吸功能，图中未显示

分化而来，但结构上存在较大差异，这使得肺独立起源假说或是功能肺到功能鳔的有序转化假说（依靠垂直迁移和翻转）都有一定的合理性。

　　然而经典观点认为，硬骨鱼类的肺是独立起源的，进而成为四足动物的呼吸空气器官[1]，并且也是多种辐鳍鱼形成呼吸鳔的形态条件。Perry[40]认为后呼吸咽部，即功能鳃弓后部为最初的空气呼吸器官，是硬骨鱼类空气呼吸器官肺和鱼鳔起源的共同部位。表6-2所指出，Perry[40]设想至少存在三个器官独立发生的起源部位，表明空气呼吸器官形态的一个决定性因素是胚胎期呼吸咽部器官原基的形成位置；腹侧原基形成了肺（肉鳍鱼和四足动物的肺起源与多鳍鱼无关），而背部或侧面的原基形成鳔。

　　Perry认为，拥有空气呼吸能力是底栖硬骨鱼的一个特点。自然选择压力作用于进化的不同历史时期，决定了空气呼吸器官表现为肺或鳔。从这篇文章中看，高度同源性表现在肺和鳔的超微结构（比如薄片高渗耐受体和Ⅰ与Ⅱ型细胞）和两种器官表面蛋白极为相似的化学特性，这很可能是基于二者存在共同的咽部组织起源。Perry认为胚囊的形成决定了血流方式（比如，肺循环由肺和一系列鳔组成），拓展了其关于呼吸咽共同起源的观点。然而，弓鳍鱼的存在并不支持这种观点，这种鱼同时有鳔和肺循环。

　　对有鳔鱼类群落的种群调查显示，特定空气呼吸器官类型在不同种群中独立起源部位也不尽相同。例如，在鲶鱼巨鲶科中呼吸鳔出现在巨鲶属中，但另外两个属并未出现（螺巨鲶属、巨无齿鲶属）。巨鲶科是鲶形目35个科之一，包括446个属，超过2 850个种[30]。鲶科进化分支图（见表6-3）显示出巨鲶并非底栖种群，并且在8个鲶科行空气呼吸，巨鲶是这些物种中仅有的鳔作为空气呼吸器官的物种。这表明呼吸鳔在巨鲶属中具有共同衍征的特点（如，起源于但不同于祖先种群），鲶形目中存在的空气呼吸的整体多样性，反映出这种适应性的独立起源。

6.4.6　上皮复合体

　　即使超微结构和细胞类型相似，鱼肺和鳔的呼吸上皮在形态学上是显著不同的（见图6-2、图6-4和图6-5）。例如在肺鱼中，存在极其复杂的三维的有分隔的肺实质[45,53-54]。

　　相反，多鳍鱼的肺（见图6-2和图6-5）缺少类似结构的复合体，呼吸上皮细胞排列形成壁但并未延伸到内腔[55]，这与多鳍鱼相似。从茵鱼中不延伸至内腔的扁平上皮，到大海鲢、巨鲶、枕枝鱼和其他种属中存在高度分隔的小室，呼吸鳔表面复合体各不相同[1,12,49]（见图6-2和图6-4）。

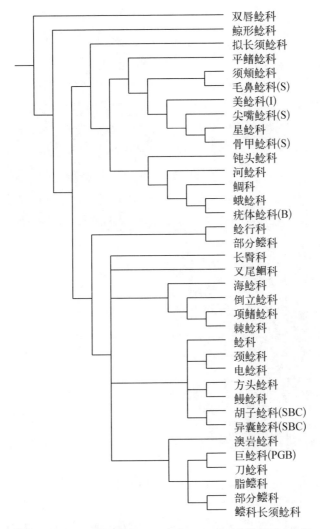

图6-3 鲶目种群发生史(1998年由Pinna修改[52])显示出空气
呼吸的科。括号中是它们的空气呼吸器官类型。B,口咽腔；I,肠
道；PGB,肺鳔；S,胃；SBC,鳃上腔

6.4.7 其他空气呼吸器官：鳔以外的空气呼吸

在许多种群中闭鳔的独立进化淘汰了鳔管,硬骨鱼鳔很大程度上不再有空
气呼吸功能。然而,随着硬骨鱼继续进化,转移到其他类型水域栖息,产生了辅
助空气呼吸的需求,导致了新型空气呼吸器官结构的发展。

Graham[1]综述了呼吸器官的结构细节和多样性,这里只需要简短的回

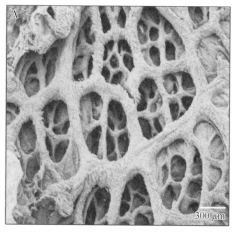

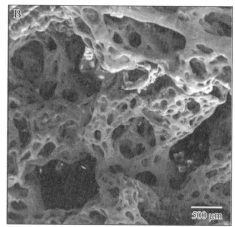

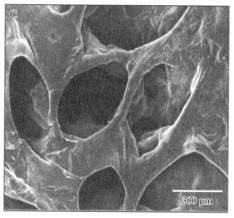

图6-4　呼吸系统扫描电镜图像显示非洲肺鱼
(A)的肺中肺泡样实质是由呼吸上皮覆盖的软骨基
质组成,以及大海鲢属(B)和巨鲶属(C)的鳔

顾。没有鳔作为空气呼吸器官的鱼种群则应用鳃(沼爬鳅属,鳎)、适应性调整
的鳃(电鳗属,电鳗或刀鱼)、特化的口咽上皮(弹涂鱼),或者皮肤(许多种群)
进行呼吸空气。通常来说,空气呼吸的两栖哺乳动物中几乎没有呼吸相关的
特化器官,也不用鳃或皮肤进行呼吸。塘鳢科侧叶脂塘鳢有特殊的皮肤呼吸
方式。在低氧的水中,侧叶脂塘鳢使闭鳔充满气体,明显增大浮力。前额浮出
水面,前额分布有密集的黏膜毛细血管网,血液充盈,发挥空气呼吸功能。大
多数淡水鱼比如迷鳃鱼和黑鱼也有闭鳔,已经进化出了用于空气呼吸的复杂
的鳃上腔。在这些鲶鱼中(见图6-3),大部分是有闭鳔的,一些鲶鱼物种(胡
鲶属、异鳃鲶属、脂鳍胡鲶属)有复杂精细的呼吸树突,从鳃弓发出至鳃上室。
这和囊鳃鲶科向后延伸到生肌节的鳃室中成对的肺样突出物密切相关。各种
群充分利用食管(黑鱼)、胃(骨甲鲶)、肠管(美鲶科;迷鳃鱼)和鳔管(鳗鲡属,
鳗)作为空气呼吸器官。

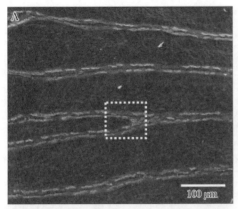
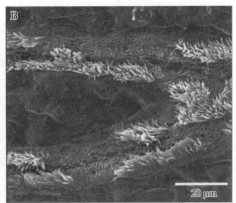

图 6-5 九角龙多鳍鱼(5.7 g)肺内表面扫描电镜图像。(A)显示了纤毛沟，一个分叉，与肺长轴平行分布，包含的颗粒细胞和黏液细胞组成了呼吸上皮的边界(B、C)。A 图方框区域的放大，可见纤毛细节和呼吸上皮的小褶皱

6.5 低氧和空气呼吸鱼类的案例研究

以下是关于鱼类空气呼吸研究的 3 个案例。这些研究显示了空气呼吸与水生生物低氧环境之间的联系，同时证明了比如地质时代、环境改变及生态机会等因素在特化过程中的影响。图 6-6 显示了低氧和空气呼吸与这些因素之间的关系。

非空气呼吸鱼类生活在含氧量正常的水中，在低氧时最重要的行为反应是游弋搜寻包括浅滩和水面等氧浓度更高的区域。许多种类的鱼在水面呼吸，鱼吻部尽量靠近水面，距水面几毫米处的富氧水通过弥散到达鳃部[1,3]。低氧后事件是低氧诱导因子 1α(HIF-1α)的活化，激活相关基因，以提升机体氧运输能力（如促红细胞生成素、血红蛋白上升，血管增生等）或触发体内代谢性调节（基因层面调控无氧呼吸和氧消耗率）。HIF-1α 活化是一种古老的对低氧环境的适

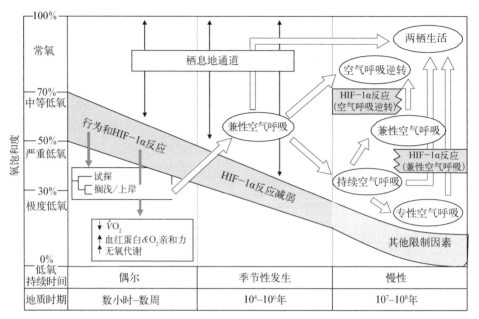

图 6-6 综合适应低氧环境的各方面因素,以及选择机制在不同时期发挥作用,导致在不同鱼类种群中出现空气呼吸和陆生行为。行为应答如水面呼吸使鱼类接近水表面,增加了无意吸入空气的可能性,这可能是空气呼吸起源的主要因素。为低氧环境和空气呼吸做出的特殊改变可能导致 HIF 活化反应机制的下调

应性反应,最早出现于真核细胞,多细胞生物出现更早[56-57]。该机制在低氧调节中的作用在水呼吸和空气呼吸鱼类中均已经得到证明[21,22,56,58],同时,如图 6-6 中所示,该机制增强非空气呼吸鱼类在不稳定的短时间(如数小时到数周)对低氧水域环境中的适应能力。在这样的环境下,HIF-1α 表达活化在自然选择下不断加强(如对 HIF-1α 活化高效应答的个体生存下来并遗传给下一代),在那些长期生活在严重低氧水域的群体中,HIF-1α 活化调控下的一系列适应性反应和触发 HIF-1α 活化的阈值可能都会改变。

多种种群的空气呼吸起源都可能与行为和 HIF-1α 活化反应之间的相互作用有关。许多行为特征、形态学特征和生理学特征都与水面呼吸有关。例如,一些物种吸入空气,无论它是无意或有意为之,都会造成自身浮力增加以进行更高效的水面呼吸[1,3,59-61]。有时,吸入的空气中所包含的氧也会混合于鱼类常规呼吸中,正是这一点,以及地质时期跨度、被暴露于极端(长期的低氧环境)或可能规律性(季节)的低氧事件等因素,选择出了像蚤状鲶鱼等兼性空气呼吸物种(见图 6-6 和案例 1)。兼性空气呼吸的出现革命性地拓展了适合生存的栖息地,虽然 HIF-1α 活化的诱导作用能够在空气呼吸中发挥作用,但诱发阈值以

及诱发后的效能都会因为存在另一条获得氧的辅助通路而降低。

在漫长的地质演化过程中，气候变化、种族的多元化及生态位辐射至富氧栖息地驱动了强大的自然选择，筛选出拥有更为高效空气呼吸的物种，这或许是持续空气呼吸物种的起源，使之逐渐在形态与生理学上发生演变，比如减少鳃的面积以降低潜在的失氧风险，最终过渡为专性空气呼吸（见表 6-6）。在长达 1 000万至 1 亿年中，长期处于低氧的自然环境导致出现不同种群的呼吸特性，后者减弱了水中低氧介导的 HIF-1α 活化的重要性（例如案例 2 中显示南美肺鱼和非洲肺鱼在很大程度上逃离了水中氧环境的限制），增加了栖息地的选择范围。栖息地的选择受到食物缺乏和水质恶劣（低氧环境的产物，以及诸如硫化氢等沉淀物）的限制。相反，在漫长的地质时期中逐渐形成的生态辐射，种群进入富氧的栖息地，可以缓解针对空气呼吸的自然选择压力。这种现象已经在一些栖息于非洲小溪中的鲶鱼得到证实[1]，也有可能已在澳洲肺鱼中出现（案例 2）。

向陆地的过渡是鱼类空气呼吸的另一个研究方向，案例 3 在鰕虎鱼中进一步探索这个问题，鰕虎鱼是在低氧环境和空气呼吸方面表现出多样化的种群，几近开创滩涂生态位，成为两栖生命起源的触发点。

6.5.1 案例 1——过渡到空气呼吸：骨甲鲶科模型

本案例研究考察了在骨甲鲶科中的吸口装甲鲶鱼的兼性空气呼吸的进化和生理过程。图 6-3 显示，骨甲鲶是 4 种鲶行目（骨甲鲶科、尖嘴鲶科、美鲶科、毛鼻鲶科）中的 1 种，它们可以用胃或肠作为空气呼吸器官。对这些物种的空气呼吸进行了调查[1]。关于这一进化分枝的另外 2 个种系（见图 6-3），Gee[62] 发现了长丝视星鲶属的胃里没有空气。目前尚不清楚这种种系的其他物种（约 54种）或线虫（家族丝鼻鲶虫中的唯一物种）体内是否存在空气呼吸。

骨甲鲶科约 92 属 680 种[30]。它们的长度从几厘米至 1 m，在各种各样的栖息地中都能找到，包括快速流动的河流到遍布南美热带地区的泛洪湖和沼泽，以及巴拿马和哥斯达黎加。骨甲鲶科主要是底栖生物，它的身体形态特征为腹部被压缩。它们的共同名字来源于其背部的盘状鳞片和腹侧鱼口，拥有而肉质的大鱼唇，后者通过刮去覆盖于底栖生物基质的细菌和藻类黏液来摄食。骨甲鲶科化石最早出现在古新世晚期到中新世早期（23 mya）。

6.5.1.1 行为、形态和进化

对于大多数骨甲鲶鱼科来说，呼吸的细节仍然是未知的；然而，至少有 10 个属的物种兼性空气呼吸是有记载的，所有这些都以胃为空气呼吸器官[1,61,63-65]。空气呼吸发生在 6 个骨甲鲶鱼科的 5 个亚科中，在其多样化和辐射进入需要辅

助空气呼吸的栖息地[61]中，似乎在每一组中独立产生。这种进化的早期阶段发生在鱼鳔演变为专注于声音探测器官之后(小且封闭，并被包裹在头骨中)。因此，鱼鳔不能再作为一个空气呼吸器官，当一个多样化的、辐射性群体在特定环境下需要空气呼吸时，胃便成为新的空气呼吸器官。胃作为空气呼吸器官的效用，通过食管和血管的结合，增强了它与空气源的接触。甲鲶科利用胃作为一种空气呼吸器官，平行于最初呼吸空气的鱼类，它们在后咽部吞咽并沉积空气[40,46]。此外，在低氧环境下，在浅水区寻找富氧水的过程中，骨甲鲶科发生空气表面接触并偶然间进行空气吞咽(见图6-6)[1,59]，便可能开始了对空气吞咽和空气呼吸的选择[1]。也许身体前部硬质保护层的不灵活性排除了扩张的上分支或后鳃腔的选择，类似于其他鲶鱼科(见图6-3)中作为空气呼吸器官的结构。尽管空气呼吸似乎会损害胃的摄食作用，但实验室观察显示空气呼吸对食物摄取率没有影响[1]。此外，大多数骨甲鲶科在相对短暂的食物匮乏时期(即热带干旱季节)使用胃作为空气呼吸器官，这将减少潜在的功能冲突[61]。

研究表明，骨甲鲶科中空气呼吸能力具有一定的范围。有些物种不呼吸空气(如细钩甲鲶属和新吸口鲶属)；毛口鲶属和姆身鲶属生活于水流湍急的河水中，低氧可能性低，它们吞咽空气，但不能像生活在水流流速低或季节性洪水和干旱地区的物种那样熟练地呼吸空气(如下口鲶属、钩鲶属、脂身鲶属、多辐翼甲鲶、锉鳞甲鲶属)[1,61-62]。

骨甲鲶科的空气呼吸与行为有关。最初暴露在低氧环境中会引发寻找更多氧的区域(见图6-6)。小型物种如锉甲鲶属进入浅水区域，并部分搁浅。尽管锉甲鲶属可呼吸空气，但在浅水中停留似乎是至关重要的。这个物种如果被限制在更深的水域，需要反复地游到水面上，否则就无法生存。因此，搁浅似乎与水面呼吸的功能等同[1,3,61-62,66]，同时有利于鳃和空气呼吸。当周围的水变成低氧的时候，一些潮间鱼(例如，科提兹、布里尼斯、鰕虎鱼)也会自己去海滩[1,4,5,16-17]。

大多数骨甲鲶科通过快速地游到水面，在空气中吞咽空气，并在返回底部时吞下空气。一旦氧耗尽，在向上游动之前或过程中便出现"打嗝"样排气(从鳃盖中排出)。当氧(没有被二氧化碳的体积取代，随水从鳃中流失)被吸收时，释放出的气体体积几乎和吸入气体一样，这意味着在每次呼吸后，胃空气呼吸器官都被完全清空了[67]。相互接近的骨甲鲶科经常会在几乎相同的时间释放空气，然后以同步的方式上升进行空气呼吸；这种行为是一种反捕食的适应性行为[1]。空气摄入除了提供氧之外，也可与摄食相关，其平衡浮力的作用有助于在垂直的表面或淹没的树根或树枝上觅食。多种骨甲鲶科属亦具有与食管-胃相连接的充气憩室。一些学者认为其具呼吸功能[64]；然而，它们的大小、形状、位置和壁厚均提示其主要功能为增加浮力[61]。

研究表明，骨甲鲶科的胃超微结构与生长于消化管内或管旁的其他空气呼吸器官（肺和鱼鳔）相似。研究发现胃的呼吸区域很薄，有大量的毛细血管以供氧摄取，而消化细胞数量减少（1998 年）[61,68-70]。一项对超过 40 个骨甲鲶科属消化道的形态学调查显示，根据呼吸空气相关胃的不同大小、位置和静脉引流模式可分为 8 个级别。在所有案例中，动脉供应都是通过腹腔动脉。然而，静脉回流（富氧血）到心脏，通过肝门循环，并通过肾间静脉到达后主静脉[1]。

6.5.1.2 空气呼吸生理学和生物化学

与大多数其他鱼类相似，骨甲鲶科通过增加鳃的通气来应对渐进的低氧，以维持它们的水面的 $\dot{V}O_2$，而不至于低于临界 PO_2（PO_2 crit）[1,67,71-72]（见第 5 章详细描述 PO_2 crit）。当 PwO_2 下降到阈值水平则触发兼性空气呼吸[65,71-72]。在大多数物种中，空气呼吸阈值 PO_2 比 PO_2 crit 高（即，在环境氧下降到常规水面 $\dot{V}O_2$ 不能持续的水平之前，鱼开始呼吸空气）[3]。在多数研究过的骨甲鲶科中，当 PO_2 保持在阈值或低于阈值时，兼性呼吸持续存在；PO_2 进一步减少则增加呼吸频率，而若 PO_2 高于阈值，空气呼吸则停止。这证明了兼性呼吸的重要性，使得鱼类在低氧水中可通过呼吸获得了氧。

兼性空气呼吸的发生通常与空气摄入所介导的心率和通气周期性变化的启动相关。这种启动是渐进的[67]，并且一些物种被调整至一定程度会表现出多态性[72]。当呼吸新鲜空气时，心率加速（即呼吸性心动过速）和鳃通气下降。几分钟后，氧含量降低，心率开始下降，鳃通气增加。这一变化减少了因串联循环所致的跨支气管氧丢失的可能。正常的呼吸通过交换面积（V/Q）的血液和水的氧容量（即总含量）密切匹配，达到最优气体传输[3]。在低通气量期间，空气呼吸过程中 V/Q 的转换使得富氧血液通过鳃（通过呼吸器官），从而最大限度地减少了跨支气管氧损失。这对骨甲鲶科来说很重要，因为它们没有减少鳃的面积。100 克条纹锉鳞甲鲶（20 000 mm²）[63]和 100 克的下口鲶（9 000 mm²）[74]均属于大多数无空气呼吸的淡水鱼类，并且高于大多数空气呼吸鱼类的鳃面积[1,75]。

如果低氧环境需要骨甲鲶科在较长时间内使用兼性空气呼吸，它会经历一系列的代谢变化，从而提高呼吸效率。其中主要的是血红蛋白（Hb）浓度的增加，以及红细胞内核苷三磷酸（如 ATP 和 GTP）的数量的减少，这导致 Hb - O_2 亲和力的左移（增加亲和力＝较低的 P_{50} 值）[67,76]。这种亲和性转移的机制是低氧诱导释放儿茶酚胺，随之激活红细胞膜上的 Na^+ - H^+ 交换器，引起细胞内的碱化和水的进入，导致磷酸盐的稀释[56,77]。亲和力的增加使鱼能够在低氧水里结合更多的氧；减少了氧在支气管内流失的可能性，降低PO_2crit，从而使鱼类在低氧的水中更加熟练地呼吸（见图6-7）。此外，钩鲶属经过两周的胃呼吸后，可以增加25%的空气呼吸[67]。尽管兼性空气呼吸在较长时间内不会影响空气

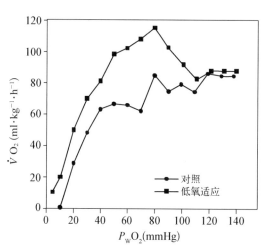

呼吸阈值，但其总效应是减少呼吸频率（胃体积大在每次呼吸时可吸入更多氧，并且由于Hb-O_2亲和力使得氧利用更多）。尽管兼性空气呼吸似乎可以消除环境低氧的影响，但在长时间的低氧暴露期间，在骨甲鲶科中Hb和Hb-O_2的亲和力的增加与HIF-1α的表达是一致的。在热带干旱季节，呼吸空气的鱼类（钩鲶属、下口鲶属、睡塘鳢）自然种群中Hb的增加可能是它们低氧和呼吸空气的先决条件（如果发生的话），也可能与季节变化相关的HIF-1α诱导机制有关[78]。

图6-7 比较25℃时PO_2对低氧适应的盔甲鲶鱼（Ancistrus Chagresi）和对照组水中$\dot{V}O_2$（无空气）的影响。低氧适应组在低氧环境下具有更高的Hb-O_2亲和力，并可维持较高的$\dot{V}O_2$[67]

总之，在大多数骨甲鲶科中，低氧适应依赖于兼性呼吸，这反过来又与水生环境对水生呼吸的整体影响有关。这一现象在行为学和HIF-1α引起的低氧适应两方面得以反映，即通过强化水呼吸来减少空气呼吸。

6.5.2 案例研究2——古老的空气呼吸鱼类：肺鱼

肺、鳃、心脏和血液循环中进行精细的修饰致使肺鱼（一种角齿鱼目）具有呼吸作用，使它们与几乎所有其他呼吸空气的鱼类区别开来[1]。本案例对现存的3种肺鱼属中低氧反应和呼吸进行了比较。

肺鱼化石首次出现在泥盆纪（416—359 mya），最早的一些化石类似于生命物种[27,31]。活的肺鱼分为3个不同的家族和属，每一种都生活在不同的大陆上：非洲肺鱼（非洲肺鱼科，非洲；共4种：*P. aethiopicus*、*P. amphibious*、*P. annectens*、*P. dolloi*）；美洲肺鱼（美洲肺鱼科，南美）；福氏澳洲肺鱼（角齿鱼科、澳大利亚）。现存的属是由二叠纪晚期或三叠纪早期（290—210 mya）分离的两种祖先血统所衍生的[27,32]。澳洲肺鱼属（亚目角齿目）是其中的一种，同时也是

非洲肺鱼和美洲肺鱼目(双肺亚目)。这些血统之间的差异以澳洲肺鱼属为例，它有更原始的身体形态，有大鳞和桨状鳍。澳洲肺鱼属为兼性空气呼吸者，而澳洲肺鱼科和美洲肺鱼科都是必须进行空气呼吸[79-81]。

6.5.2.1 形态

肺鱼的肺由薄壁组织组成，它将腔体细分为小的、肺泡状的呼吸室或小隔间(见图 6-2 和图 6-4)。每隔一段隔段含有平滑肌，覆盖着致密的毛细血管床和薄薄的呼吸上皮。肺，可以成对或单一，填充大部分后体腔空腔并连接到从第 3 和第 4 鳃弓鳃动脉分支起源的成对的肺动脉分支；单个肺静脉将含氧的血液运回心脏(见图 6-8a)。连接肺部和消化道的通气管起源于咽部的腹侧表面。心脏的功能特化可以隔离肺静脉富氧血液和其他系统性血管中的低氧血液。后者包括部分分隔的心房、心室隔板、心肌桥或者间隔，以及心室流出道几乎完整地隔膜，其使得富氧血进入体循环，同时低氧血入鳃。

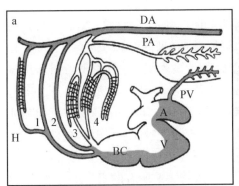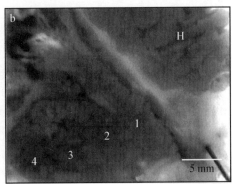

图 6-8 (a)肺鱼科的肺和鳃循环。富氧血(灰色)通过肺静脉(PV)从肺中流出，流经心脏，然后通过非呼吸的第 1 和第 2 鳃弓(1、2)，通过背主动脉(DA)进入全身循环。部分分裂的心室(A：心房；V：心室；BC：动脉球)在进入肺动脉(PA)之前，通过鳃弓(3、4)在肺血和低氧血系统静脉血液(白色)之间保持分离[1,13,82-83]。(b)美洲肺鱼鳃弓的后面观显示了所有 4 个鳃弓和舌骨(H)的丝状体[84]

6.5.2.2 比较形态学和呼吸

这 3 个属的差异直接与它们的空气呼吸依赖性有关。在兼性呼吸澳洲肺鱼的心脏内的脊和隔膜不那么突出，并且不太可能达到美洲肺鱼和非洲肺鱼水平[13,83]。澳洲肺鱼的肺是不成对的(胚胎左肺芽出现但不发育)，完全发生在背腔的一部分，呼吸道表面积较小，相应的鳔管出现在腹侧咽和背延伸到肺。澳洲肺鱼在所有的鳃弓上也有鳃，估计总面积约为 2 500 cm^2(=417 cm^2/kg)[87]与其他非空气呼吸淡水鱼类[75]相当。除了在低氧水里，澳洲肺鱼主要为水中呼吸，很少呼吸空气。然而，当暴露于温暖的海水中，或者被迫变得更活跃，这两个都提升了$\dot{V}O_2$,增加空气呼吸频率[53]。

与澳洲肺鱼相比,非洲肺鱼和美洲肺鱼的成对肺有更多的间隔,并融合在一起形成一个从咽部开始的普通腔室。之后,肺分开,继续在背部延伸到体腔的末端。由于前肺的腹侧位置,因此鳔管管道短而接近垂直(见图6-2)。美洲肺鱼和非洲肺鱼的肺在形态学上是相似的,但是实验表明,美洲肺鱼的空气氧利用率比非洲肺鱼大,这与其发育较大的心脏一致,后者使全身系统血流和肺血流得以分开[13]。

美洲肺鱼和非洲肺鱼70%～90%的氧是通过肺摄取[88-90]。有一份报告显示,美洲肺鱼只能通过肺获取所需$\dot{V}O_2$的60%[92],与其他呼吸数据不一致[13,83]。其他研究也进行形态测量分析,同时显示其肺弥散能力更高,但皮肤和鳃的弥散能力非常小,无法通过水呼吸来支持常规$\dot{V}O_2$的40%[84,91]。研究发现在低氧水中($PO_2 < 3$ kPa),美洲肺鱼表现为在水中跨皮肤氧丢失率更高[92],因此皮肤呼吸效率低。

解剖学上,第1和第2鳃弓在非洲肺鱼和南美肺鱼是缺少鳃,富氧通过这些鳃弓作为管道从球茎心脏的背主动脉和到体循环(见图6-8)[13,83]。图2-13显示了非洲肺鱼的第1和第2鳃弓少鳃状态[13]。然而,一项关于美洲肺鱼鳃弓[84]的形态测量研究记录了在第1和第2鳃弓上的小鳃丝,以及第3、第4鳃弓和舌骨弓(见图6-8b)。这项研究还表明,南美肺鱼(0.65 cm²/kg)鳃区面积非常小,而鳃氧和二氧化碳的弥散能力过小,不能满足呼吸需求(例如,在外部介质和血液之间,平均有效分压梯度的转移率)。基于这些事实提出两个问题:首先,在南美肺鱼的所有鳃弓上都有鳃的存在,这与之前所有的报告都有冲突,这些报告都说它和非洲肺鱼都有少鳃的第1和第2鳃弓;其次,de Moraes等[84]的结论南美肺鱼的鳃不能进行水呼吸,基本功能归于第3和第4鳃弓:预处理的低氧静脉血进入肺部通过移除二氧化碳平衡酸碱状态[1,13]。此外,对气和二氧化碳的低鳃弥散能力的发现引起了更多关于南美肺鱼的水生呼吸能力的问题,特别是它的二氧化碳释放机制[91]。

6.5.2.3 低氧效应

进行性水生低氧使澳洲肺鱼的鳃通气量降低至其呼吸阈值(约10 kPa),并且一旦开始,吸气频率随着低氧而增加[93-94]。类似于骨甲鲶科和其他兼性空气呼吸,澳洲肺鱼对水生低氧(约7.8 kPa)的适应与$Hb-O_2$亲和力增加(左移)相关[94];然而,P_{50}的变化非常小(0.4 kPa),可能缺乏生理意义。此外,由于肺鱼缺乏儿茶酚胺诱导的细胞内磷酸盐调节的$Hb-O_2$亲和力机制[77],P_{50}轻微改变的基础尚不清楚。此外,这种改变并不伴其他血液性质(血细胞比容)的显著变化,

而 P_{50} 的变化通常伴随血液性质改变[1]。这种对低氧的低水平反应可能反映了实验低氧水平所带来的相对较低应激。但这种现象更有可能提示，较低的 HIF-1α 介导的反应，通过迅速转换为存在于肺和肺循环中的有效空气呼吸模式实现。

低氧情况下，美洲肺鱼和非洲肺鱼的心肺功能未受到影响，包括肺氧摄取、空气呼吸和水呼吸的频率，或血氧水平、Hb-O_2 亲和力以及其他特征[1,95]。对环境低氧完全缺少维持稳态反应也见于一些空气呼吸的硬骨鱼（电鳗属）中。已经证实肺鱼对水低氧无反应，提示其缺少外部氧感知受体。更有可能的解释是，肺循环，心脏的改变，鳃的微循环的特殊性，加之其相对血流量的调节能力，使其处于低氧水时，将气体氧同低氧环境中的氧隔离[1,13]。

尽管它们独立于环境低氧，但美洲肺鱼和非洲肺鱼都保留了外部（水）对氧的感知能力。这方面的证据是它们的鳃对尼古丁和氰化物的反应以及一系列对低氧的反射行为。例如，亲代巢穴（非洲肺鱼）和南美肺鱼利用细鳍鱼鳃（稠密的、如丝状的蔓延在雄性偶鳍上，以及氧化巢水的能力）[1,96]。在富氧水中，美洲肺鱼和非洲肺鱼呼吸频率的降低也表明了水生氧的某种程度的调节作用[95]。此外，尽管水生动物的 PO_2 在控制美洲肺鱼或非洲肺鱼的空气呼吸方面没有重要的作用，但是内部的 PO_2 传感器确实可以发挥作用[95]。还有肺化学感受器（血清素能神经上皮细胞）[55]，能够感觉 PO_2（这些也发生在澳洲肺鱼）和肺机械感受器，其中一些对二氧化碳或 pH 敏感[89,93-94]。肺鱼的中央呼吸控制区域也有氧和二氧化碳受体[1,3,95]。

美洲肺鱼和非洲肺鱼都可以通过增加呼吸频率来适应空中的低氧[1,89,95]。尽管空气呼吸的鱼类很少会遇到空气低氧，但这种暴露会引起美洲肺鱼和非洲肺鱼系列的代谢和应激反应，例如=$\dot{V}O_2$ 总量的减少和循环儿茶酚胺水平增加；类似的反应也发生在非空气呼吸的鱼类和四足动物[97-98]并反映 HIF-1α 表达情况。虽然儿茶酚胺不会影响肺鱼 Hb-O_2 的亲和力[77]，但它们可以通过影响心率和心室的可调节性来改变血压。儿茶酚胺（储存在心脏、其他器官和血窦）和胆碱能神经元也能控制血管床的流动阻力，影响美洲肺鱼和非洲肺鱼的心脏输出。肺血管舒缩段的开放（位于第 3 和第 4 鳃弓），从而增加流入第 3 和第 4 鳃弓血流；动脉导管的关闭（背主动脉和肺动脉之间的管道）（见图 6-8），以确保从鱼鳃中流出的血液进入肺[1,13,89]。

肺鱼的心脏缺少肾上腺素能神经纤维，因此心率是由循环的儿茶酚胺与迷走神经（副交感神经）共同决定的。由于儿茶酚胺与压力有关，它们有可能使肺鱼的心率增高以至于迷走神经张力降低也无法进一步提升其水平[3,14]。这一动态似乎可解释空气呼吸过程中肺鱼的心脏活动的变化结果,这是在低心率而不是高心率的样本中最有效的例子[89,93,95]。

6.5.2.4 夏眠

非洲肺鱼有夏眠习性,这使它们能够在栖息地的所有水都蒸发后的极度干旱的季节存活。非洲肺鱼钻入干裂的土地,将自己卷曲藏于土中,然后分泌一种黏液膜包绕自己的身体,只在泥土表面留一个供呼吸用的小洞。4 种非洲肺鱼都可以夏眠,但是这种能力取决于当地气候和土壤类型,因为这 4 种非洲肺鱼中的一部分生活在不易完全干涸的环境中,它们可能不需要夏眠[79]。南美肺鱼可能也会在干旱的季节居住于湿润的洞穴。早期报道未证实南美肺鱼会形成一个保护层[1,81]。澳洲肺鱼没有夏眠习性。

Smith 在 1930 年完成了一项意义重大的研究[99],调查了生物体夏眠时新陈代谢的变化。对天然的保护层已经有所研究,但许多研究还是在实验室条件下诱导夏眠,将鱼放入底部含有数厘米厚泥土的水缸中,使鱼饥渴,让水分慢慢蒸发[100-102]。

非洲肺鱼在夏眠时会将自身的代谢水平降低 80%～99%,降低体重并且将排氨型代谢转变为排尿素型代谢以节约水分,与此同时为体内存留的氨解毒[1]。Rdolloi 的研究证实了这种普遍模式,但同时揭示这些物种也可以在包裹一层薄薄的黏膜的情况下在土地表面夏眠。在这种环境下,氧的获取途径大大被改善,从而提高了排尿素型代谢的比例[102]。关于南美肺鱼的相关研究也提示,在夏眠(醒着但处于干旱状态)的对象中$\dot{V}O_2$下降 29%[103];但是,相较于目前已经完成的非洲肺鱼不同物种的代谢研究,关于南非肺鱼的代谢研究还没有完善。根据 Sturla 报告[101],从组织形态学上对水生非洲肺鱼夏眠中的成熟个体对比,那些夏眠的鱼鳃逐渐塌陷并被膜包覆,因此不发挥作用。研究人员还发现这些夏眠鱼类肺实质间隔是张开的,遍布血管,同时充满了红细胞,因此具有功能。与此矛盾的是,Sturla 报道了生活在水中的非洲肺鱼的肺变薄,变成为薄的扁平组织条,导致肺内缺乏明显的褶皱和分隔,且无红细胞。他们的研究提示,能在水中自由游动的成体非洲肺鱼没有空气呼吸能力。可能是因为非洲肺鱼存在自身特点与种群多样性,但是缺乏空气呼吸能力这一结论与之前发表的所有成年非洲肺鱼都有活跃的空气呼吸并不一致[79]。而且,即使没有系统性研究肺内形态学改变和夏眠行为之间的关系,Sturla 等的[101]另一种解释是大口原黑丽鱼的肺是在夏眠期间唯一发挥功能的器官,这个时期它的总$\dot{V}O_2$下降。肺在雨季萎缩到非功能状态,雨季中,这种专性空气呼吸鱼在大范围的低氧水域中自由游动。不过,基于自然历史和其他实验数据,上述现象是极不可能的,因为大量的组织更新需要氧(比如凋亡和再生)。

　　总之,肺鱼是和四足动物关系最紧密的硬骨鱼,在泥盆纪达到了多样性最大化。即使有人认为早期硬骨鱼类中气呼吸普遍存在,化石记录却表明并非所有肺鱼都有这种能力,这似乎是在此种群辐射到淡水时期才被充分发展的能力[27,31]。肺鱼特化为空气呼吸最原始的形状可能无从知晓,但是现存种属的形态和生理机能为一些推断提供参考。平行进化过程中,肺循环和心脏的修饰,提示了强大的由低氧条件驱动的针对空气呼吸的自然选择,发生于古老的肺鱼群组,其在二叠纪的美洲和澳洲肺鱼亚目的进化分离之前(见图6-8a)。二叠纪的肺鱼保护层化石进一步证明了它们对干燥的栖息环境做出的适应性改变[27,29]。夏眠期间,空气呼吸和其他生化改变在分离之后迅速出现。澳洲肺鱼属的长通气管以及之后适应环境和自然选择转化为肺垂直迁移至更适合漂浮的位置(这个种群的长通气管在某种程度上推进了辐鳍鱼中肺到鳔的转化)[1,42-43]。早期形态学改变迫使由肺动脉形成第3和第4鳃弓组成了输出管循环,这表明鳃的改变与双模态呼吸相关,也与空气呼吸协调统一。然而,美洲肺鱼鳃和非洲肺鱼并非完全相同,对于发挥水中气体交换的功能来说这个区域很小,因此也引出很多关于它在双模态气体交换过程中所扮演角色的问题。即使许多空气呼吸鱼类的鳃表面区域是减小的,鳃对于离子和氮气调节仍然是非常重要的;若没有它们,生活在水中的鱼不可能发挥空气呼吸功能。然而,对于美洲肺鱼和非洲肺鱼,第3和第4鳃弓对水呼吸至关重要[1,13],但这一观点受到美洲肺鱼呼吸能力逐渐减弱的事实的挑战。在肺鱼化石中新发现的鳃弓改变,以及肺鱼鳃功能的逐渐明晰,是新发现的关键所在。双模态呼吸的肺鱼中,鳃的多种状态是否与属于澳洲肺鱼或者非洲肺鱼的生活环境密切相关还有待证明。

6.5.3　案例研究3——在空气中呼吸和鰕虎鱼：低氧与陆地生活

　　此项案例研究比较鰕虎鱼的三个亚科中分化为空气呼吸的种群。自然选择压力持续作用于低氧环境中空气呼吸起源和空气呼吸相关行为发展过程,这影响自然历史进程和生态位扩展。鰕虎鱼科属于硬骨鱼纲鲈形目,是鱼类中最大的家族,共有2 000多种。鰕虎鱼化石可追溯到古新世(大约6 000万年前),鰕虎鱼的生态位辐射使生活环境中存在多种不同的氧状态,造成种群在呼吸方式方面的连续状态,从亚潮带种群非空气呼吸,到浅水中常出现的兼性空气呼吸,再到两栖空气呼吸。鰕虎鱼有五个亚科,其中四个亚科中空气呼吸能力独立进化(鰕虎鱼亚科,拟鰕虎鱼亚科,近盲鰕虎鱼亚科,背眼鰕虎鱼亚科)(见图6-9)运用口腔作为空气呼吸器官摄取氧在这些种群中普遍存在,许多种群也利用皮肤进行呼吸,而这些种群的皮肤[1,6]是由于气体交换和抵抗环境干涸而特化形成的[104-106]。鰕虎鱼中也存在许多其他有关呼吸的行为和代谢适应[21-22,107]。

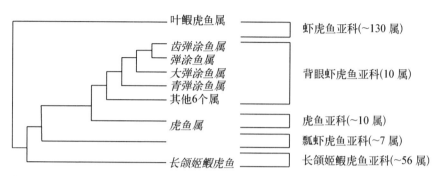

图 6-9 鰕虎鱼五个亚科的系统发育关系[109-110]。括号数字表示属的多样性。列在每个亚科旁边的属是已知的空气呼吸者(斜体字)

6.5.3.1　长颌姬鰕虎鱼

拟鰕虎鱼亚科长颌姬鰕虎鱼通常生在北美太平洋沿岸河口湾地区的蟹穴或其他浅湾的凹处[108]。处于低氧水中时,它们会吞咽空气,这些气体滞留于口中,通过鱼鳃、口腔根部的血管区域和舌上密集毛细血管床部位吸收氧。严重的低氧使长颌姬鰕虎鱼浮出水面(浮头)。坚硬的鳃丝可以让鳃在空气环境中维持一定形状,也可能在空气呼吸中发挥作用[1]。在空气中,口颊部的毛细血管床会充盈血液。然而,姬鰕虎鱼只有基本的空气呼吸能力和有限的陆地移动能力。基因芯片分析显示在低氧条件下和暴露于空气中时长颌姬鰕虎鱼的全部基因表达,均是通过 HIF-1α 介导的转录水平的改变,这些转录与碳水化合物代谢、蛋白合成、生长发育和其他代谢因素的许多编码蛋白有关[21-22,58]。此为首次文献报道呼吸空气的鱼类低氧伴反复浮出水面引起基因表达变化。

6.5.3.2　狼牙鰕虎鱼属

鰕虎鱼科中的鳗鰕虎鱼属(近盲鰕虎鱼亚科)生活在热带和亚热带海河口湾柔软泥泞的洞穴底层。这是鳗鰕虎鱼属中首个被详细描述存在空气呼吸的种群,它们吞空气并在口中适量贮存使自身漂浮于水面[1]。

Gonzales 等[7,111]对狼牙鰕虎鱼属雷氏鳗鰕虎种的类似空气呼吸行为机制进行了描述,通过他们的实验室和野外观察,对令人困惑的鳗鰕虎鱼属浮头空气呼吸的行为进行了解释。雷氏鳗鰕虎的洞穴位于潮带间和亚潮带滩涂。然而,这种鱼并非两栖类,它们生活在潮带间,低潮时期会被困在洞穴中。低潮期海水混合减少和泥间 BOD 升高导致孤立的洞穴水变得极度低氧[7,112-113]。

当洞穴中的水 PO_2 降到 $1.0 \sim 3.1$ kPa 时,雷氏鳗鰕虎鱼开始兼性空气呼吸。

吸进去的空气含在口腔,包绕咽峡,接触各鳃盖内壁的血管床和口咽部内表面其他部位,这或许利于对空气中氧的摄取[111]。像骨甲鲶属和澳洲肺鱼属一样,极度低氧条件下,进行空气呼吸的狼牙鰕虎鱼呼吸频率增加。与骨甲鲶的另一相似点是雷氏鳗鰕虎在呼气过程中完全排空气呼吸器官。它们的空气呼吸器官容量随着体重增加而增加,然而质量标化指数仅有0.6。据报道,当用整体质量百分比来表示时,狼牙鰕虎鱼属空气呼吸器官容量大约为6.1%。6%的体积比率足以维持漂浮在水面的浮力[60,114],并会造成不受束缚的鱼类在水面时其鱼吻可突出水面。(就像观察到的鰕虎鱼属)。然而,狼牙鰕虎鱼在洞穴里,只有在退潮时才会呼吸空气,它通常不会浮在水面上。在实验中,鱼被放置低氧条件下,类似于巢穴的水下数厘米的管道中,它们会浮到水面上迅速吞下空气,但随后会缩回到管子里[111]。

6.5.3.3 弹涂鱼与其家族

鰕虎鱼的背眼鰕虎鱼亚科有10个属约38个种,从前它们生活在热带亚热带浅口湾和潮间带滩涂[109]。从两栖行为的角度来看,背眼鰕虎鱼稳定地分化为两群,底栖的非弹涂鱼类和弹涂鱼类。拟平牙鰕虎鱼属和平牙鰕虎鱼属是两种非弹涂鱼,它们是非两栖类,但有着与鳗鰕虎鱼属和狼鰕虎鱼属相似的呼吸行为(比如说,它们在低潮时期就待在自己的洞穴中呼吸空气)。这些呼吸行为可能在背眼鰕虎鱼亚科的六种非弹涂鱼中很特殊,因为它们都非两栖生物。

弹涂鱼有27~29个物种。Murdy于1989年列出物种名单[109]。按陆地生存能力递增的顺序,这4个属分别是青弹涂鱼属(4种)、大弹涂鱼属(5种)、弹涂鱼属(15~17种)和齿弹涂鱼属(3种)。弹涂鱼结合空气呼吸和浮头能力于一身,以及一系列行为、感官、生理和运动器官的特化,都使两栖生存力得到提高,这是其他任何鱼类都无法与之相媲美的[25,113]。所有弹涂鱼都可以用口咽部上皮,皮肤,某些用鳃进行空气呼吸[1,104-106,115]。

青弹涂鱼和大弹涂鱼与背眼鰕虎鱼亚科非弹涂鱼属及其他许多鱼类的鳃很相似,并未体现出空气暴露条件下的特化[25]。相比之下,在更两栖化的弹涂鱼属和齿弹涂鱼属中,发现鳃被调整得更加适应脱离水的生活。这些物种生活在潮间带的高处,在陆地上相当活跃,有某些呼吸和代谢方面的特化以适应两栖生活[1,25,107,116-117]。齿弹涂鱼的鳃丝是相当短和扭曲的,这使鳃丝之间的空间呈开放式,有利于气体交换并防止鳃在空气中的闭合[25,118]。虽然其他呼吸表面也很重要,齿弹涂鱼鳃的结构尤其适于水中呼吸(至今未发现专性空气呼吸的物种)。相反,齿弹涂鱼的鳃小片在上皮基质中处于关闭状态,减少了气体溶解,这既不利于鳃在水中呼吸也不利于空气呼吸。这些基质可保存水分,富含氯化物细胞,这可能增强了鳃在维持酸碱平衡和氨的分泌等方面的作用[25,107,119]。齿弹涂鱼的鳃结构使它们行专性空气呼吸,且高度依赖辅助呼吸器官,如皮肤和口咽上皮。齿弹涂鱼在水中没有通入空气的情况下,不能饱和血中的氧,长时间不呼吸的鱼会减少耗氧量($\dot{V}O_2$),可能会使导致窒息性心动过缓反应,之后转换成糖酵解供能,乳酸盐聚集在肌肉和血液中,使它们有溺水的危险[107,116-117]。最终,齿弹涂鱼鳃的结构和功能的改变是永久性的,不能被栖息地条件所改变。鳉科鱼则不同,在长时间暴露于空气时,它们把鳃埋置于细胞基质中使之失活,一旦返回水中则再次激活[23]。

弹涂鱼的口咽腔对于双模式呼吸来说也是很重要的。口咽腔容积(体重的14%～17%)相较于其他鰕虎鱼大很多(4%)[114]。包括狼牙鰕虎鱼属,口咽腔容积是在两栖的弹涂鱼属和齿弹涂鱼属中最大的[25](根据后来的鰕虎鱼种属命名法中,弹涂鱼的缩写是 Ps. ,齿弹涂鱼是 Pn)。弹涂鱼在口咽腔表面也有数量更多的毛细血管。比如,大鳍弹涂鱼内面鳃盖壁毛细血管分布为 59.1 条/mm,相比雷氏鳗鰕虎只有 14.5 条/mm[105,120]。弹涂鱼的皮肤也有气体交换作用:在一些物种中,约50%的氧摄取率($\dot{V}O_2$)是经皮吸收的。发生空气呼吸皮肤特化的物种包括了小或无鳞的物种,且表皮内靠近空气部位有高密度的毛细血管。大鳍弹涂鱼上皮分布的毛细血管距离空气 1.5 μm 以内。相反,狼牙鰕虎鱼属的皮肤毛细血管在真皮内,距皮肤表面有 275 μm 的距离[105,120](这个不同点可想而知,因为狼牙鰕虎鱼通常都浸没在低氧含量的水中。)即使表皮内毛细血管在鱼类中很少,但在许多弹涂鱼和其他两栖鱼类中,包括隐小鳉鱼属,头部和身体背侧普遍存在毛细血管[1,104,106]。弹涂鱼中,弹涂鱼属和齿弹涂鱼属体表覆盖毛细血管的数量最多。即使弹涂鱼属大都有丰富的毛细血管,但在毛细血管的分布位置,密度和气血弥散距离方面仍然存在相当大的种间差异[104-106]。

6.5.3.4 低氧和弹涂鱼

本部分比较齿弹涂鱼属和弹涂鱼属对洞中低氧和活动相应的代谢和行为反应。所有的弹涂鱼都是高效的两栖空气呼吸类,但这并不意味着它们可以免于经历低氧环境。弹涂鱼在陆地上高度活跃,因此经历了潜在的功能性低氧(比如,由于运动带来的氧负荷)。并且,因其在洞穴中生活,所以必须能耐受环境低氧。

陆地活动:所有空气呼吸鱼类在陆地活动,无论在陆地跑或是在水中活跃地游动,都极大可能遭遇功能低氧[3]。另一个关于空气呼吸鱼类的问题是,从空气中获取氧是否增加了耗氧量(获取氧需要做更多功),或是加快了从功能低氧条件下恢复的能力（更多的氧可以更快进行氧负荷偿还,乳酸清除,糖类贮存）。用追赶和刺激的方法增加齿弹涂鱼属和弹涂鱼属以及其他弹涂鱼的活动水平[107],齿弹涂鱼属和弹涂鱼属在陆地运动期间都增加了动脉耗氧量[1,107,116,121]。运动中的银线弹涂鱼出现氧债,且在运动后,动脉耗氧量增加到了原来的 3.1 倍。同样,金丝弹涂鱼在精疲力竭时磷酸肌酸(PCr)耗尽,减少能量负荷,（如,降低 ATP,升高 ADP 和 AMP),肌肉中乳酸含量增加到了 6 倍[107]。许氏齿弹涂鱼在空气中运动后$\dot{V}O_2$也增加到了 2.5 倍,但也反映了此类物种用鳃呼吸功能的下降及空气呼吸需求,将运动的鱼类放入常氧水中,即便通入氧无法偿还氧债[118]。基于鳃的结构,齿弹涂鱼更有可能用水呼吸去偿还氧债,然而并不知道在空气中是否依然能够偿还氧债。

Wells 等[122]用行水生空气呼吸的太平洋大海鲢做了强制游泳实验,以回答获取空气和代谢调整能力问题。他们发现减少供 PO_2,可增加无氧生存能力。然而,在一次运动完成后,大海鲢的氧债（比如,各种代谢消耗,包括乳酸氧化,或者转换成肝糖原）由增加的水呼吸偿还。一个类似的实验通过比较弹涂鱼属和齿弹涂鱼属在低氧条件下运动所产生的乳酸量和摄氧量,或许可以解释无氧和有氧条件下状态的不同与空气呼吸器官结构的不同有关。就这个主题稍做改变,比较在高氧中运用的弹涂鱼中的这些相同参数,将直接回答关于空气呼吸增加有氧范围的能力的问题。

洞穴活动:不像齿弹涂鱼会在潮间带永久占据一个较高位置的洞穴,大部分弹涂鱼主要是在繁殖季才占据洞穴。因此弹涂鱼的洞穴是用于繁殖,为了弥补洞穴中的低氧状态,四种弹涂鱼均采用了空气储存行为,即将泥表面吞下的氧释放到巢穴的气室中以储存氧。这是为了满足发育中卵的呼吸所需,也对巢穴中处于分娩期的成年鱼有益[8,25,112-113,116]。

除空气呼吸外,弹涂鱼的大口咽腔也对空气输送做出了重要适应。对弹涂鱼巢穴中气室的野外观察,证实发育中的卵位于含有气体的室内,并被雄性鱼所照看。鱼类活动和气室内监测氧压力的时间系列数据显示在高潮时期,气室内的氧水平会下降,在低潮时期[113],雄性滩涂鱼会完成许多次吞食和储存空气的过程,直到氧浓度接近空气水平。进一步试验证实,雄鱼会立刻察觉到气室中因人为注射氮气造成的 PO_2 骤降,它们会加快吞食空气速率,在洞穴的入口被涨潮淹没之前用更短的时间使气室再次充氧（见图 6 - 10)。

总之,低氧环境是促使鰕虎鱼进行空气呼吸的重要条件,是自然选择进化适应的过程中很重要的角色,而鰕虎鱼的共同特点是口咽腔作为空气呼吸器官。姬鰕虎鱼属、狼牙鰕虎鱼属和一些背眼鰕虎鱼的物种都是可以吞咽空气

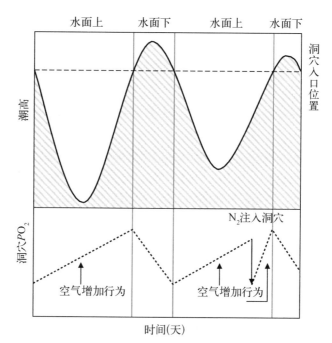

图 6-10 潮汐周期对弹涂鱼泥滩洞穴卵室中 PO_2 的影响。在退潮期，洞穴入口对空气开放，雄鱼守卫着洞穴，向卵室中输送含在口中的空气，提高 PO_2。在涨潮期，洞穴入口被水淹没，卵的呼吸以及泥的低氧，或许还有雄鱼呼吸，使卵室中氧含量下降，之后在下个退潮时雄鱼吞空气进行输送和储存。实验中将氮气注入卵室，使雄鱼在下次涨潮覆盖洞口之前，为提高巢穴中 PO_2 增加输送空气的频率[113]

的兼性空气呼吸者。弹涂鱼是进化进程中向陆地发展的典范，狼牙鰕虎鱼属可证明，低氧条件驱动的空气呼吸，是通常定居在亚潮带的种群将范围拓展到潮间带的首要自然选择因素。这也被物种形成的事实所印证，向潮间带的定植和两栖行为的获得，使它们的生态位扩展到了泥层表面。与其他刺鳍鱼相反，弹涂鱼空气呼吸的出现是两栖生物移位、感官和行为适应高度统一的正常发展。然而，不同的弹涂鱼类型在适应陆地生活方面有相同也有不同。尽管弹涂鱼属和齿弹涂鱼属都已高度两栖化，但齿弹涂鱼属是被迫呼吸空气，所以鳃的呼吸功能较弱。相对来说，弹涂鱼属兼有空气中和水中呼吸的功能，有更接近表皮的毛细血管。一个代谢方面的明显区别是齿弹涂鱼能利用氨基酸作为空气中呼吸的能量来源，而非糖类。即使姬鰕虎鱼属也生活在低氧的水中，Gracey 的基因芯片研究显示低氧和浮头都引起一系列应答反应，触发了控制代谢的编码基因表达改变。从这些结果来看，基因表达的基因芯片研究被用于探索弹涂鱼空气呼吸和发生生理学，以及刺鳍鱼表型与基因组之间的联系有更加广阔的前景[58]。

虽然空气呼吸的弹涂鱼能脱水生活且很大程度上避免水中低氧，但它们遭遇了陆地活动相关的功能性低氧[117]。并且，被涨潮期间的洞穴所限或在巢穴中育卵并分娩，也会使弹涂鱼在水中低氧，并需要感官和行为的特化而生存下去[8,113]。

6.6 总结

多种鱼类的空气呼吸是独立进化的。这些鱼类的多样性、空气呼吸器官不同类型，以及空气呼吸的行为都在漫长的鱼类进化史中形成，这也体现了自然选择的强大作用。鱼类在普遍存在的低氧的浅水栖息地实现近乎完美的生存。这3个案例研究表明，低氧在水生生活的许多方面均产生重要影响。在漫长的地质年代演化过程中，水低氧在驱动空气呼吸独立起源，及对空气呼吸和相关适应行为的强化或减缓自然选择起中心作用；与环境因素的改变，以及一个特定种群生态位的扩张和辐射模式共同起作用。特别是鱼类空气呼吸能力是两栖生物进化的一个前提，对早期四足动物和许多现存的空气呼吸鱼类如弹涂鱼，都十分重要。虽然空气呼吸似乎展示出环境低氧问题的完美解决方案，但并非所有鱼类都对此做出适应。因为空气呼吸的进化被看作是持续进展过程，很可能有一些鱼类，因为环境改变或其生态位辐射到了并不适宜的栖息地，现在正进行着最初的自然选择以获得这项能力。

附录 A：关于空气呼吸鱼类的新发现

众多鱼类表现出空气呼吸的潜能或需求[1,123]。比如，七鳃鳗能呼吸空气和在实验室中耐受长时间的空气暴露，并在野外观察中发现逆流迁徙过程中偶尔出现两栖行为。同样，即使没有关于鲨鱼和鳐的空气呼吸记录，沙虎鲨、砂锥齿鲨、金牛鲨通常都会吞咽空气以增加浮力，但还没有数据表明这些行为与空气呼吸相关。在上述案例和许多其他案例中，还有很多问题有待研究，区别一个物种空气呼吸的行为和功能用途，或许与空气或低氧条件下增强生存能力相反，吞下空气是为了增加浮力而已。这里列举的是已有记录的空气呼吸和陆生行为（或许伴随着两栖性呼吸）。Graham 1997 年[1]发表的空气呼吸的鱼类名录记录了上述信息的相关证据，其他鱼类还有待进一步研究。

七鳃鳗目

七鳃鳗科

囊口七鳃鳗属（澳洲七鳃鳗亚科）在逆流迁徙突破阻碍的短暂时期内变为两栖。并且，七鳃鳗能用鳃和皮肤呼吸，动脉氧消耗速率与水呼吸相当[124]。

骨舌鱼目

象鼻鱼科

彼氏象鼻鱼是在非洲淡水湖中生活的象鼻鱼科生物，大约有 18 个属、200 个种。俗称象鼻鱼，源于其吻部长如象鼻。象鼻鱼可以产生微弱电流，在野生环境用直流电来进行传感定位和种内交流。

Graham[1] 未曾提到象鼻鱼的空气呼吸行为，而是由 Benech 和 Lek[125] 根据野外考察推断得出，并于 1981 年进行了首次报道。报道指出象鼻鱼可以在干涸的池塘中与其他空气呼吸鱼类长期共存，并且在水生环境中可进行水呼吸。Moritz 和 Linsenmair[9] 也记录了此物种能够在接近干涸的池塘中长期生存，并展示了双时相空气吞入行为的图片。他们认为吞下的空气被储存在鱼鳔内，但并未观到该器官的空气呼吸特化痕迹。另一种可发弱电的非洲淡水鱼裸臀鱼，是与裸臀鱼科关系紧密的一种单种属鱼，也进行空气呼吸，并有进化完全的鱼鳔。另外一些研究表明，象鼻鱼进行空气呼吸，并把鳔作为空气呼吸器官，至此也就证明了在骨舌鱼科四亚科中都出现了空气呼吸行为。

鲶目

尖嘴鲶科

尖嘴鲶科与骨甲鲶科关系紧密，同属鲶目。它们用消化道的一部分作为空气呼吸器官。Armbruster 于 1998 年[61] 首次记录了尖嘴鲶科进行空气呼吸。他观察到低氧水中石钩鲶属周期性的空气吞食行为，也描述了它们与空气呼吸功能相关的胃部结构。

鳉形目

底鳉科

底鳉科的 Fundulus nottii（生活在美国东南部的一种底鳉鱼）和条带底鳉都有被记录可循的陆地活动[1]。Halpin 和 Martin[20] 用呼吸记录仪证实与底鳉低潮时期高盐的沼泽栖息地会使它们被动暴露于空气中可进行空气呼吸并可保持较高的气体交换速率。虽然鱼的总 $\dot{V}O_2$ 在空气中小于水中，但在空气中暴露 1 h 后重回水中的确没有提高氧债，表明空气呼吸代谢需要可通过空气呼吸维持。Halpin 和 Martin 进一步说明了三种两栖底鳉物种分别处在不同种系分支，表明了这种能力的独立出现，且很可能在其他物种中出现。

罗非鱼属鲈形目

七夕鱼科

暗棘鮨出现在新西兰海滨带上部，在这里它们在低潮时偶尔被暴露在空气中。经由 Hill[19] 等人测量，本种群中的基本情况相似的样本在空气和水中呼吸速率的不同，体重为 2～100 g。他们发现被测试的暗棘鮨在更进一步的低氧条件下最终都脱离了水，然而这项测试并未到达 PO_2 极低的时候（0.8 kPa），也没有详细的空气呼吸器官的数据。

慈鲷科/丽鱼科

帚齿罗非鱼属。许多慈鲷科在水面呼吸方面非常精通[1,3]，然而，其空气呼吸却鲜有记载。空气呼吸出现在一些罗非鱼中的言论是源于它们在非常小的水坑中也能生存。并且，Ross[126] 认为水面植物生长会导致它们无法行空气呼吸，并认为是造成帚齿罗非鱼在池塘水产养殖中大规模死亡的原因。

然而，Ross[126] 揭示了一种更加早期的水面呼吸形式，罗非鱼在溶解的空气下沉时在水面上吞咽空气，大气中的氧溶解在口咽部的水中，在鳃部快速通过。即使未进行空气呼吸，这些获得气体会通过氧合鳃部通道的水流进而补充水呼吸，这可被视为水生表面呼吸的一种先进的形式，很可能存在于特定种群的早期空气呼吸[1,59]。

罗非鱼属能耐受一定范围内的渗透压、碱性环境和低氧条件。Maina 等[127] 报道它们进行空气呼吸，有鱼鳔和一种与鳔管相似的结构使之与食管相连接。已知隶属鲈形目种没有其他类型的鱼有鳔或在鳔和消化道之间有任何连接。如果这些解剖学细节在罗非鱼中被证实，它们将作为空气呼吸结构起源的代表，这很类似于在底栖硬骨鱼种群中的发现。

三鳍鳚科

深水三鳍鳚属生活在新西兰沿海地带，和上文提到过的暗棘鮨生活在同一地带，在低潮时被偶尔暴露于空气中。Hill[19] 报道这种鱼呼吸空气的能力，但指明在更大的个体（体重 10～20 g）的空气呼吸时的 $\dot{V}O_2$ 比水中呼吸时要小。与暗棘鮨相似，深水三鳍鳚属直到空气 PO_2 到了极低状态（0.7 kPa）才浮出水面，实验一些鱼根本没有离开水。尚无关于空气呼吸器官信息的报道。

鰕虎鱼科

鰕虎鱼是一个种类多样的种群，空气呼吸行为已被广泛记载。Graham 于[1] 报道两个新的空气呼吸种属，其中一种狼牙鰕虎鱼属（关于近盲鰕虎鱼亚科的信息已在案例研究 3 进行了介绍）。

另一种属是叶鰕虎鱼属，Nilsson 等[6] 调查了低氧反应和生活在珊瑚区的刺鳍鱼空气呼吸能力，发现叶鰕虎鱼属中有 7 种可在退潮时期，当赖以生存的珊瑚礁被暴露于空气时进行空气呼吸。其中 4 种：腋脉鰕虎鱼、红点叶鰕虎鱼、宽纹叶鰕虎鱼和单色鰕虎鱼可进行超过 4 h 的持续空气呼吸，其 $\dot{V}O_2$ 与水中相似。然而其余 3 种：栉鰕虎鱼、塞兰岛鰕虎鱼和冲绳硬皮鰕虎鱼，只能进行 1 h 的空气呼吸。通常来说，这些呼吸持续时间与物种在水中分布的深度有关：珊瑚礁生活的物种更可能被暴露在空气中，因而有着更强大的空气呼吸能力。这些物种都是小鳞或无鳞的，说明皮肤呼吸可能是空气呼吸的一个重要组成部分。

鲉科

单鳍颊棘鲉的行为和呼吸空气的环境是与之前描述的叶鰕虎鱼属很相似，Nilsson[6] 确定这种鱼能进行超过 4 h 的空气呼吸。这个物种也是无鳞的，可能也会用皮肤呼吸。

致谢：这项研究部分受到以下项目支持：美国国家科学基金(IBN 9604699 和 IBN 0111241)和 UCSD 学术委员会。N.C. Wegner 得到了 Nadine A. 和 Edward M. Carson 奖学金的资助，奖学金是由美国洛杉矶州、CA 州的美国大学科学家(RARS)的成就奖颁发的。SEM 研究得到了斯克里普斯海洋研究所实验室的部分资助，并感谢 Evelyn York 的技术援助。感谢 Marissa Fermandes、Dagmara Podkowa 和 Jon Maina 三位博士提供的图片(见图 6 - 6 和图 6 - 8b)。

（冯宇、李庆云，译）

参 考 文 献

1　Graham J B. Air breathing fishes: evolution, diversity and adaptation[M]. San Diego: Academic Press, 1997.

2　Graham J B. The biology of tropical fishes[M]. Brazil: INPA, 1999.

3　Graham J B. The physiology of fishes[M]. Boca Raton: CRC Press, 2006.

4　Sayer M D J. Adaptations of amphibious fish for surviving life out of water[J]. Fish & Fisheries, 2005, 6(3): 186 - 211.

5　Congleton J L. Observations on the responses of some southern California tidepool fishes to nocturnal hypoxic stress[J]. Comp Biochem Physiol, 1980, 66: 719 - 722.

6　Nilsson G E, Hobbs J P A, Östlund-Nilsson S, et al. Hypoxia tolerance and air-breathing ability correlate with habitat preference in coral-dwelling fishes[J]. Coral Reefs, 2007, 26(2): 241 - 248.

7　Gonzales T T, Katoh M, Ishimatsu A. Air breathing of the aquatic burrow-dwelling eel goby, Odontamblyopus lacepedii (Gobiidae: Amblyopinae)[J]. J Exp Biol, 2006, 209: 1085 - 1092.

8　Lee H J, Martinez C A, Hertzberg K J, et al. Burrow air phase maintenance and respiration by the mudskipper Scartelaos histophorus (Gobiidae: Oxudercinae)[J]. J Exp Biol, 2005, 208: 169 - 177.

9　Moritz T, Linsenmair K. E. The air-breathing behavior of Brevimyrus niger (Osteoglossomorpha,

Mormyridae)[J]. J. Fish. Biol, 2007, 71: 279 – 283.

10　Chapman L J, Liem K F. Papyrus swamps and the respiratory ecology of Barbus neumayeri[J]. Environ Biol Fishe, 1995, 44: 183 – 197.

11　Val A L, Almeida-Val V M F. Fishes of the Amazon and their environment [M]. Berlin: Springer, 1995.

12　Seymour R S, Wegner N C, Graham J B, et al. Body size and the air-breathing organ of the Atlantic tarpon Megalops atlanticus[J]. Comp Biochem Physiol A Mol Integr Physiol, 2008, 150(3): 282 – 287.

13　Farrell A P. Cardiovascular systems in primitive fishes[J]. Fish Physiology, 2007, 26: 53 – 120.

14　Mckenzie D J, Campbell H A, Taylor E W, et al. The autonomic control and functional significance of the changes in heart rate associated with air breathing in the jeju, Hoplerythrinus unitaeniatus[J]. J Exp Biol, 2007, 210(23): 4224 – 4232.

15　Ip Y K, Chew S F, Randall D J, et al. Five tropical air-breathing fishes, six different strategies to defend against ammonia toxicity on land[J]. Physiol Biochem Zool, 2004, 77(5): 768 – 782.

16　Graham J B. Respiration of amphibious vertebrates[M]. London: Academic Press, 1976.

17　Martin K L. Time and tide wait for no fish: intertidal fishes out of water[J]. Environmental Biology of Fishes, 1995, 44(1): 165 – 181.

18　Yoshiyama R M, Valpey C J, Schalk L L, et al. Differential propensities for aerial emergence in intertidal sculpins (Teleostei: Cottidae)[J]. J Expl Mar Biol Ecol, 1995, 191(2): 195 – 207.

19　Hill J V, Davison W, Marsden I D, et al. Aspects of the respiratory biology of two New Zealand intertidal fishes, Acanthoclinus fuscus and Forsterygion sp[J]. Environ Biol Fish, 1996, 45(1): 85 – 93.

20　Halpin P M, Martin K L. Aerial respiration in the salt marsh fish fundulus heteroclitus (fundulidae) [J]. Copeia, 1999, 3: 743 – 748.

21　Gracey A Y, Troll J V, Somero G N, et al. Hypoxia-induced gene expression profiling in the euryoxic fish Gillichthys mirabilis[J]. Proc Natl Acad Sci U S A, 2001, 98(4): 1993 – 1998.

22　Gracey A Y. The gillichthys mirabilis cooper array: A platform to investigate the molecular basis of phenotypic plasticity[J]. J Fish Biol, 2008, 72(9): 2118 – 2132.

23　Ong K J, Stevens E D, Wright P A, et al. Gill morphology of the mangrove killifish (Kryptolebias marmoratus) is plastic and changes in response to terrestrial air exposure[J]. J Exp Biol, 2007, 210 (7): 1109 – 1115.

24　Taylor D S, Turner B J, Davis W P, et al. A novel terrestrial fish habitat inside emergent logs[J]. Am Nat, 2008, 171(2): 263 – 266.

25　Graham J B, Lee H J, Wegner N C. Transition from water to land in an extant group of fishes: air breathing and the acquisition sequence of adaptations for amphibious life in oxudercine gobies[M] // Fish Respiration and environment. Fernandes M N, Rantin F T, Glass M L. Enfield, NH: Science Publisher, 2007: 255 – 288.

26　Gilbert C R. Evolution and phylogeny[M] //The physiology of fishes. Evans D H. Boca Raton: CRC Press, 1993: 1 – 45.

27　Long J A. The rise of fishes[M]. Baltimore: Johns Hopkins, 1995.

28　Janvier P. Living primitive fishes and fishes from deep time[J]. Fish Physiology, 2007, 26(07):

1 - 51.

29 Carroll R C. Vertebrate paleontology and evolution[M]. New York: Freeman, 1988.

30 Nelson J S. Fishes of the world[M]. Hoboken N J: Wiley, 2006.

31 Clack J A. Gaining ground: the origin and early evolution of tetrapods[M]. Bloomington: University of Indiana, 2002.

32 Graham J B, Lee H J. Breathing air in air: In what ways might extant amphibious fish biology relate to prevailing concepts about early tetrapods, the evolution of vertebrate air breathing, and the vertebrate land transition[J]. Physiol Biochem Zool, 2004, 77(5): 720 - 731.

33 Helfman G S, Collette B B, Facey D E. The diversity of fishes[M]. Malden, MA: Blackwell, 1997.

34 Ward P, Labandeira C, Laurin M, et al. Confirmation of Romer's Gap as a low oxygen interval constraining the timing of initial arthropod and vertebrate terrestrialization[J]. Proc Nat Acad Sci U S A, 2006, 103(45): 16818 - 16822.

35 Berner R A, Vandenbrooks J M, Ward P D. Oxygen and evolution[J]. Science, 2007, 316(5824): 557 - 558.

36 Graham J B, Dudley R, Aguilar N M, et al. Implications of the late Palaeozoic oxygen pulse for physiology and evolution[J]. Nature, 1995, 375(6527): 117 - 120.

37 Dudley R. Atmospheric oxygen, giant Paleozoic insects and the evolution of aerial locomotor performance[J]. The J Exp Biol, 1998, 201(8): 1043 - 1050.

38 Kaiser A, Klok C J, Socha J J, et al. Increase in tracheal investment with beetle size supports hypothesis of oxygen limitation on insect gigantism[J]. Proce Nat Acad Sci U S A, 2007, 104(32): 13198 - 13203.

39 Huey R B, Ward P D. Hypoxia, Global warming, and terrestrial late permian extinctions[J]. Science, 2005, 308(5720): 398 - 401.

40 Perry S F. Swimbladder-lung homology in basal osteichthyes revisited[M] //Fish respiration and environment. Fernandes M N, Rantin F T, Glass M L Enfield, NJ: Science Publishers, 2007: 41 - 54.

41 Wells N A, Dorr J A. Form and function of the fish Bothriolepis (Devonian: Placodermi, Antiarchi): the first terrestrial vertebrate[J]. Mich. Acad, 1985, 17: 157 - 173.

42 Liem K F. Form and function of lungs: The evolution of air breathing mechanisms[J]. Integr Comp Biol, 1988, 28(2): 739 - 759.

43 LIEM, Karel F. Respiratory gas bladders in teleosts: Functional conservatism and morphological diversity[J]. Integr Comp Biol, 1989, 29(1): 333 - 352.

44 Romer A S. Skin breathing — primary or secondary[J]. respiration physiology, 1972, 14(1 - 2): 183 - 192.

45 Maina J N. Functional morphology of the vertebrate respiratory systems[M]. Enfield NH: Science Publishers, 2002.

46 Torday J S, Rehan V K, Hicks J W, et al. Deconvoluting lung evolution: from phenotypes to gene regulatory networks[J]. Integr Comp Biol, 2007, 47(4): 601 - 609.

47 Darwin C. The origin of species by means of natural selection[M]. London: Murray, 1859.

48 Perry S F, Sander M. Reconstructing the evolution of the respiratory apparatus in tetrapods[J]. Respir Physiol Neurobiol, 2004, 144(2): 125 - 139.

49 Podkowa D L, Goniakowska-Witalińska. The structure of the airbladder of the catfish Pangasius hypophthalmus Roberts and Vidthayanon 1991, (previously P. sutchi Fowler 1937)[J]. Folia Biologica, 1998, 46(3): 189 - 196.

50 Power J H, Doyle I R, Davidson K G, et al. Ultrastructural and protein analysis of surfactant in the Australian lungfish Neoceratodus forsteri: evidence for conservation of composition for 300 million years[J]. J Exp Biol, 1999, 202(18): 2543 - 2550.

51 Daniels C B, Orgeig S, Sullivan L C, et al. The origin and evolution of the surfactant system in fish: Insights into the evolution of lungs and swim bladders[J]. Physiol Biochem Zool, 2004, 77(5): 732 - 749.

52 de Pinna M C C. Phylogenetic relationships of Neotropical Siluriformes (Teleostei: Ostariophysi): historical overview and synthesis of hypotheses[M] / /Phylogeny and Classification of Neotropical Fishes. Malabarba L R, Reis R E, Vari R P. Lucena. Porto Alegre, Brazil: EDIPUCRS, 1998: 279 - 330.

53 Grigg G C. Studies on the Queensland lungfish, Neoceratodus forsteri (Krefft). 3. Aerial respiration in relation to habits[J]. Aust J Zool, 1965, 13(3): 413 - 421.

54 Maina J N. The morphology of the lung of the African lungfish, Protopterus aethiopicus[J]. Cell Tissue Res, 1987, 250(1): 191 - 196.

55 Zaccone G, Fusulo S, Ainis L. Gross anatomy, histology, and immunochemistry of respiratory organs of air-breathing and teleost fishes with particular reference to the neuroendocrine cells and their relationship to the lung and the gill as endocrine organs[M] / /Histology, ultrastructure, and immunochemistry of the respiratory organs in non-mammalian vertebrates. Pastor L M. Murcia, Spain: Secretariado de Publicaciones de la Universidad de Murcia, 1995: 17 - 43.

56 Nikinmaa M, Rees B B. Oxygen-dependent gene expression in fish[J]. Am J Physiol Regul Integr Comp Physiol, 2005, 288(5): R1079 - R1090.

57 Martin Flück, Webster K A, Graham J, et al. Coping with cyclic oxygen availability: evolutionary aspects[J]. Integr Comp Biol, 2007, 47(4): 524 - 531.

58 Gracey A Y, Cossins A R. Application of microarray technology in environmental and comparative physiology[J]. Annu Rev Physiol, 2003, 65(1): 231 - 259.

59 Burggren W W. "Air gulping" improves blood oxygen transport during aquatic hypoxia in the goldfish carassius auratus[J]. Physiol Zool, 1982, 55(4): 327 - 334.

60 Gee J H, Gee P A. Aquatic surface respiration, buoyancy control and the evolution of air-breathing in gobies (Gobiidae: Pisces)[J]. J Exp Biol, 1995, 198(Pt 1): 79 - 89.

61 Armbruster J W. Modifications of the digestive tract for holding air in loricariid and scoloplacid catfishes[J]. Copeia, 1998, 3: 663 - 675.

62 Gee, John H. Buoyancy and aerial respiration: factors influencing the evolution of reduced swimbladder volume of some Central American catfishes (Trichomycteridae, Callichthyidae, Loricariidae, Astroblepidae)[J]. Can J Zool, 1976, 54(7): 1030 - 1037.

63 Santos C T C, Fernandes M N, Severi W. Respiratory gill surface area of a facultative air-breathing loricariid fish, Rhinelepis strigose[J]. Can J Zool, 1994, 72(11): 2009 - 2015.

64 Hernandez-Blazquez F J, Silva J M, Julio-Jr H R. A new accessory respiratory organ in fishes: morphology of the respiratory purses of Loricariichthys platymetopon (Pisces, Loricariidae)[J]. An

N ci Nat Zool, 1997, 18(Serie 13, vol. 18, fasc. 3): 93 - 103.

65　Takasusuki J, Fernandes M N, Severi W. The occurrence of aerial respiration in Rhinelepis strigosa during progressive hypoxia[J]. J Fish Biol, 2010, (2): 369 - 379.

66　Fernandes- Castilho M, Goncalves-de-Freitas E, Giaquinto P C, et al. Fish respiration and environment[M]. Boca Raton: CRC Press, 2007.

67　Graham, J. B. The transition to air breathing in fishes II. Effects of hypoxia acclimation on the bimodal gas exchange of Ancistrus chagresi (Loricariidae)[J]. J Exp Biol, 1983, 102: 157 - 173.

68　Oliveira C D, Taboga S R, Smarra A L S, et al. Microscopical aspects of accessory air breathing through a modified stomach in the armoured catfish Liposarcus anisitsi (Siluriformes, Loricariidae) [J]. Cytobios, 2001, 105(410): 153 - 162.

69　Podkowa D, Lucyna Goniakowska-Witalińska. Adaptations to the air breathing in the posterior intestine of the catfish (Corydoras aeneus, Callichthyidae). A histological and ultrastructural study [J]. Folia Biologica, 2002, 50(1 - 2): 69 - 82.

70　Podkowa D, Lucyna Goniakowska-Witalińska. Morphology of the air-breathing stomach of the catfish Hypostomus Plecostomus[J]. Journal of Morphology, 2003, 257(2): 147 - 163.

71　Mattias A T, Rantin F T, Fernandes M N. Gill respiratory parameters during progressive hypoxia in the facultative air-breathing fish, Hypostomus regani (Loricariidae)[J]. Comparative Biochemistry & Physiology A, 1998, 120(2): 311 - 315.

72　Nelson, J A, Rios, F S, Sanches J R, et al. Fish Respiration and environment[M]. Boca Raton: CRC Press, 2007.

73　Graham J B, Baird T A. The transition to air breathing in fishes. I. Environmental effects on the facultative air breathing of Ancistrus chagresi and Hypostomus plecostomus (Loricariidae)[J]. J Exp Biol, 1982, 102: 157 - 173.

74　Perna S A, Fernandes M N. Gill morphometry of the facultative air-breathing loricariid fish, Hypostomus Plecostomus (Walbaum) with, special emphasis on aquatic respiration[J]. Fish Physiol Biochem, 1996, 15(3): 213 - 220.

75　Palzenberger M, Pohla H. Gill surface area of water-breathing freshwater fish[J]. Rev Fish Biol Fisher, 1992, 2(3): 187 - 216.

76　Adalberto Luís Val, Almeida-Val V M F D, Affonso E G. Adaptative features of amazon fishes: Hemoglobins, hematology, intraerythrocytic phosphates and whole blood Bohr effect of Pterygoplichthys multiradiatus (Siluriformes)[J]. Comparative Biochemistry & Physiology B, 1990, 97(3): 435 - 440.

77　Brauner C J, Berenbrink M. Fish physiology: primitive fishes [M]. San Diego: Elsevier Academic Press, 2007.

78　Graham J B. Seasonal and environmental effects on the blood hemoglobin concentrations of some Panamanian air-breathing fishes[J]. Environ Biol Fish, 1985, 12(4): 291 - 301.

79　Greenwood P H. The natural history of African lungfishes[J]. J Morphol, 1986. 190(S1): 163 - 179.

80　Kemp A. The biology of the Australian lungfish, Neoceratodus forsteri(krefft 1870)[J]. Morphol, 1986, 190(S1): 181 - 198.

81　Harder V, Souza R H S, Severi W, et al. Biology of tropical fishes[M]. Brazil: INPA, 1999.

82　Satchell, G H. Respiration of amphibious vertebrates[M]. London: Academic Press, 1976.

83 Burggren W W. The biology and evolution of lungfishes[M]. New York: Liss.

84 De Moraes M F, Holler S, Costa O T, et al. Morphometric comparison of the respiratory organs in the South American lungfish Lepidosiren paradoxa [J]. Physiol Biochem Zool, 2005, 78 (4): 546 – 559.

85 Icardo J M, Brunelli E, Perrotta I, et al. Ventricle and outflow tract of the African lungfish Protopterus dolloi[J]. J Morphol, 2005, 265(1): 43 – 51.

86 Icardo J M, Ojeda J L, Colvee E, et al. Heart inflow tract of the African lungfish Protopterus dolloi [J]. J Morphol, 2005, 263(1): 30 – 38.

87 Hughes G M. On the respiration of Latimeria chalumnae[J]. Zool J Linn Soc, 1976, 59 (2): 195 – 208.

88 Aminnaves J, Giusti H, Glass M L, et al. Effects of acute temperature changes on aerial and aquatic gas exchange, pulmonary ventilation and blood gas status in the South American lungfish, Lepidosiren paradoxa[J]. Com Biochem Phys A, 2004, 138(2): 133 – 139.

89 Perry S F, Gilmour K M, Vulesevic B, et al. Circulating catecholamines and cardiorespiratory responses in hypoxic lungfish (Protopterus dolloi): a comparison of aquatic and aerial hypoxia[J]. Physiol Biochem Zool, 2005, 78(3): 325 – 334.

90 Amin-Naves J, Sanchez A P, Bassi M, et al. Fish Respiration and Environment[M]. Enfield, NH: Science Publisher, 2007.

91 Bassi M, Klein W, Fernandes M N, et al. Pulmonary oxygen diffusing capacity of the South American Lungfish Lepidosiren paradoxa: physiological values by the Bohr Method[J]. Physiol Biochem Zool, 2005, 78(4): 560 – 569.

92 Abe A S, Steffensen J F. Bimodal respiration and cutaneous oxygen loss in the lungfish Lepidosiren paradoxa[J]. Rev Bras Biol, 1996, 56: 211 – 216.

93 Fritsche R, Axelsson M, Franklin C E, et al. Respiratory and cardiovascular responses to hypoxia in the Australian lungfish[J]. Resp Physiol, 1993, 94(2): 173 – 187.

94 Kind P K, Grigg G C, Booth D T. Physiological responses to prolonged aquatic hypoxia in the Queensland lungfish neoceratodus forsteri[J]. Respir Physiol Neurobiol, 2002, 132(2): 179 – 190.

95 Sanchez A P, Soncini R, Wang T, et al. The differential cardio-respiratory responses to ambient hypoxia and systemic hypoxaemia in the South American lungfish, Lepidosiren paradoxa[J]. Comp Biochem Phys A, 2001, 130(4): 677 – 687.

96 Urist M R. Testosterone-induced development of limb gills of the lungfish, Lepidosiren paradoxa[J]. Comp Biochem Phys A, 1973, 44(1): 131 – 135.

97 Powell F L. Functional genomics and the comparative physiology of hypoxia[J]. Annu Rev Physiol, 2003, 65(1): 203 – 230.

98 Bickler P E, Buck L T. Hypoxia tolerance in reptiles, amphibians, and fishes: life with variable oxygen availability[J]. Annu Rev Physiol, 2007, 69(1): 145 – 170.

99 Smith H W, Breitwieser F A. Metabolism of the lung-fish, protopterus aethiopicus[J]. J Biol Chem, 1930, 88(1): 97 – 130.

100 Fishman A P, Pack A I, DeLaney R G, et al. The biology and evolution of lungfishes[M]. New York: Liss, 1987.

101 Sturla M, Paola P, Carlo G, et al. Effects of induced aestivation in Protopterus annectens: A

histomorphological study[J]. J Exp Zool, 2002, 292(1): 26 - 31.

102 Chew S F, Chan N K Y, Loong A M, et al. Nitrogen metabolism in the African lungfish (Protopterus dolloi) aestivating in a mucus cocoon on land[J]. J Exp Biol, 2004, 207: 777 - 786.

103 Abe A S, Steffensen J F. Lung and cutaneous respiration in awake and estivating South American lungfish, Lepidosiren paradoxa[J]. Rev Bras Biol, 1996, 56: 485 - 489.

104 Zhang J, Taniguchi T, Takita T, et al. On the epidermal structure of boleophthalmus and scartelaos mudskippers with reference to their adaptation to terrestrial life[J]. Ichthyol Res, 2000, 47(3): 359 - 366.

105 Park J Y. Structure of the skin of an air-breathing mudskipper, Periophthalmus magnuspinnatus[J]. J Fish Biol, 2002, 60(6): 1543 - 1550.

106 Zhang J, Taniguchi T, Takita T, et al. A study on the epidermal structure of Periophthalmodon and Periophthalmus mudskippers with reference to their terrestrial adaptation[J]. Ichthyol Res, 2003, 50(4): 310 - 317.

107 Ip Y K, Lim C B, Chew S F, et al. Intermediary metabolism in mudskippers, Periophthalmodon schlosseri and Boleophthalmus boddarti, during immersion or emersion[J]. Can J Zool, 2006, 84 (7): 981 - 991.

108 Todd E S, Ebeling A W. Aerial respiration in the Longjaw Mudsucker Gillichthys mirabilis (Teleostei: Gobiidae)[J]. Biol Bull, 1966, 130(2): 265 - 288.

109 Murdy E O. A taxonomic revision and cladistic analysis of the oxudercine gobies (Gobiidae: Oxudercinae)[J]. Rec Aust Mus Suppl, 1989, 11: 1 - 93.

110 Thacker C E. Molecular phylogeny of the gobioid fishes (Teleostei: Perciformes: Gobioidei)[J]. Mol Phylogenet Evol, 2003, 26(3): 354 - 368.

111 Gonzales T T, Katoh M, Ishimatsu A, et al. Respiratory vasculatures of the intertidal air-breathing eel goby, Odontamblyopus lacepedii (Gobiidae: Amblyopinae)[J]. Environ Biol Fish, 2008, 82(4): 341 - 351.

112 Ishimatsu A. Mudskippers store air in their burrows[J]. Nature, 1998, 391(6664): 237 - 238.

113 Ishimatsu A, Yoshida Y, Itoki N, et al. Mudskippers brood their eggs in air but submerge them for hatching[J]. J Exp Biol, 2007, 210(22): 3946 - 3954.

114 Gee G P A. Reactions of Gobioid Fishes to hypoxia: buoyancy control and aquatic surface respiration [J]. Copeia, 1991, 1991(1): 17 - 28.

115 Kok W K, Lim C B, Lam T J, et al. The mudskipper Periophthalmodon schlosseri respires more efficiently on land than in water and vice versa for Boleophthalmus boddaerti[J]. J Exp Zoo, 1998, 280(1): 86 - 90.

116 Ishimatsu A, Aguilar N M, Ogawa K, et al. Arterial blood gas levels and cardiovascular function during varying environmental conditions in a mudskipper, periophthalmodon schlosseri[J]. The J Exp Biol, 1999, 202(13): 1753 - 1762.

117 Takeda T, Ishimatsu A, Oikawa S, et al. Mudskipper Periophthalmodon schlosseri can repay oxygen debts in air but not in water[J]. J Exp Zool, 1999, 284(3): 265 - 270.

118 Mazlan A G, Masitah A, Mabani, M C, et al. Fine structure of gills and skins of the amphibious mudskipper, Periophthalmus chrysospilos Bleeker, 1852, and non-amphibious goby, Favonigobius reichei[Bleeker, 1853][J]. Acta Ichthyol Et Piscat, 2006, 36(2): 127 - 133.

119 Randall D J, Ip Y K, Chew S F, et al. Air breathing and ammonia excretion in the Giant Mudskipper, Periophthalmodon schlosseri[J]. Physiol Biochem Zool, 2004, 77(5): 783 – 788.

120 Park J Y, Lee Y J, Kim I S, et al. Morphological and cytological study of the skin of the Korean eel goby, Odontamblyopus lacepedii (Pisces, Gobiidae)[J]. Korean J Biol Sci, 2003, 7: 43 – 47.

121 Chew S F, Sim M Y, Phua Z C, et al. Active ammonia excretion in the giant mudskipper, Periophthalmodon schlosseri (Pallas), during emersion[J]. J Ex Zool, 2007, 307(6): 357 – 369.

122 Wells R M G, Baldwin J, Seymour R S, et al. Air breathing minimizes post-exercise lactate load in the tropical Pacific tarpon, Megalops cyprinoides Broussonet 1782 but oxygen debt is repaid by aquatic breathing[J]. J Fish Biol, 2007, 71: 1649 – 1661.

123 Martin K L M, Bridges C R. Intertidal fishes: life in two worlds[M]. San Diego: Academic Press, 1999.

124 Potter I C, Macey D J, Roberts A R, et al. Oxygen uptake and carbon dioxide excretion by the branchial and postbranchial regions of adults of the lamprey geotria australis in air[J]. J Exp Zool, 1997, 278(5): 290 – 298.

125 Benech, V, Lek S. Résistance á l'hypoxie et observations écologiques pour seize espéces de poissons du Techad[J]. Rev d Hydrobiol Trop, 1981, 14: 153 – 168.

126 Ross, L. G. Tilapias: biology and exploitation[M]. Dordrecht: Kluwer, 2000.

127 Maina, J N, Wood C M, Narahara A, et al. Fish morphology: horizon of new research[M]. Lebanon: Science Publishers, 1996.

7

水下"呼吸者"：潜水的
哺乳动物和鸟类

拉尔斯·福尔克(Lars P. Folkow)

阿诺德斯·施蒂特·布利克斯(Arnoldus Schytte Blix)

7.1 引言

众所周知,鲸的一生均在水中度过,而海豹大部分时光也在水下度过。过去几十年的研究表明：某些哺乳动物在水下度过的时间占生命总长度的 $80\%\sim90\%$。抹香鲸[1]和南象海豹[2]一般潜水的深度为 $300\sim600\ m$,甚至达1 000 m 以下,且有时可一次在水下停留长达 2 h[3]。冠海豹通常也可潜至水下 $300\sim600\ m$,停留时间为 $5\sim25\ min$,个别海豹可重复深潜水到 1 000多米,时长达 1 h。一些鸟类,例如帝企鹅,可潜到水下 550 m,时长超过 15 min[4]。它们是如何实现这一切的呢？对于鲸、海豹、企鹅和鸭子等这类可呼吸空气的动物而言,水下生活存在哪些生理学问题？在讨论这个问题之前,我们必须重新定义"潜水"概念。下文中,"实验性潜水"表明该动物或多或少被强迫潜入水下,而"自愿性潜水"表明该动物完全自愿在水池或海里潜水。

当哺乳动物或者鸟类潜水时,无论是否自愿,都必须立刻停止呼吸以防溺水。然而,由于组织和细胞的代谢、血液循环的持续,必将导致动脉低氧和高碳酸血症逐步加剧。Scholander[5]在海豹的实验性潜水中首次证明这一观点,而后 Qvist 等[6]在威德尔氏海豹的自愿性潜水实验中进一步证实了潜水时伴随动

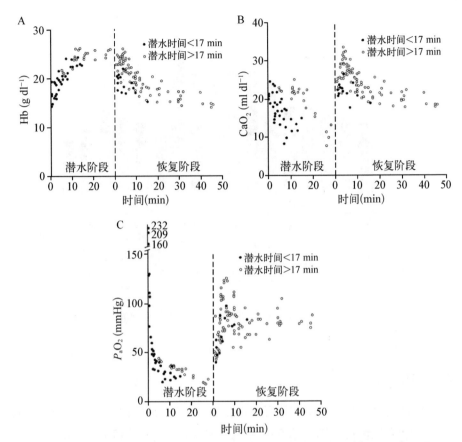

图 7-1 威德尔氏海豹进行自愿性潜水时，在水中和返回水面后动脉的血红蛋白（A）、氧含量（B）、PO_2（C）随时间的变化情况。实验中潜水被分为短时间潜水（<17 min）和长时间潜水（>17 min）[6]

脉低氧和高碳酸血症（见图 7-1）。

理论上，为解决在无法换气的情况下尽可能扩大潜水范围的问题，最简单的方法是生物在入水时尽可能多地携带氧，同时尽量节约氧的消耗。但实际情况并非如此，接下来，我们将探讨这些动物如何应用多种多样的潜水方式，面对潜水时不同的生理挑战。

7.2 氧储存

潜水的哺乳动物和鸟类在血中和肌肉中都具有较强的储氧能力，而部分物种中肺储氧能力增加（见图 7-2）。

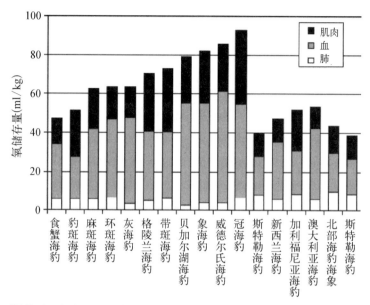

图 7-2 多种成年海豹体内的平均可用氧储存量，以及氧在血液、肌肉和肺的相对分布[7]

7.2.1 血红蛋白

习惯性潜水动物的血细胞比容和血红蛋白浓度明显增加。深潜时海豹的血细胞比容和血红蛋白分别可达 55%～60% 和 20～25 g/dl(1 dl＝100 ml)[7-10]，然而，浅潜时海狮科(otariid)海豹和小鲸目动物体内血细胞比容/血红蛋白水平较低(40%～63%/13～24 g/dl)[10-12]。鸭和企鹅的血细胞比容和血红蛋白值分别为 45%～53% 和 11～20 g/dl[13-15]。潜水生物的红细胞总数与潜水能力呈正相关[16]，但较高的血细胞比容必然导致血液黏度增加。针对这个问题，海豹在不潜水时，脾脏储存大量的含氧红细胞，潜水时释放入血，避免了血液黏度过高所产生的问题。

7.2.2 红细胞的脾脏储存

部分海豹的脾脏较大，其中少数的脾脏巨大[17-18]。早在 1980 年，Kooyman 等[19]报道了在威德尔氏海豹潜水时，外周循环中的血红蛋白增多。Qvist 等[6]阐明从脾脏释放的含氧红细胞使得威德尔氏海豹在潜水时动脉血红蛋白从 15 g/dl 增加到 25 g/dl，血氧含量在 15～18 min 的潜水过程中保持恒定（见图 7-1）。然而，血细胞比容从 40% 上升到 60%，将明显增加血液黏滞性[20,21]，从而导致周围血管阻力和心肌负荷增大。Castellini 等[22]的研究表明,潜水后的血细胞比容下降至静息水平所需的时间过长,导致在两次潜水之间无法恢复,即在一系列潜水时,血细胞比容同样保持较高水平,直到结束潜水在水面上休息或睡觉为止。脾脏的主要功能是在潜水间歇降低血液黏滞性[18]。Cabanac 等[23-24]对冠海豹脾脏结构和体外动力学进行相关研究。

7.2.3 血容量和 Hb‑O₂ 亲和力

屏气潜水的动物中,红细胞数量增加自然伴随着血浆容量的大幅度提升,使得血容量总量可达 $100\sim200$ ml/kg[7,10,25-26],故潜水动物的氧储量是陆地哺乳动物平均水平的 $3\sim4$ 倍[27]。

在潜水鸟类和哺乳动物中,Hb‑O₂ 亲和力并没有显著增加,因为潜水动物并不在低氧情况下呼吸[27-30]。由于低 Hb 温度系数[30-31]和高玻尔系数[30],深潜水动物在窒息低氧期间随着酸中毒的加剧,Hb‑O₂ 释放增加,从而得到更多的氧[32]。

7.2.4 肌红蛋白含量

潜水的哺乳动物和鸟的骨骼肌中肌红蛋白含量较高($50\sim80$ mg/g)[27,33-35],冠海豹的肌肉中肌红蛋白含量是目前已知的最高纪录(95 mg/g)(见图 7‑2)[7]。

浅潜的海狮科海豹(海狮和毛皮海豹)、小鲸目、海獭、海牛目和潜水啮齿类动物体内的肌红蛋白含量较深潜动物低($10\sim76$ mg/g)[10,27,36],但高于大部分陆生生物[27]。潜水的鸟类情况相同,其肌红蛋白含量为($4\sim64$ mg/g)[15,26,34,37]。同时发现潜水动物心脏的单体肌红蛋白分子较高(28 mg/g)[38],其与氧的亲和力非常强($P_{50}=2.5$ mmHg),因此同样能提供氧的储存。更重要的是,该分子能促进氧从细胞膜转运到线粒体[39,40],起抗氧化防御作用[41]。

7.2.5 肺的氧储备

短暂地浮出水面后,潜水哺乳动物表现出高潮气量的换气特点[42-45],保证其能够快速地排出过量二氧化碳,重新贮存氧[45]。深潜哺乳动物的肺容量符合陆生动物的异速生长关系(allometric relationship)[10,46-47]。这些动物通常在潜水前呼气[25,43,45],可有效避免潜水时减压病的发生,同时说明其对肺部氧储量的依赖程度较低。与之相反,浅潜哺乳动物有较大的肺容量,且潜水时对肺的氧储量依赖程度较高[33](见图 7‑2)。

7.3 窒息状态下的呼吸敏感性

潜水动物在潜水中需承受的长时间的低氧和高碳酸血症，其抑制呼吸的能力至关重要[6]。对鸭子而言，部分通过靠近声门和鼻孔的非特异性机械感受器传入抑制信号[48]，部分通过减少二氧化碳的通气反应实现呼吸抑制[49]。现有研究显示，大部分海豹科在正常呼吸时对低氧和高碳酸血症较为敏感，但其在潜水时的呼吸阈值和相关机制尚不清楚[50-51]。

7.4 实验性潜水和长时间自然潜水时的氧经济学

过去30余年的实地研究表明，潜水的哺乳动物和鸟类大部分潜水时为有氧代谢，故实验性潜水时，其心血管和代谢仅在有限的范围内调节[52-53]。不过，现在生理学家们认为，动物无论是自愿还是被迫进行长时间潜水，其反应相同[53-54]。鉴于本书主题为"有氧和无氧生存"，故本章节不仅关注潜水动物在日常情况下的表现，还将以大量篇幅聚焦于其在极端条件下的能力。

因此，首先应当关注，当海豹等潜水动物被迫下水时会发生什么。这类实验展示了动物应对低氧的能力，也是目前了解动物潜水时所发生的生理性适应的主要方法。100多年前人们就发现，海豹等动物在被迫潜水时会突然出现心率加深变缓。Scholander等[25,55]通过一系列严谨的实验首次解释了这一奇怪的现象，他们发现心动过缓与广泛的选择性外周血管收缩同步进行，这一观点随后在血管造影实验中得到了证实[56]（见图7-3A）。

选择性外周血管收缩保证了在心输出量下降90%的情况下[57]，血液仍几近完全覆盖对低氧敏感的组织，维持系统动脉血压。在心血管剧烈变化下维持动脉血压主要靠心输出量和外周阻力之间微妙的平衡。在海豹体内，舒张压的维持依赖于巨大且有弹性的主动脉。Burow将其描述为"弹性储存血管"，Drabek等[58]对其有更详细的描述。遗憾的是，上述的生理反射常常被认为是"潜水反应"，即生态学家和医学工作者认为的"心动过缓反射"。然而，Scholander所提出的"生命主开关"概念包括了一系列反射，为"潜水反射"更准确的描述[25]。就潜水哺乳动物和鸟类无氧防御的基础知识和发展简史，建议进一步参考Andersen[59]、Blix和Folkow[60]等的文献。

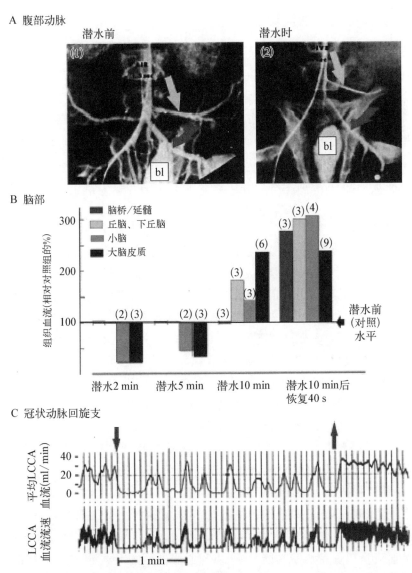

图 7-3 (A) 麻斑海豹外周动脉(腹部)的血管造影。(1) 水面上呼吸空气时,可以看到侧腹(侧翼)充盈的血管(上面的箭头),后鳍的充盈的血管(下面的箭头);(2) 试验性潜水时,同一动物的同一处动脉极度收缩,造成造影剂充盈不佳[56]。(B) 利用放射性微球体检测麻斑海豹 4 个不同脑区的血流情况,潜水前,试验性潜水 2、5、10 min 及 10 min 后恢复 40 s 这几个时间点测定,以潜水前的血流百分比表示。实验例数在柱形图上标出[60]。(C) 麻斑海豹在 3 min 试验性潜水后,冠状动脉左旋支(left circumflex coronary artery, LCCA)的血流量和流速。开始潜水后血流量迅速减少,且每隔 30～45 s 出现短暂的恢复。该反应表明为了满足心肌代谢的需求,冠状动脉血管出现了节律性、神经源性、痉挛样收缩[61]。箭头标记出了潜水的持续时间

7.4.1 组织器官的血流灌注

7.4.1.1 脑

在所有组织中,脑是潜水时血流灌注最多的地方。因此,海狮在自愿潜水时,脑血流灌注开始下降40%,之后几乎呈线性上升,在3 min潜水结束时的脑血流可增加到潜水前水平的123%以上[62]。然而,海豹科海象的脑血流灌注在潜水开始时有50%的下降,持续超过5 min,在10 min潜水试验结束时,逐渐增加到高于潜水前的水平(见图7-3B)。同时发现,这些动物脑不同区域的灌注是不同且随时间变化的,大脑皮质和中脑相较小脑和脑桥/髓质更易被灌注[63]。

7.4.1.2 心脏

麻斑海豹的心肌血流量在潜水的一瞬间下降至潜水前平均水平的10%[64],且在15 min的试验性潜水中冠状动脉血流量存在持续45 s的震荡[61](见图7-3C)。在此期间,舒张期左室容积和肌细胞收缩逐渐减少,而收缩期保持着相对稳定[61]。这种改变使在不改变左心室舒张末压力和收缩性的同时,降低了心室充盈/室壁压力/心室收缩力,与大幅度的心动过缓共同显著降低心肌负荷,节约能量。此外,在潜水过程中心肌产生乳酸和氢离子增加,结束潜水后心脏立即恢复到摄取乳酸的状态[65]。在潜水时,心肌摄取葡萄糖和游离脂肪酸的水平减少或保持不变,但会产生乳酸。这一现象说明开始潜水后,即使动脉氧分压(PaO_2)水平较高,心肌对无氧的糖原分解/糖酵解的依赖也开始增加[64]。格陵兰海豹的心脏富含糖原,且心肌细胞孤立存在(不同于小鼠的心肌细胞),使其在1 h的模仿局部缺血实验中保持ATP浓度,该结果同样支持上述结论[66]。

格陵兰海豹的心电图上尚无左心室局部缺血扩大或ST段抬高的证据[64],说明海豹能够在潜水时,即使PaO_2下降到低于心肌梗死时的水平,也能降低冠状动脉血流量以保持心肌功能,这一点与心肌梗死的犬类不同[67]。因此,对海豹潜水时心肌细胞更深入的研究,可能为降低人类心肌局部缺血损伤,提供低氧条件下的治疗提供思路。

7.4.1.3 肾脏

Elsner等[68]和Davis等[69]的实验表明,无论在试验性潜水还是长时间自愿潜水中,威德尔氏海豹的肾灌注几乎完全关闭。Ronald等[70]在实验中观察到,格陵兰海豹在水下输尿管的正常蠕动仅持续10～25 s,且在潜水结束后15～30 s内恢复。此外,Halasz等[71]已证实,离体的海豹肾脏在温缺血条件下(32～

34℃)可承受缺血 1 h,再灌注时迅速恢复产生尿液,而以相同方式处理的犬肾脏则无尿产生。

7.4.1.4　肝脏和肠道

目前,潜水动物的肝功能尚未得到足够重视,已观察到实验性潜水海豹的肝脏动脉血供量非常低[72]或几乎为零[73]。然而,Davis 等[69]在威德尔海豹相对较短的自愿潜水期间测量吲哚菁绿的清除率,发现潜水期间吲哚菁绿的清除率保持不变。通常肝脏从肝动脉接受 25%~30%的血液供应,其余血液供应来自肝门静脉。在长时间潜水期间里,内脏循环被关闭的更多。该研究的问题在于,潜水持续时间过短,无法完全激活潜水反应。事实上,Sparling 等[74]提出,灰海豹(*Halichoerus grypus*)的静息代谢率在潜水后突然增加,这代表了针对潜水后觅食的代谢补偿效应的延迟,而此推迟是由潜水时肠道内血管收缩所致。食物的产热效应支持在较长潜水期间肠道血液不循环的观点。还有观点认为,南象海豹极长的小肠更适应频繁的更深的潜水,因为其小肠有较大的黏膜表面和充分的血液灌注,在短时间内食物可充分接触表面并快速吸收[75]。但 Martensson 等[76]认为这个假设极有可能是错误的。鳍足目类的小肠长度变异极大,其中一些猎物种类选择相同,值得进一步关注。

7.4.1.5　肌肉

从能量的角度而言,骨骼肌在潜水中至关重要,不是因为静息代谢,也不是因为代谢范围,二者在海豹的骨骼肌中均较低,而是由于其体积巨大[77]。Scholander 等[25]首次通过放射性微球观察到在潜水试验期间,骨骼肌的血流灌注几乎被完全关闭(见图 7-4),Eisner[78]、Zapol[72]、Blix[73]等在之后的实验中也证实了这一点。尽管 Guyton 等(1995)由于未区分血红蛋白和肌红蛋白,导致结果难以解释。但由于氧合肌红蛋白最先被利用,且在潜水 4 min 后耗尽,其数据仍支持 Scholander 等[79]的结论。肌肉磷酸肌酸(PCr)的储存是 ATP 再生的重要能量来源,其可能进一步推迟无氧代谢的发生。即使是陆地哺乳动物,其体内 ATP 水平也能供应几分钟潜水[80],潜水哺乳动物和鸟类并没有比非潜水动物拥有更大的肌酸储存组织[81]。故若在长时间无氧潜水中,肌细胞进行无氧代谢并将产生的乳酸堆积在血液中[82-83](见图 7-4),这将导致血中乳酸堆积呈指数型增长[53](见图 7-5A)。以上研究均否认了所有的肌肉都会在长时间潜水中无氧代谢的观点。更可能的解释是,没有参与游泳的巨大肌肉(例如呼吸肌),在潜水时静息代谢率非常低,可完全依赖于内源性的氧合肌红蛋白,PCr 和代谢减退(见下文)。

在大多数情况下,例如在威德尔海豹体内,这种乳酸负荷主要通过肝脏

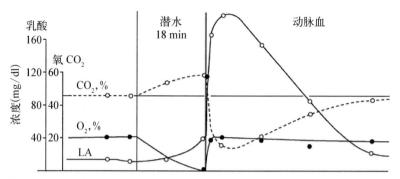

图 7-4　灰海豹在 18 min 的试验性潜水前、中、后的动脉乳酸浓度变化，同时也显示了动脉氧含量和 CO_2 含量的同步变化

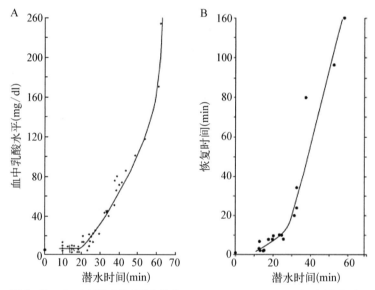

图 7-5　(A) 自愿潜水的威德尔海豹(*Leptonychotes weddelli*)从不同潜水时间恢复过程中的动脉乳酸峰值浓度；(B) 与 A 中相同动物的不同潜水时间所需的恢复时间[53]

代谢，以避免动物再次潜水前出现 pH 值过低的问题。因此越长时间的潜水意味着浮在水面上的恢复时间延长[53]（见图 7-5B）。这就意味着，与一系列短暂的有氧潜水相比，如果动物进行长时间的潜水，其在水下的总时间将减少（即没有乳酸的积累，这点稍后讨论）。然而对于象海豹（*Mirounga sp.*）而言却不是这样[84]。这些动物长时间潜水后，通常会进行一系列较短时间的潜水。这意味着乳酸在短时间的潜水中可作为有氧代谢的底物（见 **7.5**）。

在长时间潜水期间负责游泳的肌肉因血管强烈收缩导致的血液供应减少，这一过程与运动时血管舒张产生了直接的矛盾。这就引出了一个问题，即动物如何在局部组织代谢物稳定增加的情况下，维持血管平滑肌的强烈收缩。Folkow 等[85]证实，Pekin 鸭（*Anas platyrhynchos*）相比陆地动物而言，肌肉内的阻力血管和肌肉外大供血动脉的神经支配更密集，反射也更强。因此，血管阻力增加超出了局部产生的血管扩张剂的作用范围，更多发生在待供应组织的上游。之后有研究在格陵兰海豹体内发现了类似的神经分布和作用[86]，如图 7-3A 所示。值得注意的是，长时间潜水期间，肾上腺是极少数获得大量血液供应的器官之一[73]，可保证其在自愿潜水[87]或实验潜水[88]中均产生儿茶酚胺以维持强烈的血管收缩。

7.4.1.6　肺

Zapol[72]和 Liggins 等[89]在威德尔海豹的主动脉中注射大比例的（分别为 30％和 44％）放射性微球，在实验性潜水后，这些微球可在其肺中找到。Blix 等[73]证实实验潜水时支气管动脉血流微弱（6％），而肺部大量的微球积聚是由于潜水早期血液大量分流致外周动静脉。Sinnett 等[90]在斑海豹实验潜水期间测量了肺动脉、右心室压力和肺楔压（指示左心房压力），发现在右心室压力和肺楔压相等的情况下（10～16 mmHg），心脏舒张期肺血流可能会停止。在潜水期间，大量外周动脉收缩引起的血液聚集于大静脉，导致右心室压力增高。血液积聚主要发生在巨大的下腔静脉和肝窦中，位于膈肌水平的静脉括约肌预防了右心的过度充血[91-92]。尽管如此，右心室在潜水期间的扩张仍很明显，而左心室未明显扩张。

最后，Miller 等[93]解释了迄今为止仍不受重视的问题——如何确保肺泡表面活性物质的活性，以保证重回水面的正常呼吸。他们发现几种海豹中表面活性剂的表面活性很差，而抗黏附性能较强，可应对在深度潜水时肺萎陷的挑战[94-96]。

7.4.2　潜水时的燃料来源

潜水哺乳动物在有氧时，相关酶系统[97]利用脂肪为主要燃料来源[98-99]。然而，随着 PaO_2 的下降或缺血的加重，其对无氧代谢的依赖增加，因此需要足量碳水化合物供应。在这种情况下，大量糖原可作为局部组织重要的能量来源[100]。这样，即使在长时间潜水中组织进行无氧酵解，血糖水平也能维持[99,101-102]。在长时间（无氧）自愿性潜水中，门静脉途径维持了肝脏的血流供应，故肝糖原也可作为血糖的主要来源[98]。此外，海豹离体肝脏切面即使在严格限制氧的环境下，也能将糖原转化为葡萄糖。儿茶酚胺水平的升高是长期潜水中特有的表现，其也可能促进糖原分解。在有氧潜水期间，脂肪通过甘油糖异生作用也是有氧潜水期间的另一种葡萄糖来源[98]。另外，海豹的肺部也会释放葡萄糖进入血液循环。当海豹处于有氧的恢复阶段时，部分组织可利用乳酸作为能量代谢的底物，消耗潜水时产生的乳酸。

7.4.3 潜水时的低代谢状态

潜水期间总能量代谢减少的观点最初由 Richet[103] 提出，但在 Scholander 等[82]的研究之前没有得到应有的关注。Scholander 等[82]的实验表明潜水后氧的吸收远低于预期水平。之后自愿潜水的动物研究表明，长时间潜水期间总代谢率降低[45,103-104]。Folkow 和 Blix 等[47]对一些较为专业潜水动物，例如南象海豹，特别是体重仅 200 kg 的带帽海豹进行了研究。结果显示海豹可连续潜水 1 h，深度达 1 km。这表明它们在潜水时必须降低代谢率。下文将详细介绍通过降低体温而降低代谢率的方法。

7.4.4 潜水时的体温降低

Scholander 等[105]在一篇论文中报道了实验性潜水时海豹身体各部位(包括脑)的温度下降 2 ℃。但该研究使用玻璃(水银)温度计记录温度，不够严谨。该论文很少被引用，即使作者的后期研究也很少引用该论文。Andersen 等[106]观察到 Pekin 鸭子只有在脑浸入水中时，其体温才会降低。同样，Caputa 等[107]报道，在 5～10 min 的实验性潜水期间，鸭子的脑部温度降低了 3～4 ℃。Kooyman 等[19]和 Hill 等[108]在威德尔氏海豹自愿潜水实验中同样记录到其中心动脉温度下降 2～3 ℃(见图 7 - 6A)。同时，数据记录器技术也证实自愿性潜水的鸟类，例如王企鹅(*Aptenodytes patagonicus*)[109]和南乔治亚鸬鹚(*Phalacrocorax georgianus*)[110]在喂养时体温降低。这其中的因果关系值得探究：潜水期间是由于体温降低从而代谢率降低，抑或由于降低代谢率导致了体温降低？Odden 等[111]用现代设备重新尝试 Scholander 等[105]的实验，发现在 10～15 min 的实验潜水期间冠海豹和格陵兰海豹的脑温度下降了 2～3 ℃(见图 7 - 6B)。已有研究表明，体温降低速度很快且不会持续低于一定水平。基于此理论，Blix 等[112]提出，脑温度降低是生理调节过程"潜水反射"的结果。这又引出了下一个问题：为什么海豹与其他哺乳动物不同，即使脑温度降低时也不会出现寒战？关于这个问题，Kvadsheim 等[113]证实冠海豹在潜水期间的寒战受到抑制，因此在一定范围内的体温降低不会导致寒战。由此可推断出，专业潜水动物潜水时间延长

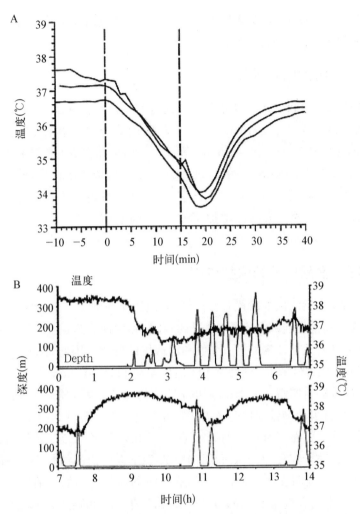

图 7-6 （A）显示在 3 个持续 15 min 的实验性潜水中冠海豹脑温度的改变[111]；（B）14 h（从 118 h 中选择）连续记录威德尔海豹在自愿性潜水中主动脉血液温度和潜水（深度）[108]

时,其通过生理反应使体温下降 2～3 ℃转变为低代谢状态。这一变化对长时间潜水时仍有血液灌注的组织影响较大。

7.4.5 体型因素

由于体重增加与降低基础代谢率相关,大多数潜水哺乳动物较大的体重被视为对潜水的适应[114]。鳍脚亚目动物最大潜水能力随着体重的增加而增加[115]。这对于大型动物很有意义,这是因为脑是潜水期间的主要耗氧器官,而且脑总体重占比较小，其血流量少。Irvine 等[116]发现，体型较小且不满一岁的南方象海豹的潜水时间较大型者短。

7.4.6 潜水时的胎儿低氧

怀孕期间长时间潜水对母体和胎儿而言都是巨大的挑战，因此预计怀孕期间潜水能力会降低。然而，Eisner 等[117]发现，近临产的威德尔海豹自愿潜水长达 60 min，深度达到 310 m。Lenfant 等[118]报道，母体血液的氧亲和力和血氧含量均高于其胎儿。Liggins 等[119]发现在 20 min 的实验性潜水中，胎儿和其母亲一样有着迅速的心动过缓反应。在该实验中，同时发现母体的肾脏和肝脏没有灌注，但流向胎盘的血液灌注增加了 6 倍。故虽然母体 PaO_2 稳定下降，胎儿 PaO_2 下降小于 10 mmHg。

7.4.7 呼吸性酸中毒的保护机制

在长期潜水后的恢复阶段，交感神经对血管床的刺激停止，组织出现反应性充血，肌肉和其他先前缺血组织中累积的乳酸和代谢产生的 H^+ 进入血液循环中。这将不可避免地产生动脉 pH 值和渗透压的变化。因此，Kjekshus 等[64]测得海豹实验性潜水 15 min 后动脉 pH 值低至 7.14，Kooyman 等[19]的实验中记录了威德尔海豹自愿潜水 61 min 后的 pH 值为 6.79。为了避免 pH 值变化带来的不利影响，潜水动物必须拥有强大的缓冲系统。对大部分动物而言，血液中最重要的缓冲因子为血红蛋白。对于海豹[28,118]和企鹅[120]而言，其他因素例如血浆蛋白等也有助于其缓冲，心脏和肌肉中的 PCr 也可通过结合 H^+ 来抵消 pH。此外，Blix 等[60]证明在实验性潜水后，麻斑海豹和灰海豹的骨骼肌通过缓慢的局部灌注，而不是大批量灌注的方式恢复 pH 值。这可能是为了减轻 H^+ 和其他无氧代谢剩余物在血液内聚集，故肌肉的灌注必须逐步进行。对于长时间自愿潜水的威德尔海豹也是如此，其游泳肌肉（m.latissimus dorsi）完全恢复正常需要 5 min[121]。

7.5 短期自愿性潜水

自创世纪以来，人们就知道鸭子通常只"潜水"几秒钟，400 年前人们就了解到有些鸟类可以忍受长时间的淹没（Boyle，1670）。事实上，Andersen[106]证明，即使是 Pekin 鸭也可以忍受 15 min 的浸没。Eliassen[122]研究了野外自由潜水的海鸟，发现其与其他潜水动物不同，海鸟通常只潜水很短的时间，但偶尔也会长时间潜水，并且在潜水期间没有显示任何乳酸积累。这个发现引出了更多的研究，Kooyman 等[123]开始研究在南极洲自由潜水的威德尔海豹。他们了解到海豹 97％的潜水时间短于 26 min，而其屏气容量至少为 1.2 h[19]。在如此短暂的潜水中，上述显著的心血管调节可能并不明显，或根本不表达，就像在大部分研究鸭子的实验中一样[124]。这个观点引起了更多的困惑，有些研究者提出情绪压力是引起实验性潜水期间心动过缓的重要原因[125]。这种观点忽略了近十年关于"切除脑鸭子的潜水反应"的研究，该类研究认为情绪对潜水生理的影响短暂且次要[126-128]。然而，到目前为止，大多数人都知道动物潜水能手，如海豹和一些鸟类，其对呼吸系统和心血管系统有大脑皮质的自愿控制，并能够根据每次潜水的程度做出反应[60,129]。之后 Thompson 和 Fedak[130]在自由潜水的灰海豹中证实，一些习惯于进行长时间潜水的动物潜水时表现出明显的心动过缓，而那些习惯于一系列短暂的潜水的动物则没有。Eisner 等[131]的报道也很有启发性，在冰封湖面的人造的呼吸洞口，接近湖面时蒙住环斑海豹的眼睛，可阻止其心率像往常一样增加。此外，Jobsis[132]等的研究证明，当潜水时长意外延长时，麻斑海豹会迅速降低其心率和肌肉血流量。这与其他研究[133]共同反映出如果动物不知道潜水的持续时间，更高级的中枢神经系统中心可通过调节下行通路立即打开整套节约氧的反应（见图 7-7），若预计潜水较短，可抑制反应。

那么，当动物决定进行一系列较短且不超过其有氧能力的潜水时会发生什么生理改变呢？答案是不会有所改变。例如将头埋在水下几秒钟的鸭子，只是短暂的停止呼吸。这是由于潜水时间短，无法激活负责心血管反应的外周化学感受器[134,135]。环颈鸭（*Aythya fuligula*）在潜水前 20～40 s 增加心率，在潜水期间保持正常的"休息"心率，在潜水后的短暂恢复期内心动过速[136]。

对于自由潜水的海豹和较大的企鹅而言，心血管的反应是可变的，其变化取决于潜水的预期持续时间等因素[108]：在非常短时间的潜水中，上述反应通常不出现，而在有氧能力范围内的长时间潜水时，出现中度心动过缓，其反映了一定程度的外周血管收缩。根据定义，动物在完全有氧代谢时无乳酸产生[19]。这就提出了两个新的问题：在有氧代谢中何处发生血管收缩，以及在不产生乳酸的情况下如何引起血管收缩。假设在这种潜水期间脑和心脏得到充分的氧供应，肾脏和肝脏的灌注[98]如我们所知，并且为了简化而忽略了肠道，最终问题聚焦于骨骼肌。肌肉中富含肌红蛋白[7,35]，且血红蛋白和肌红蛋白对氧的亲和力存在巨大差异[137]。因此，在长时间潜水中，保持血液和肌肉中氧分离储存至关重要。不同于短暂的有氧潜水，长时间潜水时通过灌注活跃的游泳肌肉，"休息"其他肌

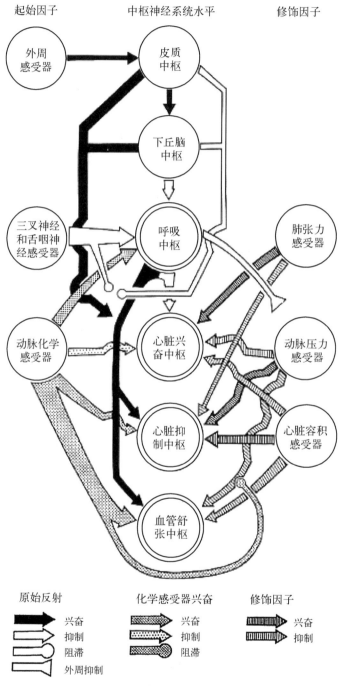

图 7-7 在实验室中，实验性潜水期间参与潜水哺乳动物和鸟类的低氧防御启动和发展过程的反射整合示意图[60]

肉，例如参与呼吸的肌肉，从而实现氧的最佳利用。在这种情况下，游泳的肌肉在整个潜水过程中保持肌红蛋白饱和，并与其他灌注组织竞争血液中的氧。

然而，对于潜水时静息代谢非常低的非活动肌肉而言，其大量的内源性肌红蛋白可帮助避免无氧代谢，而在潜水中不产生乳酸。值得注意的是，在这种情况下虽然胸部肌肉中的肌红蛋白浓度低于游泳肌肉（70 mg/g *vs.* 100 mg/g）[138]，但对于深潜式冠海豹而言，胸部肌肉中的肌红蛋白浓度仍然很高。

然而，这并不是说在这种所谓的有氧潜水期间动物不会发生低氧。事实上，已有研究记录到 $PaO_2 < 20$ mmHg 的情况[6,139]，达到这种糟糕的水平所需的时间取决于潜水时的运动量[140]。基于此，动物采用阻力较低，效率较高的运动方式非常有利[141]。同样重要的是，海豹的游泳肌肉的毛细血管较犬的相同肌肉更少[142-143]，George 和 Ronald[144] 以及 Watson 等[145] 都发现了几种海豹的游泳肌肉完全由慢抽搐（慢肌纤维）和颤搐氧化纤维（快肌纤维）组成。这与高浓度的肌红蛋白都说明海豹的肌肉专门为有氧代谢构建，但并不排除其无氧代谢的可能性。

一些研究人员花费了大量时间尝试通过血液和肌肉的氧储存的数据及潜水代谢率来计算几种海豹的有氧潜水限度（aerobic dive limit，ADL）。以这种方式获得的 ADL 值通常小于许多哺乳动物和鸟类中实际记录的潜水时间[146]。ADL 的概念最初是由 Kooyman 等[147] 引入，并定义为"自由潜水动物的潜水持续时间，即潜水后血液乳酸浓度超过潜水前水平的时间"。该数值在实际测量时很容易得到。生态学家提出了许多困惑和原始概念，试图去解释为什么哺乳动物和鸟类的潜水时间通常超过计算的 ADL。这篇综述表明 ADL 很难被准确计算出，因为这个参数受到一些未知变量的影响，例如心输出量和体温分布。

7.6 潜水时生理反应的中枢神经整合

如上所述，20 世纪 70 年代潜水反射中复杂调节的相关研究达到鼎盛时期，并有 2 篇综述总结了这一时期的收获[52,60]。这一反应通常由远距感受器（眼睛和耳朵）和（或）三叉神经和舌咽受体（通过与水接触刺激）诱发（见图 7-7）。在某些情况下（特别是在短潜水期），心血管反射可能被皮质—下丘脑轴所阻滞。然而，在呼吸停止时，不同物种受到的刺激不同。对于海豹和较大的企鹅而言，初始反射通常较为激烈，而对于钻水鸭，反射则较为温和。在长时间的潜水中，动脉化学感受器被激活并引发初始反射的二次强化。对鸭子而言，化学感受器需完全激活反射，而海豹仅需要最初的反射即可激活化学感受器。因此，潜水动物的心血管系统通过强烈的外周血管收缩,使巨大的血氧储备被输送到脑、心脏、肾上腺和(在短暂的潜水中)特定的骨骼肌。在这种情况下,其他组织必须依赖局部储存的氧和(或)无氧代谢。由于心输出量的均衡减少,这种显著的血液重新分布有效维持了动脉血压。动脉压力感受器与心脏容量接收器共同帮助实现这种平衡(见图 7 - 7)。

7.7 细胞水平的代谢减弱

7.7.1 无氧代谢潜力的增强

通常,潜水动物不仅在局部储存有很多的糖原,且糖酵解酶系统的活性水平、同工酶的分布以及控制特性,都使其能够在氧有限的条件下有效运作[65,81,148-149]。潜水中经常出现儿茶酚胺的大量释放,可能通过激活糖原分解和糖酵解途径而促进这一目的实现[150]。然而下文将论述,高潜力的无氧代谢不一定等同于维持高无氧代谢率。

对低氧敏感动物的组织,在氧有限的条件下对葡萄糖的需求通常显著增加,以通过糖酵解产生 ATP 来维持细胞活性("巴斯德效应")。然而,在大部分物种体内,这种产生 ATP 的方式效率非常低(每个葡萄糖分子只产生 2 个 ATP 分子,而理论上氧化磷酸化过程可以产生 36 个 ATP 分子),并且对大多数物种而言不能为正常基本功能的长期维持提供足够的能量[151-153]。因此,低氧常导致低氧敏感的物种供量不足,使得离子稳态丧失,从而导致灾难性的后果(见第 1 章)。在潜水哺乳动物、鸟类以及众多耐低氧生物体内,相应的保护措施开始于这些状况导致疾病甚至死亡之前。在这些动物体内,随着氧的可用性降低,组织的葡萄糖利用率通常降低,这与低氧敏感动物体内的典型反应相反。因此,该现象被称为"反巴斯德效应",表现为代谢率的下降,这不仅有利于延长机体在低氧环境下依赖可用(储存)的供能物质的存活时间,而且减少了可能有害的代谢物的产生,如 H^+[151-152]。

7.7.2 代谢抑制

目前已知面对环境压力时的代谢抑制,是许多动物生命周期的正常部分,例如:冬眠哺乳动物、休眠(和低氧)龟、脱水青蛙、休眠昆虫、潜水动物和鸟类[154]。这一过程包括两个不同的主要策略:下调 ATP 生成过程和降低 ATP 利用率,例如,通过降低膜渗透性,减少活性离子跨膜转运过程中的能量消耗来稳定膜的功能。Hochachka[151]提出的这种"代谢阻滞"和"通道阻滞"策略,表明了潜水鸟类和哺乳动物等耐低氧物种的重要防御机制(见图7-8)。

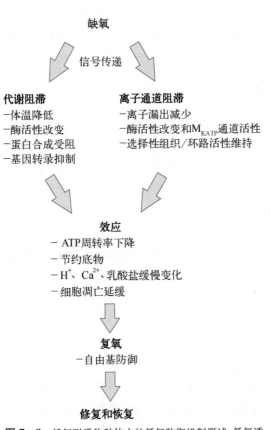

图7-8 低氧耐受物种体内的低氧防御机制概述,低氧诱导 ATP 产生和利用过程的下调(分别称为代谢阻滞和通道阻滞)[151]。因此,通常由低氧引起的代谢紊乱和离子稳态失衡被延迟,细胞死亡和细胞凋亡大大减少。再氧合时,针对自由基的有效防御机制进一步促进了这一结果,从而使得随后受损细胞的修复和恢复得以实现[157]

7.7.3 代谢阻滞的机制

特别是在糖酵解途径中,代谢抑制涉及关键酶的可逆磷酸化以及负责磷酸化/去磷酸化的酶水平(即蛋白激酶和磷酸酶)的变化,该变化使得酶活性降低或增加[155-157]。对无脊椎动物(蜗牛)和高等脊椎动物(冬眠的松鼠)的肝-胰线粒体的研究表明,代谢抑制主要控制(约75%)线粒体膜电位的产生过程,只有

25％的效果是由于 ATP 产生和需求减少而产生[158-159]。然而，Bidder 和 Buck[157]指出组织和物种之间的反应差异，特别是在神经组织中，减少 ATP 需求(例如通过通道阻滞)仍然是代谢抑制的关键步骤。低氧耐受物种的代谢抑制也涉及下调需要能量的蛋白质合成[160-162]以及基因转录总体速率的抑制[163]，与此同时也存在少数基因(其中一些涉及保护机制)表现出特异性上调表达的情况[156]。

7.7.4　通道阻滞

关于控制 ATP 消耗的机制，研究焦点主要集中在细胞膜功能上，因为活跃的膜离子转运机制是能量的主要消耗者[152]。事实上。脊椎动物脑中 40％～60％的静息能量代谢用于维持跨膜离子梯度，以形成电活动基础的离子转运[164]。在低氧敏感的物种体内，低氧时 ATP 产生率不足扰乱了跨膜离子梯度，引起膜的去极化。尤其是在可兴奋细胞(肌细胞和神经元)中，Ca^{2+} 等不受控制的流入胞内将引起一系列有害作用[152](见第 1 章)。

相比之下，一些低氧耐受物种则表现出通道阻滞，通过减少膜离子泄漏，从而以消耗较低能量来稳定膜功能。作为普遍性代谢抑制的一部分——离子特异性通道阻滞机制的第一个证据来自对龟脑的研究[165-167]。关于海龟长期耐受低氧机制的详细讨论见第 9 章。

7.7.5　通道阻滞的机制

通过对耐受低氧的脊椎动物(如海龟)的研究了解到，关键蛋白的可逆磷酸化，是与通道阻滞相关的离子通道及膜受体修饰的关键特征[156-157]。线粒体在控制通道阻滞中表现出核心作用。因此，在低氧耐受的龟神经元中，低氧时开放线粒体内对 ATP 敏感的 K^+ 通道(mK_{ATP})可使线粒体膜去极化，并使线粒体内的 Ca^{2+} 流入细胞质[157]。进而通过激活去磷酸化磷酸酶，使得细胞膜上的 N-甲基-D-天冬氨酸受体(NMDAR)的通道阻滞，阻止 Ca^{2+} 流入。此外，由低氧引起的 ATP 浓度的变化，导致腺苷水平升高和腺苷受体被激活，从而增加细胞溶质$[Ca^{2+}]$并产生通道阻滞[157,168]。同时已知腺苷具有几种可能有助于低氧时调节的额外生理作用，例如，血管舒张，促进糖酵解和糖原分解，降低神经元兴奋性和神经递质释放，并在低氧耐受的龟适应低氧时发挥重要作用[157,168-169]。

除腺苷外，其他候选物质也可能在低氧/缺血中具有信号转导功能，包括活性氧(ROS)和硫化氢(H_2S)。可获得的氧降低导致了线粒体氧化磷酸化速率降低，从而改变了线粒体的 ROS 产生速率。以低氧为前提的心脏研究证明，ROS

可能参与 mK_{ATP} 通道的激活，从而引起通道阻滞。与之相似的是，大鼠体内的内源性 H_2S 已被证明可通过预处理代谢抑制而有助于心脏保护[170]。在未来的研究中可能会进一步探索这些可能的途径。

7.7.6 潜水动物代谢抑制的证据

除了上面提到的潜水鸟类和哺乳动物的潜水代谢率低于预期外，威德尔海豹肝脏组织的体外实验提供了潜水动物代谢阻滞的证据。该实验发现，威德尔海豹的肝脏组织低氧时产生的乳酸量远低于低氧敏感组织，而基于常氧的 ATP 产生率（即反巴斯德效应）也低于预期[171]。此外，在相似条件下，经受化学低氧（抗霉素 A）处理的威德尔海豹肝切片中的 K^+ 流出及 Ca^{2+} 流入速率，远低于相同情况下典型低氧敏感组织中的速率，这表明离子特异性通道发生阻滞[171]。对分离的肾切片的研究中也已经获得了通道阻滞的疑似迹象，其中在海豹肾脏细胞内 $[K^+]$ 减少及 $[Na^+]$ 增加的程度远小于大鼠肾脏细胞[172]。对冠海豹和绒鸭（*Somateriamollissima*）分离的脑切片电生理反应的研究也暗示了在严重低氧条件下的神经元代谢发生减退[173-174]。

7.7.7 耐受低氧的结果：抗氧化防御

低氧本身就是一个大的挑战，然而潜水后再氧合期释放 ROS 引起的后续氧化应激可能是一个更大的挑战。缺血后再灌注所带来的氧是许多酶氧化反应的底物，而氧化反应产生自由基可能导致抗氧化系统不堪重负而引起损伤，例如脂质过氧化，蛋白质氧化和 DNA 损伤[175]。抗氧化系统包括酶[如过氧化氢酶、超氧化物歧化酶（SOD）、谷胱甘肽过氧化物酶（GPX）、谷胱甘肽－S－转移酶（GST）]和小分子清除剂[如褪黑素、水溶性谷胱甘肽、尿酸和抗坏血酸，以及脂溶性清除剂，如 α－生育酚（维生素 E）]。

在众多物种的代谢减弱状态中可广泛见到抗氧化防御的增强[156-157]。尽管潜水动物这一特性受到的关注有限，但其对偶发性局部缺血和突然再灌注具有极强的耐受性，这表明缺血后 ROS 的产生和氧化应激得到了很好的缓解。因此，潜水哺乳动物具有比非潜水哺乳动物更高的抗氧化能力[176-177]。例如，环斑海豹的心脏中的总 SOD 活性高于猪的心脏[178]，海豹心脏和肾脏的总抗氧化能力（即组织匀浆的抗过氧化能力）也高于猪的心脏和肾脏[177]。此外，有研究表明，积极保护环斑海豹心脏免受有害的 ROS 影响的不仅有 SOD，还有 GPX 和 GST，其肝脏中过氧化氢酶活性很高，肌肉中的 GPX 活性很高，肺中 SOD 和 GPX 活性都很高[179]。肌红蛋白已被证明具有抗氧化功能，故潜水动物典型的高骨骼肌肌红蛋白水平可能也有助于此[180]。

正如反复证明的那样,哺乳动物和鸟类在潜水期间发生的组织温度降低可以提供额外的氧化应激保护[181]。该过程是这些动物免受氧化应激的另一个重要的组成部分。然而,有关潜水动物中抗氧化系统的功能和重要性仍亟待更多研究。

7.8 潜水引起低氧时的脑功能变化

上文已述及,脑与大多数其他器官不同,即使在长时间潜水期间仅有有限的局部,或是不发生缺血。这是因为潜水期间脑血流量基本保持不变,或在潜水末期脑血流量甚至比潜水前水平有所增加。因此,潜水动物的脑神经元可能永远不会缺少呼吸底物,但当 PaO_2 下降时它们仍将经历严重的低氧。事实上,如上所述,自愿性潜水的威德尔海豹(见图 7 - 1)[6]、自然睡眠呼吸暂停的北方象海豹(Mirounga angustirostris)[182] 和自愿性潜水的帝企鹅,它们的 PaO_2 都可能会下降到 20 mmHg 以下。大多数哺乳动物的脑通常对急性低氧的耐受性非常有限,在如此低的 PaO_2 下表现为几种功能障碍;丧失意识、丧失有意识的运动和正常脑电图活动将在几秒钟内发生[183-184],并且在 2 min 内发生卒中,神经元和神经胶质发生突然且严重的膜电位损失(见第 1 章)[185]。事实上,即使间歇性暴露于相对轻微的低氧也会导致大鼠海马神经元凋亡增加[186]。

相比之下,习惯性潜水动物虽然在日常生活中反复暴露于严重低氧状态,但并未表现出脑功能障碍的迹象。Elsner 及其同事记录了海豹在长时间内进行实验性潜水的脑电图变化[100,187]。他们发现只有当 PaO_2 低于 8～10 mmHg 时,脑电图信号才会出现代谢障碍的特征(由静息 α 电位和低电压快速活动变为高电压慢波)。

Kerem 和 Eisner[100] 也指出,1 岁的北方象海豹较小鼠、猫、人类而言,其脑中毛细血管密度更高,且距离更近。Glezer 等[188] 还报道了条纹海豚(Stenella coeruleoalba)的大脑新皮层毛细血管密度较高。这些发现意味着潜水的哺乳动物的脑低氧耐受性增强,部分原因可能是由于毛细血管到神经元的扩散距离更短,故而血管内的氧得以更为有效的利用。此外,鸟类[107]体温降低不仅具有代谢降低的作用,还可能在低氧时为神经提供保护,以及帮助 ROS 被释放后发生的氧化应激时的恢复[189-190]。

我们实验室的研究表明,由于低氧耐受性本质上的提高,海豹神经元也能在低氧条件下存活；从成年冠海豹大脑新皮质切片中分离的离体细胞，其胞内和胞外的记录显示其具有在严重低氧 1 h 中维持接近正常的膜电位并保持产生动作电位的能力（切片灌注液 $PO_2 = 15 \sim 30$ mmHg；组织 PO_2 不可测量），而小鼠神经元则表现出去极化并在 $5 \sim 10$ min 内沉默[173]。Bryan 和 Jones[173] 对鸟类进行研究后得出以下结论，与鸡相比，鸭子的脑对呼吸暂停的耐受性增加，完全是由于其氧储存的增加以及通过心血管调节而保存氧。且这两个物种在脑脊液 PO_2 接近的情况下，脑内的 NADH：NAD$^+$ 比率（表示氧化状态的指数）相似。然而，Hochachka[192] 在引用该论文的早期原稿时认为，他们的技术无法深入了解细胞质内（例如糖酵解）的情况。关于绒鸭和鸡小脑切片的电生理学研究表明，两者的低氧表现存在显著差异，一定程度可能归因于糖酵解机制[174]。潜水哺乳动物脑内的肌酸水平不高于非潜水的哺乳动物[81]，因此无法用储存的 PCr产生 ATP 来解释这种观察结果。综上所述，可以解释潜水哺乳动物和鸟类脑低氧耐受性增强的细胞机制包括：① 脑内无氧代谢的潜能较高，即使在严重低氧时也能持续产生 ATP（尽管水平较低）；② 代谢阻滞加上通道阻滞，使得神经元对 ATP 的需求减少；③ 更强的细胞氧运输能力，例如通过促进氧弥散，使神经组织能够更好地利用氧，即使在严重低氧条件下也能利用仅存的微量氧产生氧化性 ATP。

7.8.1 潜水动物脑无氧代谢的能力

Murphy 等发现，即使 PaO_2 下降到非潜水哺乳动物的临界水平（约 25 mmHg），威德尔海豹脑对无氧代谢的依赖没有表现出过度的增加。然而，即使在静息条件下，海豹脑中以乳酸形式释放的血糖比例（$20\% \sim 25\%$）也高于大鼠（$5\% \sim 15\%$），这可能反映了海豹对低氧耐受程度较大[65]。然而，Kerem 和 Eisner[100] 指出，在达到潜水"终点"时（即潜水至观察到可逆脑电图异常时），斑海豹脑静脉血的乳酸含量平均增加了接近 700%。这种增加大多数发生在潜水最后的 $4 \sim 5$ min 内，平均终点时间为 18.5 min。这些数据表明，海豹的脑中无氧代谢有相当高的基础贡献，并且随着血氧储量的降低而增加。因此，对比潜水动物和非潜水动物脑中乳酸脱氢酶同工酶的类型和活性，提示可能通过长时间潜水诱导形成了对低氧环境的生化适应[65,81,193]。尽管海豹的脑糖原储存量大于大多数陆生哺乳动物，但与其他组织（如骨骼肌和心脏）相比，脑糖原储量仍然很小且作用并不明显[100]。在陆生哺乳动物中，脑糖原主要存储在星形胶质细胞（神经胶质细胞）中，并且在低血糖期间被动员以向神经元提供底物，这种情况在海豹潜水时不太可能发生[22,99,101]。在强烈的脑活动下，星形胶质细胞糖原分解也被激活，因此神经细胞对能量需求可能暂时超过葡萄糖供应[194]。在厌氧条件下，需求和供应之间的这种临时性不平衡可能更加明显，因而潜水动物更高的脑糖原储备，可以为它们紧急供应维持脑功能提供所需底物。无论如何，潜水期间脑中任何无氧糖酵解活动的维持主要取决于血液中葡萄糖的充足供应。然而复氧后，当乳酸的洗脱峰值较高时，海豹的脑及一些其他组织（心脏和肺）利用乳酸作为底物[65]。相较于葡萄糖，此时乳酸作为更好的神经元呼吸供能底物也不足为奇[195]。

7.8.2　潜水中的脑代谢抑制

无论海豹脑对无氧代谢的适应性如何，正如 Lutz 等[153]所指出的那样，脑的糖酵解能力强化到可以通过无氧代谢，产生满足完全活跃的脑所消耗的 ATP 是不可想象的。因此，潜水哺乳动物增强的脑糖酵解能力可能必须与代谢抑制相结合，使神经元能够在严重低氧条件下存活。关于潜水动物脑代谢的估算很少且结果多模棱两可。Murphy 等[65]基于动静脉中葡萄糖和乳酸浓度变化的差异，得出威德尔海豹的脑代谢在实验性潜水 30 min 时并未受到氧限制的结论，因此在PaO_2下降到 25 mmHg 后大致保持不变。然而 Kerem 和 Eisner[100]基于动静脉血液氧含量的差异，估计海豹在长期模拟潜水期间，脑耗氧率降低了50%，这表明其脑可能发生了代谢紊乱。这种代谢抑制可能部分归因于鸟类和哺乳动物的潜水期间脑温度下降所致的 Q_{10} 效应[83,107,111-112]。不过海豹和鸭脑切片的体外研究结果表明，这种现象提示了代谢抑制存在其他机制。

因此，我们[173-174]在绒鸭和冠海豹分离的皮质和小脑切片中发现，不同的神经元群体可能对严重低氧表现出两种截然不同的反应（切片灌注液 PO_2=15～30 mmHg；组织 PO_2不可测量）：大多数自发活跃的神经元暴露在低氧环境下3～5 min 内沉默，60 min 后再氧合恢复活性，一些神经元暴露在低氧环境下保持 60 min 仍具有活性（见图 7-9），沉默的海豹和鸭的神经元可能由无氧代谢诱导而采用代谢抑制或暂停的状态，在低氧的挑战中幸存下来。

我们知道，包括通道阻滞的代谢抑制是龟潜水时保护（例如 Chrysemyspicta）脑的关键，这使得它可能在无氧状态下存活数月[157]。但与海龟不同的是，海豹潜水时必须保持活跃和警觉，所以不能完全假设其处于一种通过休眠，节省能量等代谢减退状态来逃避低氧影响的状态[196]。因此，我们认为海豹和鸭神经元群落发生的可变响应可以反映细胞水平的重构，即在完整器官中允许一些脑网络继续维持生命功能，而其他细胞则呈现低代谢状态[196]。在其他物种中，也存在这种功能性网络重构的证据[197]。事实上，即使在代谢抑制非常强烈的海龟体

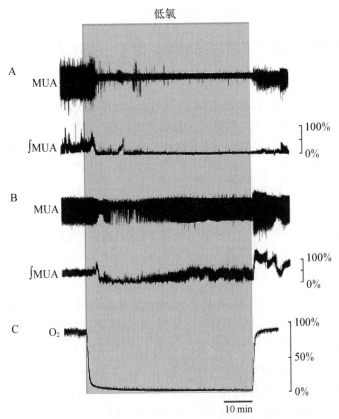

图 7-9 将绒鸭小脑切片（400 μm 厚）分离出浦肯野细胞层，并对该体外细胞群暴露于严重低氧之前、期间和 60 min 之后的自发活动进行记录。证实了绒鸭神经元不仅能幸存下来，而且能在严重低氧时保持活跃。记录显示为经过滤的（高通 100 Hz，低通 3 kHz）多单体活性（MUA）和整合性（MUA；时间持续 50 ms），其中预暴露（受控制）阶段峰活性水平作为 100%。（A）典型反应，是指在低氧后约 5 min 内停止活动，随后在严重低氧 60 min 后复氧时部分恢复；（B）低氧反应，是指暴露在低氧环境的 60 min 内降低但保持活性，如所研究切片那样降低约 40%；（C）改变对小脑切片进行表面灌流的人造脑脊液中氧含量，气泡从 95% 氧 /5% 二氧化碳（常氧）转换为 95% 氮气 /5% 二氧化碳（低氧）再转换回来[174]

内，进入低代谢也不仅仅是一般的关闭[156]，而是在细胞和器官内部或之间的一种差异调节[198]。

需要进一步的研究来探索潜水动物神经元抑制可能的细胞机制，尤其是要了解一些神经网络如何在严重低氧条件下维持持续活性。当加入氰化物（一种氧化磷酸化抑制剂）时，这种活性往往会减少，故而其一定程度上依赖于氧化代谢[174]。如果在严重低氧的情况下，细胞对氧的摄取似乎需要一些适应性机制才可能达到有意义的程度。因此，我们还研究了携氧脑红蛋白（oxygen-binding protein neuroglobin)在海豹脑中可能的作用。

7.8.3　潜水哺乳动物可能的神经保护因子：脑红蛋白

　　脑红蛋白是一种球蛋白，广泛存在于人和小鼠的神经元中[199-201]。与肌红蛋白一样，它以非常高的亲和力结合氧，但其在细胞内的含量远低于肌红蛋白[199,200]。脑红蛋白可以促进神经元摄取和转运氧[199,202]。研究表明，人工培养的小鼠皮质神经元经过长期低氧后，脑红蛋白的水平上升，以保护神经元免受缺血/再灌注损伤。

　　在一项研究中，Williams 等[141]试图使用分光光度技术，确定潜水和非潜水动物脑中血红蛋白和常驻球蛋白[即脑红蛋白和细胞红蛋白(Cygb)，另一种细胞内的基本球蛋白][203]的水平。由于难以将血红蛋白和脑红蛋白/细胞红蛋白与其他细胞血红素蛋白(如细胞色素)的吸收光谱分开，因此他们的工作可能存在缺陷。此外，暂无有关细胞红蛋白呼吸功能的记录[201]。

　　然而，我们的免疫组化研究表明，冠海豹脑红蛋白的分布与小鼠和其他非潜水动物相比有很大差异。Mitz 等[204]发现，在小鼠的脑红蛋白与预期一样主要存在于神经元[205]，海豹脑中神经胶质细胞较神经元含有更多的脑红蛋白[202]。由于脑红蛋白的数量与区域内氧消耗率相关，这种分布差异表明在海豹脑的氧化代谢中，神经胶质细胞比神经元发挥了更突出的作用，神经元在严重低氧时可能依赖于无氧代谢。此外，有趣的是条纹海豚大脑皮质中的神经元被异常丰富的神经胶质细胞包围[188]。越来越多的证据表明神经胶质细胞不仅作为底物供应者，更在调节哺乳动物神经元的氧化代谢和活性中起到重要的作用[194-195]。目前还已知胶质细胞可以清除细胞外液中过量的 K^+ 和谷氨酸，从而可能减缓由于低氧引起离子泵功能受损而导致的膜离子失衡时，细胞外液中 $K^{+[206]}$ 和谷氨酸上升(见第 1 章)。因此，潜水动物在极端低氧条件下，胶质细胞在维持新皮质活动中发挥了尤其突出的作用。

（张柳、李庆云，译）

参 考 文 献

1　Watkins W A, Moore K E, Tyack P. Investigations of sperm whale acoustic behaviours in the southeast Carribean[J]. Cetology, 1985, 49: 1 - 15.

2　Hindell M A, Slip D J, Burton H R, et al. Physiological implications of continuous, prolonged and deep dives of the southern elephant seal (Mirounga leonina)[J]. Can J Zool, 2002, 70: 370 - 379.

3　Folkow L P, Blix A S. Diving behaviour of hooded seals (Cystophora cristata) in the Greenland and

Norwegian Seas[J]. Polar Biol, 1999, 22: 61 – 74.

4 Kooyman G L, Kooyman T G. Diving behaviour of emperor penguins nuturing chicks at Coulman Island, Antarctica[J]. Condor, 1995, 97: 536 – 549.

5 Scholander P F. Experimental investigations on the respiratory function in diving mammals and birds [J]. Hvalradets Skr, 1994, 22: 1 – 131.

6 Qvist J, Hill R D, Schneider R C, et al. Hemoglobin concentrations and blood gas tensions of free-diving Weddell seals[J]. J Appl Physiol, 1986, 61: 1560 – 1569.

7 Burns J M, Lestyk K C, Folkow L P, et al. Size and distribution of oxygen stores in harp and hooded seals from birth to maturity[J]. J Comp Physiol B, 2007, 177: 687 – 700.

8 Scholander P F. Experimental investigations on the respiratory function in diving mammals and birds [J]. Hvalradets Skr, 1994, 22: 1 – 131.

9 Clausen G, Ersland A. The respiratory properties of the blood of the bladdernose seal (Cystophora cristata)[J]. Respir Physiol, 1969, 7: 1 – 6.

10 Lenfant C, Johansen K, Torrance J D. Gas transport and oxygen storage capacity in some pinnipeds and the sea otter[J]. Respir Physiol, 1970, 9: 277 – 286.

11 Ridgway S H. Johnston D G. Blood oxygen and ecology of porpoises of three genera[J]. Science, 1996, 151: 456 – 448.

12 Koopman H N, Westgate A J, Read A J. Hematology values of wild harbour porpoises (Phocoena phocoena) from the Bay of Fundy, Canada[J]. Mar Mamm Sci, 1999, 15: 52 – 64.

13 Milsom W K, Johansen K, Millard R W. Blood respiratory properties in some Antarctic birds[J]. Condor, 1973, 75: 472 – 464.

14 Stephenson R, Turner D L, Butler P J. The relationship between diving activity and oxygen storage capacity in the tufted duck (Aythya fuligula)[J]. J Exp Biol, 1989, 141: 265 – 275.

15 Ponganis P J, Starke L N, Horning M, et al. Development of diving capacity in emperor penguins[J]. J Exp Biol, 1999, 202: 781 – 786.

16 Mottishaw P D, Thornton S J, Hochachka P W. The diving response mechanism and its surprising evolutionary path in seals and sea lions[J]. Am Zool, 1999, 39: 434 – 450.

17 Bryden M M, Lim G H K. Blood parameters of the southern elephant seal (Mirounga leonina) in relation to diving[J]. Comp Biochem Physiol, 1969, 28: 139 – 148.

18 Castellini J M, Castellini M A. Estimation of splenic volume and its relationship to long-duration apnea in seals[J]. Physiol Zool, 1993, 66: 619 – 627.

19 Kooyman G L, Wahrenbrock E A, Castellini M A, et al. Aerobic and anaerobic metabolism during diving in Weddell seals: evidence of preferred pathways from blood chemistry and behavior[J]. J Comp Physiol, 1980, 138: 335 – 346.

20 Wickham L L, Elsner R, White F C, et al. Blood viscosity in phocid seals: possible adaptations to diving[J]. J Comp Physiol B, 1989, 159: 153 – 158.

21 Elsner R, Meiselman H J. Splenic oxygen storage and blood viscosity in seals[J]. Mar. Mamm. Sci, 1995, 11: 93 – 96.

22 Castellini M A, Davis R W, Kooyman G L. Blood chemistry regulation during repetitive diving in Weddell seals[J]. Physiol Zool, 1988, 61: 379 – 386.

23 Cabana A, Folkow L P, Blix A S. Volume capacity and contraction control of the seal spleen[J]. J

Appl Physiol, 1997, 82: 1989 - 1994.

24 Cabanac A J, Messelt E B, Folkow L P, et al. The structure and blood-storing function of the spleen of the hooded seal[J]. J Zool, 1999, 248: 75 - 81.

25 Scholander P F. Experimental investigations on the respiratory function in diving mammals and birds [J]. Hvalradets Skr. 1994, 22: 1 - 131.

26 Stephenson R, Turner D L, Butler P J. The relationship between diving activity and oxygen storage capacity in the tufted duck (Aythya fuligula)[J]. J Exp Biol, 1989, 141: 265 - 275.

27 Snyder G K. Respiratory adaptations in diving mammals[J]. Respir Physiol, 1983, 54: 269 - 294.

28 Clausen G, Ersland A. The respiratory properties of the blood of the bladdernose seal (Cystophora cristata)[J]. Respir Physiol, 1969, 7: 1 - 6.

29 Milsom W K, Johansen K, Millard R W. Blood respiratory properties in some Antarctic birds[J]. Condor, 1973, 75: 472 - 474.

30 Willford D C, Gray A T, Hempleman S C, et al. Temperature and the oxygen-hemoglobin dissociation curve of the harbour seal, Phoca vitulina[J]. Respir Physiol, 1990, 79: 137 - 144.

31 Brix O, Condo S G, Bargard A, et al. Temperature modulation of oxygen transport in a diving mammal (Balaenoptera acutorostrata)[J]. Biochem J. 1990, 271: 509 - 513.

32 Brix O, Ekker M, Condo S G, et al. Lactate does facilitate oxygen unloading from the haemoglobin of the whale Balaenoptera acutorostrata, after diving[J]. Arct Med Res. 1990, 49: 39 - 42.

33 Lenfant C, Johansen K, Torrance J D. Gas transport and oxygen storage capacity in some pinnipeds and the sea otter[J]. Respir Physiol, 1970, 9: 277 - 286.

34 Weber R E, Hemmingsen E A, Johansen K. Functional and biochemical studies of penguin myoglobin [J]. Comp. Biochem. Physiol. B, 1974, 49: 197 - 214.

35 Robinson D. The muscle haemoglobin of seals as an oxygen store in diving[J]. Science, 1939, 90: 276 - 277.

36 Polasek L K, Davis R W. Heterogeneity of myoglobin distribution in the locomotory muscles of five cetacean species[J]. J Exp Biol, 2001, 204: 209 - 215.

37 Haggblom L, Terwilliger R C, Terwilliger N B. Changes in myoglobin and lactate dehydrogenase in muscle tissues of a diving bird, the pigeon guillemot, during maturation[J]. Comp. Biochem. Physiol. B, 1988, 91: 273 - 277.

38 O'Brien P J, Shen H, McCutcheon L J, et al. Rapid, simple and sensitive microassay for skeletal and cardiac muscle myoglobin and hemoglobin: use in various animals indicates functional role of myohemoproteins[J]. Mol Cell Biochem, 1992, 112: 42 - 52.

39 Scholander P F. Oxygen transport through haemoglobin solutions[J]. Science, 1960, 131: 585 - 590.

40 Wittenberg B A, Wittenberg J B. Transport of oxygen in muscle[J]. Annu Rev Physiol. 1989, 51: 857 - 878.

41 Flö gel U, Godecke A, Klotz L O, et al. Role of myoglobin in the antioxidant defense of the heart[J]. FASEB J. 2004, 18: 1156 - 1158.

42 Olsen C R, Elsner R, Hale F C, et al. Blow of the pilot whale[J]. Science, 1969, 163: 953 - 955.

43 Kooyman G L, Kerem H, Campbell W B, et al. Pulmonary function in freely diving Weddell seals, Leptonychotes weddelli[J]. Respir Physiol, 1971, 12: 271 - 282.

44 Wahrenbrock E A, Maruschak G F, Elsner R, et al. Respiration and metabolism in two baleen whale

calves[J]. Marine Fish. Rev. 1974, 36: 3 – 8.

45 Reed J Z, Chambers C, Fedak M A, et al. Gas exchange of captive freely diving grey seals (Halichoerus grypus)[J]. J Exp Biol, 1994, 191: 1 – 18.

46 Leith D E. Comparative mammalian respiratory mechanics. Physiologist, 1976, 19: 485 – 510.

47 Folkow L P, Blix A S. Diving behaviour of hooded seals (Cystophora cristata) in the Greenland and Norwegian Seas[J]. Polar Biol. 1999, 22: 61 – 74.

48 Blix A S, Rettedal A, Stokkan K. On the elicitation of the diving responses in ducks[J]. Acta Physiol Scand. 1976, 98: 478 – 483.

49 Andersen H T, Løvø A. The effect of carbon dioxide on the respiration of avian divers (ducks)[J]. Comp Biochem Physiol. 1964, 12: 451 – 456.

50 Robin E D, Jr Murdaugh H V, Pyron W, et al. Adaptations to diving in the harbour seal — gas exchange and ventilatory responses to CO_2[J]. Am J Physiol, 1963, 205: 1175 – 1177.

51 Skinner L A, Milsom W K. Respiratory chemosensitivity during wake and sleep in harbour seal pups (Phoca vitulina richardsii)[J]. Physiol Biochem Zool. 2004, 77: 847 – 863.

52 Butler P J, Jones D R. The comparative physiology of diving vertebrates[M]. New York: Advances in Comparative Physiology and Biochemistry, 1982.

53 Kooyman G L, Wahrenbrock E A, Castellini M A, et al. Aerobic and anaerobic metabolism during diving in Weddell seals: evidence of preferred pathways from blood chemistry and behavior[J]. J Comp Physiol, 1980, 138: 335 – 346.

54 Guppy M, Hill R D, Schneider R C, et al. Microcomputer assisted metabolic studies of voluntary diving of Weddell seals[J]. Am J Physiol, 1986, 250: 175 – 187.

55 Irving L, Scholander P F, Grinnell S W. The regulation of arterial blood pressure in the seal during diving[J]. Am J Physiol, 1942, 135: 557 – 566.

56 Bron K M, Jr Murdaugh H V, Millen J E, et al. Arterial constrictor response in a diving mammal[J]. Science, 1966, 152: 540 – 543.

57 Folkow B, Nilsson N J, Yonce L R. Effects of 'diving' on cardiac output in ducks[J]. Acta Physiol Scand, 1967, 70: 347 – 361.

58 Drabek C M. Some anatomical aspects of the cardiovascular system of Antarctic seals and their possible functional significance in diving[J]. J Morphol, 1975, 145: 85 – 92.

59 Andersen H T. Physiological adaptation in diving vertebrates[J]. Physiol Rev, 1966, 46: 212 – 243.

60 Blix A S, Folkow B. Handbook of Physiology[M]. Bethesda: American Physiological Society, 1983.

61 Elsner R, Millard R W, Kjekshus J K, et al. Coronary blood flow and myocardial segment dimensions during simulated dives in seals[J]. Am J Physiol, 1985, 249: 1119 – 1126.

62 Dormer K J, Denn M J, Stone H L. Cerebral blood flow in the sea lion (Zalophus californianus) during voluntary dives[J]. Comp Biochem Physiol A, 1977, 58: 11 – 18.

63 Blix A S, Kjekshus J K, Enge I, et al. Myocardial blood flow in the diving seal[J]. Acta Physiol Scand, 1976, 96: 227 – 228.

64 Kjekshus J K, Blix A S, Hol R, et al. Myocardial blood flow and metabolism in the diving seal[J]. Am J Physiol, 1982, 242: 97 – 104.

65 Murphy B, Zapol W M, Hochachka P W. Metabolic activities of heart, lung and brain during diving and recovery in the Weddell seal[J]. J Appl Physiol, 1980, 48: 596 – 605.

66 Henden T, Aasum E, Folkow L, et al. Endogenous glycogen prevents calcium overload and hypercontracture in harp seal myocardial cells during simulated ischemia[J]. J Mol Cell Cardiol. 2004, 37: 43 – 50.

67 Kjekshus J K, Maroko P K, Sobel B E. Distribution of myocardial injury and its relation to epicardial ST-segment changes after coronary artery occlusion in the dog [J]. Cardiovasc Res. 1972, 6: 490 – 499.

68 Elsner R, Franklin D L, van Citters R L, et al. Cardiovascular defence against asphyxia[J]. Science, 1966, 153: 941 – 949.

69 Davi R W. Lactate and glucose metabolism in the resting and diving harbour seal (Phoca vitulina)[J]. J Comp Physiol. 1983, 153: 275 – 288.

70 Ronald K, McCarter R. Selley L J. Functional anatomy of marine mammals [M]. London: Academic Press, 1977.

71 Halasz N A, Elsner R, Garvie R S, et al. Renal recovery from ischemia: a comparative study of harbour seal and dog kidneys[J]. Am J Physiol, 1974, 227: 1331 – 1335.

72 Zapol W M, Liggins G C, Schneider R C, et al. Regional blood flow during simulated diving in the conscious Weddell seal[J]. J Appl Physiol, 1979, 47: 968 – 973.

73 Blix A S, Elsner R, Kjekshus J K. Cardiac output and its distribution through A-V shunts and capillaries during and after diving in seals[J]. Acta Physiol. Scand. 1983, 118: 109 – 116.

74 Sparling C E, Fedak M A. Thompson, D. Eat now, pay later? Evidence of deferred food-processing costs in diving seals[J]. Biol Lett. 2007, 3: 94 – 98.

75 Krockenberger M B, Bryden M M. Rate of passage of digesta through the alimentary tract of southern elephant seals (Mirounga leonina) (Carnivora: Phocidae)[J]. J Zool, 1994, 234: 229 – 237.

76 Maº rtensson P E, Nordøy E S, Messelt E B, et al. Gut length, food transit time and diving habit in phocid seals[J]. Polar Biol. 1998, 20: 213 – 217.

77 Ashwell-Erickson S, Elsner R. The Eastern Bering Sea Shelf: Oceanography and Resources[M]. US: Dept. of Commerce, 1981.

78 Elsner R, Blix A S, Kjekshus J K. Tissue perfusion and ischemia in diving seals[J]. Physiologist, 1978, 21, 33.

79 Guyton G P, Stanek K S, Sneider R C, et al. Myoglobin saturation in free-diving Weddell seals[J]. J Appl Physiol, 1995, 79: 1148 – 1155.

80 Butler P J, Jones D R. Physiology of diving of birds and mammals[J]. Physiol Rev. 1997, 77: 837 – 899.

81 Blix A S, From S H. Lactate dehydrogenase in diving animals — a comparative study with special reference to the eider (Somateria mollissima)[J]. Comp Biochem Physiol. B, 1971, 40: 579 – 584.

82 Scholander P F. Experimental investigations on the respiratory function in diving mammals and birds [J]. Hvalraºdets Skr. 1940, 22: 1 – 131.

83 Scholander P F, Irving L, Grinnell S W. On the temperature and metabolism of the seal during diving [J]. J Cell Comp Physiol. 1942, 19: 67 – 78.

84 Le Boeuf B J, Costa D P, Huntley A C, et al. Continuous, deep diving in female northern elephant seals[J]. Can J Zool, 1988, 66: 446 – 458.

85 Folkow B, Fuxe K, Sonnenschein R R. Responses of skeletal musculature in its vasculature during 'diving' in the duck: peculiarities of the adrenergic vasoconstrictor innervation[J]. Acta Physiol

Scand, 1966, 67: 327 - 342.

86 White F N, Ideda M, Elsner R. Adrenergic innervation of large arteries in the seal[J]. Comp Gen Pharmacol. 1973, 4: 271 - 276.

87 Hance A J, Robin E D, Halter J B, et al. Hormonal changes and enforced diving in the harbour seal. II. Plasma catecholamines[J]. Am J Physiol, 1982, 242: 528 - 532.

88 Hochachka P W, Liggins G C, Guyton G P, et al. Hormonal regulatory adjustments during voluntary diving in Weddell seals[J]. Comp Biochem Physiol B, 1995, 112: 361 - 375.

89 Liggins G C, Qvist J, Hochachka P W, et al. Fetal cardiovascular and metabolic responses to simulated diving in the Weddell seal[J]. J Appl Physiol, 1980, 49: 424 - 430.

90 Sinnett E E, Kooyman G L, Wahrenbrock E A. Pulmonary circulation of the harbour seal[J]. J Appl Physiol, 1978, 45: 718 - 727.

91 Elsner R, Hanafee W N, Hammond D D. Angiography of the inferior vena cava of the harbour seal during simulated diving[J]. Am J Physiol, 1971, 220: 1155 - 1157.

92 Hol R, Blix A S, Myhre H O. Selective redistribution of the blood volume in the diving seal (Pagophilus groenlandicus)[J]. Rapp P-v Reun Cons Int Explor Mer. 1975, 169: 423 - 432.

93 Miller N J, Postle A D, Orgeig S, et al. The composition of pulmonary surfactants from diving mammals[J]. Resp Physiol Neurobiol, 2006, 152: 152 - 168.

94 Ridgway S H, Scronce B L, Kanwisher N. Respiration and deep diving in the bottlenose porpoise[J]. Science, 1969, 166: 1651 - 1654.

95 Falke K J, Hill R D, Qvist J, et al. Seal lung collapse during free diving: evidence from arterial nitrogen tensions[J]. Science, 1985, 229: 556 - 558.

96 Kooyman G L, Hammond D D, Schroeder J P. Bronchograms and tracheograms of seals under pressure[J]. Science, 1970, 169: 82 - 84.

97 Fuson A L, Cowan D F, Kanatous S B, et al. Adaptations to diving hypoxia in the heart, kidneys and splanchnic organs of harbour seals (Phoca vitulina)[J]. J Exp Biol, 2003, 206: 4139 - 4154.

98 Davis R W, Castellini M A, Kooyman G L, et al. Renal glomerular filtration rate and hepatic blood flow during voluntary diving in Weddell seals[J]. Am J Physiol, 1983, 245: 743 - 748.

99 Davis R W, Castellini M A, Williams T M, et al. Fuel homeostasis in the harbour seal during submerged swimming[J]. J Comp Physiol B, 1991, 160: 627 - 635.

100 Kerem D, Elsner R. Cerebral tolerance to asphyxial hypoxia in the harbour seal[J]. Resp Physiol. 1973, 19: 188 - 200.

101 Robin E D, Ensick J, Hance A J, et al. Glucoregulation and simulated diving in the harbor seal Phoca vitulina[J]. Am J Physiol, 1981, 241: 293 - 300.

102 Castellini M A, Davis R W, Kooyman G L. Blood chemistry regulation during repetitive diving in Weddell seals[J]. Physiol Zool, 1988, 61: 379 - 386.

103 Castellini M A, Kooyman G L, Ponganis P J. Metabolic rates of freely diving Weddell seals: correlations with oxygen stores, swim velocity and diving duration[J]. J Exp Biol, 1992, 165: 181 - 194.

104 Green J A, Halsey L G, Butler P J, et al. Estimating the rate of oxygen consumption during submersion from the heart rate of diving animals[J]. Am J Physiol, 2007, 292: 2028 - 2038.

105 Scholander P F, Irving L, Grinnell S W. Aerobic and anaerobic changes in seal muscles during diving

［J］. J Biol Chem. 1942, 142: 431 - 440.

106　Andersen H T. Depression of metabolism in the duck during diving［J］. Acta Physiol Scand. 46:
　　234 - 239.

107　Caputa M, Folkow L. Blix A S. Rapid brain cooling in diving ducks［J］. Am J Physiol, 1959, 275:
　　363 - 371.

108　Hill R D, Schneider R C, Liggins G C, et al. Heart rate and body temperature during free diving of
　　Weddell seals［J］. Am J Physiol, 1987, 253: 344 - 351.

109　Handrich Y R, Bevan R, Charrassin J B, et al. Hypothermia in foraging king penguins［J］. Nature,
　　1997, 388: 64 - 67.

110　Bevan R M, Boyd I L, Butler P J, et al. Heart rates and abdominal temperatures of free-ranging
　　South Georgian shags［J］. J Exp Biol, 1997, 200: 661 - 675.

111　Odden A, Folkow L P, Caputa M, et al. Brain cooling in diving seals［J］. Acta Physiol Scand. 1999,
　　166: 77 - 78.

112　Blix A S, Folkow L P, Walloe L. How seals may cool their brains during prolonged diving［J］. J
　　Physiol, 2002, 543: 1 - 7.

113　Kvadsheim P H, Folkow L P, Blix A S. Inhibition of shivering in hypothermic seals during diving
　　［J］. Am J Physiol, 2005, 289: 326 - 331.

114　Singer D, Bach F, Bretschneider H J, et al. Surviving hypoxia: mechanisms of control and
　　adaptation［M］. London: CRC Press, 1993.

115　Ferren H, Elsner R. Diving physiology of the ringed seal: adaptations and implications. Proc. 29th
　　Alaska Sci. Conf, 1979.

116　Irvine L G, Hindell M A, van den Hoff J, et al. The influence of body size on dive duration of
　　underyearling southern elephant seals［J］. J Zool, 2000, 251: 463 - 471.

117　Elsner R, Kooyman G L, Drabek C M. Antrctic Ecology［M］. New York: Academic Press, 1969.

118　Lenfant C, Elsner R, Kooyman G L, et al. Respiratory function of the blood of the adult and fetal
　　Weddell seal［J］. Am J Physiol. 1969, 216: 1595 - 1597.

119　Liggins G C, Qvist J, Hochachka P W, et al. Fetal cardiovascular and metabolic responses to
　　simulated diving in the Weddell seal［J］. J Appl Physiol, 1980, 49: 424 - 430.

120　Murrish D E. Acid-base balance in three species of Antarctic penguins exposed to thermal stress［J］.
　　Physiol Zool. 1982, 55: 137 - 143.

121　Guyton G P, Stanek K S, Sneider R C, et al. Myoglobin saturation in free-diving Weddell seals［J］. J
　　Appl Physiol, 1995, 79: 1148 - 1155.

122　Eliassen E. Cardiovascular responses to submersion asphyxia in avian divers［M］. Bergen: Mat-
　　Nat, 1960.

123　Kooyman G L. Techniques used in measuring diving capacities of Weddell seals［J］. Polar Rec. 1965,
　　12: 391 - 394.

124　Butler P J, Woakes A J. Changes in heart rate and respiratory frequency associated with natural
　　submersion of ducks［J］. J Physiol. 1975, 256: 73 - 74.

125　Kanwisher J, Gabrielsen G, Kanwisher N. Free and forced diving in birds［J］. Science, 1981, 211:
　　717 - 719.

126　Andersen H T. The reflex nature of the physiological adjustments to diving, and their afferent pathway[J]. Acta Physiol Scand, 1963, 58: 263 - 273.

127 Djojosugito A M, Folkow B, Yonce L R. Neurogenic adjustments of muscle blood flow, cutaneous A-V shunt flow and of venous tone during 'diving' in ducks[J]. Acta Physiol Scand, 1969, 75: 377 - 386.

128 Gabbot G R J, Jones D R. The effect of brain transection on the response to forced submergence in ducks[J]. J Auton Nerv Syst, 1991, 36: 65 - 74.

129 Kooyman G L, Campbell W B. Heart rate in freely diving Weddell seals (Leptonychotes weddellii) [J]. Comp Biochem Physiol A, 1972, 43: 31 - 36.

130 Thompson D, Fedak M A. Cardiac responses of gray seals during diving at sea[J]. J Exp Biol, 1993, 174: 139 - 164.

131 Elsner R, Wartzok D, Sonfrank N B, et al. Behavioral and physiological reactions of arctic seals during under-ice pilotage[J]. Can J Zool, 1989, 67: 2506 - 2513.

132 Jobsis P D, Ponganis P J, Kooyman G L. Effects of training on forced submersion responses in harbour seals[J]. J Exp Biol, 2001, 204: 3877 - 3885.

133 Ramirez J M, Folkow L P, Blix A S. Hypoxia tolerance in mammals and birds: from the wilderness to the clinic[J]. Annu Rev Physiol, 2007, 69: 113 - 143.

134 Jones D R, Purves M J. The carotid body in the duck and the consequences of its denervation upon the cardiac responses to immersion[J]. J Physiol. 1970, 211: 279 - 294.

135 Blix A S, Berg T. Arterial hypoxia and the diving responses of ducks[J]. Acta Physiol Scand, 1974, 92: 566 - 568.

136 Stephenson R, Butler P J, Woakes A J. Diving behaviour and heart rate in tufted ducks (Aythya fuligula)[J]. J Exp Biol, 1986 126: 341 - 359.

137 Theorell H. Kristallinisches myoglobin: I. Mitteilung: Kristallisieren und reinigung des myoglobins sowie vorläufige mitteilung über sein molekulargewicht[J]. Biochem Z, 1934, 252: 1 - 7.

138 Lestyk K C, Folkow L P, Blix A S, et al. Development of myoglobin concentration and acid buffering capacity in harp (Pagophilus greenlandicus) and hooded (Cystophora cristat) seals from birth to maturity[J]. J Comp Physiol B. doi 10. 1007 /s 00360 - 009 - 0378 - 9.

139 Ponganis P J, Stockard T K, Meir J U, et al. Returning on empty: extreme blood O₂ depletion underlies dive capacity of emperor penguins[J]. J Exp Biol, 2007, 210: 4279 - 4285.

140 Davis R W, Williams T M, Kooyman G L. Swimming metabolism of yearling and adult harbour seals[J]. Physiol Zool. 1985, 58: 590 - 596.

141 Williams T M, Davis R W, Fuiman L A, et al. Sink or swim: strategies for cost-efficient diving by marine mammals[J]. Science, 2000, 288: 133 - 135.

142 Kanatous S B, Elsner R, Mathieu-Costello O. Muscle capillary supply in harbour seals[J]. J Appl Physiol, 2001, 90: 1919 - 1926.

143 Davis R W, Polasek L, Watson R, et al. The diving paradox: new insight into the role of the dive response in air-breathing vertebrates[J]. Comp Biochem Physiol A, 2004, 138: 263 - 268.

144 George J C, Ronald K. The harp seal. XXV. Ultrastructure and metabolic adaptation of skeletal muscle[J]. Can J Zool, 1973, 51: 833 - 840.

145 Watson R R, Miller T A, Davis R A. Immunohistochemical fiber typing of harbour seal skeletal muscle[J]. J Exp Biol, 2003, 206: 4105 - 4111.

146 Butler P J. Aerobic dive limit. What is it and is it always used appropriately[J]. Comp Biochem

Physiol. A, 2006, 145: 1 - 6.

147 Kooyman G L, Castellini M A, Davis R W, et al. Aerobic diving limits of immature Weddell seals [J]. J Comp Physiol. 1983, 151: 171 - 174.

148 Messelt E B, Blix A S. The LDH of the frequently asphyxiated beaver (Castor fiber) [J]. Comp Biochem Physiol. B, 1976, 53: 77 - 80.

149 Fuson A L, Cowan D F, Kanatous S B, et al. Adaptations to diving hypoxia in the heart, kidneys and splanchnic organs of harbour seals (Phoca vitulina)[J]. J Exp Biol, 2003, 206: 4139 - 4154.

150 Hochachka P W, Liggins G C, Guyton G P, et al. Hormonal regulatory adjustments during voluntary diving in Weddell seals[J]. Comp Biochem Physiol B, 1995, 112: 361 - 375.

151 Hochachka P W. Metabolic arrest[J]. Intensive Care Med. 1986, 12, 127 - 133.

152 Hochachka P W. Defense strategies against hypoxia and hypothermia[J]. Science, 1986, 231: 234 - 241.

153 Lutz P L, Nilsson G E, Prentice H M. The brain without oxygen[M]. Dordrecht: Kluwer Academic Publishers, 2003.

154 Guppy M, Withers P. Metabolic depression in animals: physiological perspectives and biochemical generalizations[J]. Biol Rev. 1999, 74: 1 - 40.

155 Storey K B. Suspended animation: the molecular basis of metabolic depression[J]. Can J Zool, 1988, 66: 124 - 132.

156 Storey K B, Storey J M. Tribute to P. L. Lutz: putting life on 'pause' — molecular regulation of hypometabolism[J]. J Exp Biol, 2007, 210: 1700 - 1714.

157 Bickler P E, Buck L T. Hypoxia tolerance in reptiles, amphibians and fishes: life with variable oxygen availability[J]. Annu Rev Physiol. 2007, 69: 145 - 170.

158 Bishop T, St-Pierre J, Brand M D. Primary causes of decreased mitochondrial oxygen consumption during metabolic depression in snail cells[J]. Am J Physiol, 2002, 282: 372 - 382.

159 Barger J L, Brand M D, Barnes B M, et al. Tissue-specific depression of mitochondrial proton leak and substrate oxidation in hibernating arctic ground squirrels[J]. Am J Physiol, 2003, 284: 1306 - 1313.

160 Smith R W, Houlihan D F, Nilsson, G E, et al. Tissue-specific changes in protein synthesis rates in vivo during anoxia in crucian carp[J]. Am J Physiol, 1996, 271: 897 - 904.

161 Pakay J L, Withers P C, Hobbs A A, et al. The in vivo down-regulation of protein synthesis in the snail Helix aspera during estivation[J]. Am J Physiol, 2002, 283: 197 - 204.

162 Fraser K P, Houlihan D F, Lutz P L, et al. Complete suppression of protein synthesis during anoxia with no post-anoxia protein synthesis debt in the red-eared slider turtle Trachemys scripta elegans [J]. J Exp Biol, 2001, 204: 4353 - 4360.

163 van Breukelen F, Martin S L. Reversible depression of transcription during hibernation[J]. J Comp Physiol B, 2002, 172: 355 - 361.

164 Erecińska M, Cherian S, Silver I A. Energy metabolism in mammalian brain during development [J]. Prog Neurobiol. 2004, 73: 397 - 445.

165 Bickler P E. Cerebral anoxia tolerance in turtles: regulation of intracellular calcium and pH[J]. Am J Physiol, 1992, 263: 1298 - 1302.

166 Pérez-Pinzón M A, Rosenthal T, Sick T J, et al. Downregulation of sodium channels during anoxia: a putative survival strategy of turtle brain[J]. Am J Physiol, 1992, 262: 712 - 715.

167 Doll C J, Hochachka P W, Reiner P B. Reduced ionic conductances in turtle brain[J]. Am J Physiol, 1993, 265: 929 – 933.

168 Buck L T, Bickler P E. Adenosine and anoxia reduce N-methyl-D-aspartate receptor open probability in turtle cerebrocortex[J]. J Exp Biol, 1998, 210: 289 – 297.

169 Nilsson G E, Lutz P L. Adenosine release in anoxic turtle brain as a mechanism for anoxic survival [J]. J Exp Biol, 1992, 162: 345 – 351.

170 Pan T T, Feng Z N, Lee S W, et al. Endogenous hydrogen sulfide contributes to the cardioprotection by metabolic inhibition preconditioning in the rat ventricular myocytes[J]. J Mol Cell Cardiol. 2006, 40: 119 – 130.

171 Hochachka P W, Castellini J M, Hill R D, et al. Protective metabolic mechanisms during liver ischemia: transferable lessons from long-diving animals[J]. Mol Cell Biochem. 1988, 84: 77 – 85.

172 Hong S K, Ashwell-Erickson S, Gigliotti P, et al. Effects of anoxia and low pH on organic ion transport and electrolyte distribution in harbour seal (Phoca vitulina) kidney slices[J]. J Comp Physiol B, 1982, 149: 19 – 24.

173 Folkow L P, Ramirez J M, Ludvigsen S, et al. Remarkable neuronal hypoxia tolerance in the deep-diving adult hooded seal (Cystophora cristata)[J]. Neurosci Lett. 2008, 446: 147 – 150.

174 Ludvigsen S, Folkow L P. Differences in in-vitro cerebellar neuronal responses to hypoxia in eider ducks, chicken and rats[J]. J Comp Physiol, 2009, 195(11): 1021 – 1030.

175 Zheng Z, Lee J E, Yenari M A. Stroke: molecular mechanisms and potential targets for treatment [J]. Curr Mol Med. 2003, 3: 361 – 372.

176 Wilhelm Filho D, Sell F, Ribeiro L, et al. Comparison between the antioxidant status of terrestrial and diving mammals[J]. Comp Biochem Physiol. A, 2002, 133: 885 – 892.

177 Zenteno-Savın T, Clayton-Hermandez E, Elsner R. Diving seals: are they a model for coping with oxidative stress[J]. Comp Biochem Physiol C, 2002, 133: 527 – 536.

178 Elsner R, Øyasæter S, Almaas R, et al. Diving seals, ischemia-reperfusion and oxygen radicals[J]. Comp Biochem Physiol A, 1998, 119: 975 – 980.

179 Vazquez-Medina J P, Zenteno-Savın T, Elsner R. Antioxidant enzymes in ringed seal tissues: potential protection against dive-associated ischemia / reperfusion[J]. Comp Biochem Physiol C, 2006, 142: 198 – 204.

180 Flogel U, Godecke A, Klotz L O, et al. Role of myoglobin in the antioxidant defense of the heart [J]. FASEB J, 2004, 18: 1156 – 1158.

181 Liu L, Yenari M A. Therapeutic hypothermia: neuroprotective mechanisms[J]. Front Biosci. 2007, 12: 816 – 825.

182 Stockard T K, Levenson D H, Berg L, et al. Blood oxygen depletion during rest-associated apneas of northern elephant seals (Mirounga angustirostris)[J]. J Exp Biol, 2007, 210: 2607 – 2617.

183 Siesjo B K. Brain Energy Metabolism[M]. New York: John Wiley, 1978.

184 Lipton P. Ischemic cell death in brain neurons[J]. Physiol Rev, 1999, 79: 1431 – 568.

185 Anderson T R, Jarvis C R, Biedermann A J, et al. Blocking the anoxic depolarization protects without functional compromise following simulated stroke in cortical brain slices[J]. J Neurophysiol, 2005, 93: 963 – 979.

186 Gozal D, Daniel J M, Dohanich G P. Behavioral and anatomical correlates of chronic episodic hypoxia

during sleep in the rat[J]. J Neurosci, 2001, 21: 2442 - 2450.

187 Elsner R, Shurley J T, Hammond D D, et al. Cerebral tolerance to hypoxemia in asphyxiated Weddell seals[J]. Resp Physiol, 1970, 9: 287 - 297.

188 Glezer I I, Jacobs M S, Morgane P J. Ultrastructure of the blood brain barrier in the dolphin (Stenella coeruleoalba)[J]. Brain Res, 1987, 414: 205 - 218.

189 Globus M Y, Alonso O, Dietrich W D, et al. Glutamate release and free radical production following brain injury: effects of posttraumatic hypothermia[J]. J Neurochem, 1995, 65: 1704 - 1711.

190 Liu L, Yenari M A. Therapeutic hypothermia: neuroprotective mechanisms[J]. Front Biosci, 2007, 12: 816 - 825.

191 Bryan R M, Jones D R. Cerebral energy metabolism in diving and non-diving birds during hypoxia and apnoeic asphyxia[J]. J Physiol, 1980, 299: 323 - 336.

192 Hochachka P W. Metabolic status during diving and recovery in marine mammals[J]. Int Rev Physiol, 1979, 20: 253 - 287.

193 Messelt E B, Blix A S. The LDH of the frequently asphyxiated beaver (Castor fiber)[J]. Comp Biochem Physiol B, 1976, 53: 77 - 80.

194 Brown A M, Ransom B R. Astrocyte glycogen and brain metabolism[J]. Glia, 2007, 55: 1263 -1271.

195 Pellerin L, Bouzier-Sore A K, Aubert A, et al. Activity-dependent regulation of energy metabolism by astrocytes: an update[J]. Glia, 2007, 55: 1251 - 1262.

196 Ramirez J M, Folkow L P, Blix A S. Hypoxia tolerance in mammals and birds: from the wilderness to the clinic[J]. Annu Rev Physiol, 2007, 69: 113 - 143.

197 Marder E, Bucher D. Understanding circuit dynamics using the stomatogastric nervous system of lobsters and crabs[J]. Annu Rev Physiol, 2007, 69: 291 - 316.

198 Hochachka P W, Buck L T, Doll C, et al. Unifying theory of hypoxia tolerance: molecular / metabolic defense and rescue mechanisms for surviving oxygen lack[J]. Proc Natl Acad Sci U S A, 1996, 93: 9493 - 9499.

199 Burmester T, Weich B, Reinhardt S, et al. A vertebrate globin expressed in the brain[J]. Nature, 2000, 407: 520 - 523.

200 Pesce A, Bolognesi M, Ascenzi P, et al. Neuroglobin and cytoglobin: fresh blood for the vertebrate globin family[J]. EMBO Rep, 2002, 3: 1146 - 1151.

201 Hankeln T, Wystub S, Laufs T, et al. The cellular and subcellular localization of neuroglobin and cytoglobin — a clue to their function[J]. IUBMB Life, 2004, 56: 671 - 679.

202 Bentmann A, Schmidt M, Reuss S, et al. Divergent distribution in vascular and avascular mammalian retinae links neuroglobin to cellular respiration[J]. J Biol Chem, 2005, 280: 20660 -20665.

203 Burmester T, Ebner B, Weich B, et al. Cytoglobin: a novel globin type ubiquitously expressed in vertebrate tissue[J]. Mol Biol Evol, 2002, 19: 416 - 421.

204 Mitz S A, Reuss S, Folkow L P, et al. When the brain goes diving: glial oxidative metabolism may confer hypoxia tolerance to the seal brain[J]. Neuroscience, 2009, 163: 552 - 560.

205 Laufs T L, Wystub S, Reuss S, et al. Neuron-specific expression of neuroglobin in mammals[J]. Neurosci Lett, 2004, 362: 83 - 86.

206 Walz W. Role of astrocytes in the clearance of excess extracellular potassium[J]. Neurochem Int, 2000, 36: 291 - 300.

8

高海拔脊椎动物的生存

弗兰克·L·鲍威尔(Frank L. Powell)

苏珊·R·霍普金斯(Susan R. Hopkins)

8.1　引言

　　由于生理性的压力与生活资源的匮乏,生活在高海拔地区的脊椎动物的生活面临严重的挑战。最为显著的压力来自低氧、气温和湿度,以及持续的辐射。高海拔的生态环境最主要的特征是缺乏多样性,崎岖不平的地势以及单调的可获得的食物来源。本书中将提到大量的应对高海拔地区生活的实例,从而为读者展现生命应对低氧的神奇的生理学特性。在这片土地上生活的脊椎动物(包括生活在安第斯山脉河流与湖水中的鱼类)[1],它们所生存的地方海拔高于4 000 m,PO_2低于 100 Torr。本章节将重点讲述在高海拔地区生长生活的脊椎动物是如何适应低氧环境而非对高海拔的生理性气候适应。鱼类对低氧的适应已在第 5 章讲述,因此我们首先关注生活在陆地上的脊椎动物。

8.2　高海拔环境

　　Paul Bert 揭示了高海拔引起的生理学改变首先是 PO_2 的降低而不是气压的降低[1]。针对随着海拔升高相对应的气压降低,有不同的算法,例如国际民航组织(1964)或国家海洋和大气管理协会(1976)制定的标准气压。但是这些算法存在一定的误差,特别是随着纬度与季节的不同[2](见图 8-1)。比如预测的珠穆朗玛峰顶峰的气压值比实际测得的低 17 Torr。然而,West[3]公式测得的气压值实际误差在 1‰以内,涵盖了纬度 15°(所有季节)至纬度 30°(夏季)。

$$PB(Torr) = exp(6.632\,68 - 0.111\,2\,h - 0.001\,49\,h^2) \quad h\ 为海拔(km)$$

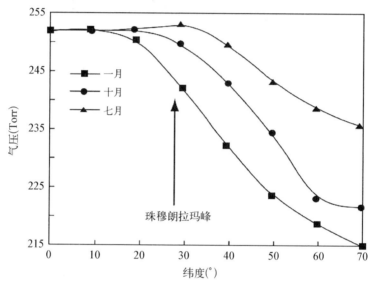

图 8-1 季节以及纬度对大气压的作用。对于确定的海拔高度,大气压在赤道最高而在极点最低。在赤道,季节变化对大气压的作用微弱,但在 70°纬度大气压却变化了 5%。尽管这些变化较小,但导致可获得的氧以及运动能力的巨大差异

 尽管低氧首先引起吸入 PO_2 的降低,但仍有一些研究发现在呼吸时出现气压的降低。Shams 等发现在同样低氧的情况下,低气压下的鸭子比正常气压状态的鸭子通气量大[4-5]。这可能与低气压时乳酸增高从而刺激呼吸中枢引起通气量增大有关。然而,低气压引起的乳酸酸中毒的机制仍未知。人类对低气压的反应不尽相同,Loeppky 等发现与海平面吸空气时相比,在气压降低时人类的通气量减少[6]。因此,低气压所引起的生理变化是多样的,且与低氧相比并非十分强烈。而大多数情况下低氧对生理指标的作用是相似的。

 除了 PO_2 降低,高海拔环境还存在寒冷问题,这一点对所有的脊椎动物均有很大的影响。对恒温的鸟类及哺乳动物而言,需要额外的能量来保持体温的恒定。对变温的两栖类动物以及爬行类动物而言,环境温度的改变限制了它们的活动。有一些随着海拔变化的温度改变的计算公式,大体而言海拔每升高 1 000 m,环境温度下降 6 ℃[1]。随着海拔升高,阳光及电离辐射同样升高。在

海拔 4 000 m,因为空气密度的变化,光辐射与海平面相比增加了 100%[7]。在 3 000 m 高度,每人每年的宇宙辐射剂量增加约 0.7 mGy,而正常来自所有能源的年平均剂量为 0.5~20 mGy。虽然对于这些辐射剂量的增加并没有更深入的研究,但对生活在高海拔的两栖类及爬行动物的生存可能存在风险。

高海拔的环境通常十分干燥,这也对动物的生理活动有影响。蒸发的水分丢失影响吸入和呼出的相对温湿度差异。恒温动物在体表温度较高时呼出饱和的气体,因此它们在高海拔时有更多的蒸发水分丢失。水蒸气的压力可代偿一部分肺内的 PO_2,这是通过体表温度来调节的。因此,海拔的增加也带来了对体内相对湿化的影响,Luft 发现在极端情况下,19 215 m 的海拔下水蒸气的压力完全替代 PO_2,等同于大气压力[8]。

8.3 高海拔脊椎动物多样性

以上所讨论的各种生理及生物学的不同决定了自然界动物的分布不同。任何一种因素对物种适应高海拔的生活都起了决定性的作用。根本上来讲,跨越生物地理学以及基因组生理学的多学科研究分析对研究物种对环境的适应性进化是至关重要的[9]。然而,对高海拔环境的原住脊椎动物的呼吸生理进行研究,揭示了解决无氧生存问题的多样性和普遍性。本章将着重描述脊椎动物在高海拔的呼吸生理过程而并非尝试对脊椎动物多样性进行分类。

8.3.1 哺乳动物

哺乳动物是在高海拔地区研究最多的脊椎动物。最主要原因是这些土生土长的原住民,其中包括人类,在上至 6 000 m 的高峰下至海平面以下都能适应生存。在现代所记载的资料中,人类所能居住生存的最高海拔为 5 950 m[10],是在智利的安第斯山脉奥坎基尔查峰矿的采矿人。这些采矿人周末从峰顶下来,他们的族群在海拔略低处出生成长。此外,还有一些人类族群在海拔 4 000 m 的安第斯山脉及喜马拉雅山脉地区生活繁衍[11]。另外一些研究较透彻的能在高海拔地区生活的哺乳类动物包括安第斯山脉地区的骆驼,它们可在 5 000 m 的高原生存[1],家养的美洲驼、羊驼和野生的驼马。鹿鼠是在北美地区分布最广的哺乳类动物,它们可下至海平面以下,上至海拔 4 000 m 的落基山脉和白山中生活[12]。

8.3.2　鸟类

鸟类是在高海拔研究中最典型和有趣的例子，因为它们可以很容易地从海平面飞升到非常高的海拔。据记载[13]，在象牙海岸上空海拔 11 278 m 有鸟类与商业航空飞机的撞击记录。一般而言，鸟类对高海拔都有很好的适应能力，即使在低海拔的地方，与和它们相同体积的哺乳动物相比，也能更快、更好地适应高海拔环境[14]。因此，对于家畜，如鸡、鸭和鸽子，在高海拔的呼吸生理状态有一些研究。目前，人们对凭借自身能力穿越世界第一峰喜马拉雅山的斑头雁最感兴趣[15]。此外，有研究者对于鸟类如何适应高海拔繁殖与产卵也做了复习[16-17]。

8.3.3　变温动物

尽管多处受限，两栖类及爬行类动物与恒温动物相比更能生存于高海拔地区。蜥蜴能在 5 500 m 的喜马拉雅山脉及 4 900 m 的安第斯山脉生存[1]。所有在海拔 3 000 m 以上生存的蜥蜴和蛇类都是卵胎生的[1]。有趣的是，鸟类在高海拔生蛋的情况几乎不可能在爬行类动物身上发生[18]。这种两栖类动物的分布限制了它们在水栖环境中生存。据记载，火蜥蜴能在海拔 3 292 m 的内华达山脉生存[19]。的喀喀湖蟾蜍是纯水生类动物，是在海拔 3 812 m 的高度生活的原住生物，而较少的水生无尾动物如安第斯蟾蜍（*Bufo spinulosus*）能在海拔 4 500 m 的安第斯山脉生存[20]。

8.4　高海拔地区的氧传递

遗憾的是，目前针对非人类的脊椎动物如何适应高海拔地区氧传递尚缺乏系统性研究。不同的研究团队目前重点调查特定物种的氧传递，并对低海拔和高海拔的物种进行了对比。然而因为研究方法以及对象的不同，很难得出整体认识的结论。比如，我们很难解释为什么高海拔地区对不同的物种进行了筛选，除非从物种起源角度进行深入的研究[21]；同样，相同物种的不同种群，是否能适应高海拔地区也存在不同，这可能涉及基因起源以及发育效应[22]。因此，我们对相关比较性研究进行了简要回顾，重点在于那些可用于高海拔研究的最完整的数据，为未来的比较研究奠定基础。高海拔环境下人类的生理变化将在第 9 章着重强调。

8.4.1 哺乳动物

对于呼吸氧传递的第一步,高海拔地区哺乳动物对低氧反应正常,且很少波动。这一现象在牦牛和美洲驼,以及高原地区的绵羊和犬中已经得到证实[1,23]。目前对在安第斯山脉地区生活的人类,以及如牛、马和猫等动物发生低氧失代偿的机制仍未知[23]。有假设提出,在氧传递的终末环节可能发生变化,以此来适应突发的低氧造成的氧传输异常。然而,在高海拔地区相对低的氧债和通气增加可使氧供增加,后者对于急慢性的低氧暴露都是重要的。

对现有的高海拔地区哺乳动物的研究发现,其肺内氧弥散能力并无明显的改变[16]。然而对高海拔地区出生生活的人类研究发现,其肺容量及二氧化碳的弥散能力显著增高[24]。Bouverot[1]指出在高海拔地区红细胞的体积及流速对氧的弥散平衡至关重要,比如发现美洲驼与小羊驼的红细胞体积非常小。低氧引起的肺血管收缩机制在第 4 章(见 **4.3.9**)中介绍,低氧带来的肺血管收缩和高海拔造成的肺动脉高压和高原性肺水肿以及其他影响肺气体交换的机制将在后面进行讨论(第 6 节)。在现有的研究中牦牛是特例,在海拔 4 800 m 的高地,牦牛的肺动脉压力与家养的牛相比几乎没有差别[25]。而对牦牛与家养的牛的杂交繁育研究中猜测,肺动脉压力的变化是常染色体显性遗传所控制的。

对于心血管氧输送来说,血红蛋白的适应性以及血氧亲和力至关重要[1,16]。例如,美洲驼的心输出量在海拔 1 600~6 400 m 之间几乎相同[26];而绵羊及羊驼的心输出量则从海平面至海拔 3 300 m 的高地呈上升趋势[27]。令人吃惊的是,美洲驼的混合 PvO_2 同样存在变化,但比绵羊高(从海拔 1 600~6 400 m,美洲驼只下降 8 Torr,而绵羊降了 26 Torr)。尽管美洲驼的心输出量很低,但它们的耗氧量更少。原因是其存在很高的血氧亲和力:$P_{50}=23$ Torr,而绵阳只有40 Torr。由此看来,在高海拔地区非人类哺乳动物中,对心血管氧输送的适应主要靠血红蛋白。

8.4.1.1 鹿鼠

鹿鼠是在南美洲大陆分布最广泛的哺乳类动物。*P.maniulatussonoriensis* 是鹿鼠中的一个亚属,它们可在下至海底深谷,上至海拔 4 000 m 的内华达州锯齿状山脊和加利福尼亚的白山中生存[12]。鹿鼠对高海拔的氧需求量的改变是通过最大有氧运动能力的进化适应调节[28]。而它们的基因遗传表型的可塑性导致了这种强大适应能力,使其能在完全不同的生活环境中得以生存[29]。

关于 *P.maniulatus* 氧输送的两项基本观察研究结果证实其成为良好的适应高海拔生存的动物模型。首先,其血红蛋白具有极其复杂的多态性,a^0c^0/a^0c^0 单体型的血红蛋白($P_{50} \approx 32$ Torr)与 a^1c^1/a^1c^1 型($P_{50} \approx 36$ Torr)[30]相比对氧亲和力更高。这些单体型主要与平均地区海拔有关，因此 a^0c^0/a^0c^0 在高海拔地区更常见[31]。其次，在高海拔地区发现，寒冷或运动后的 a^0c^0/a^0c^0 最大摄氧率（$\dot{V}O_{2max}$）比 a^1c^1/a^1c^1 更高，相反的，在低海拔地区，a^1c^1/a^1c^1 的最大摄氧量比 a^0c^0/a^0c^0 要高。上述研究结果显示了野生型鹿鼠最大有氧运动能力的调节[28]，即在高海拔地区其 Hb-O$_2$ 亲和力增加。

目前更多的实验研究显示分子基因学在高低海拔地区对生物适应能力调节中的作用。α 球蛋白分子上 5 个氨基酸位点上配体的不同决定了氧亲和力即 P_{50} 的不同[32]。这些功能性的蛋白质等位基因的多态性保持了长期的平衡。然而，这却不能解释在不同海拔观察到的最大摄氧量以及 P_{50} 的不同。理论模型预测在高海拔地区，针对 P_{50} 的降低应该没有最大摄氧量的变化[33]。一个可能的解释是氧传输模型不能很好地解释血液中不同的氧亲和力。$P. maniulatus$ 的红细胞包含了一种混合型的血红蛋白，猜测可能提供了一种血氧亲和力对外界环境变化发生的代谢改变的微调机制[32]。

关于 $P. maniulatus$ 的氧传输生理学机制的其他方面尚未得到详细的研究。肺的体积及血细胞比容的表观可塑性基本是由氧浓度决定的，而心脏更多的是由温度决定的，即寒冷增加氧的需求[34]。这一结论与我们之前所提及的在高海拔地区的哺乳类动物的肺弥散能力增加而心输出量并未增加一致。由于左、右心室的大小并未进行检测，因此我们无法得知对于 $P. maniulatus$ 低氧状态下的肺血管收缩能力（右心室肥大）是否降低。血细胞比容的增加显示了红细胞生成反应及 Hb-O$_2$ 亲和力的增加。这与其他哺乳类动物的研究一致，海拔改变对毛细血管组织氧交换无明显影响[35]。对 $P. maniulatus$ 通气的控制，肺内气体交换以及氧摄取需进一步研究。

8.4.1.2 美洲驼胎儿

对美洲驼胎儿与家养绵羊的对比研究发现，二者的氧传输存在重要的差异，这种差异有利于美洲驼生存[36-37]。即使在海平面，美洲驼胎儿所承受的低氧损伤与在珠穆朗玛峰的攀岩者相似。它们首先依靠的是高血氧亲和力的胎儿血红蛋白来应对急性低氧环境[38]。当怀孕的绵羊遭受低氧刺激时，胚胎首先出现心动过缓和全身以及肺血管收缩以此来形成全身血流的重新分布，以维持心脑及肾组织的氧消耗[36]。而家养的非洲驼胎儿则不同，它们表现出更强烈的外周血管收缩，而脑部血流量却并未增加甚至脑氧耗是减少的[37]。血管收缩的机制主要是由 α 肾上腺素能以及精氨酸血管升压素和内皮素共同作用。低氧状态下美洲驼胎儿的脑低代谢部分通过降低 Na$^+$/K$^+$-ATP 酶活性实现[37]，这与龟在低氧状态时减少氧需策略相似，均为避免抽搐及神经细胞坏死[39]。

8.4.2 鸟类

鸟类对高海拔的适应通常比哺乳类动物要好很多。这主要是由于生理结构的不同,使鸟类对高海拔有极大的适应调节能力,可以飞越珠穆朗玛峰。高原鸟类最明显的不同在于其拥有脊椎动物中独特的呼吸系统,副支气管肺通气与肺泡换气功能是完全分开的[40]。这种结构可使气流通过副支气管后形成交叉气流模型完成气体交换,理论上与哺乳类动物相比可更有效完成肺泡气体交换[41]。然而,缺点是通气灌注误配以及肺内分流可造成动脉氧分压(PaO_2)的降低[42],如图 8-2 是鸟类在高海拔时交叉气流造成的不匹配以及肺内分流状

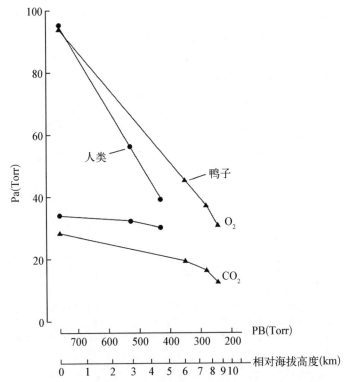

图 8-2 急性暴露于模拟高海拔环境下人类及鸭子的动脉氧分压(PaO_2)的变化。在海平面水平,禽类和哺乳类实际测得的 PO_2 水平是相似的,尽管理论预测的禽类交叉气流交换中的 PO_2 水平比哺乳类的肺泡交换中的 PO_2 要显著升高。这是因为在常氧状态下,通气灌注不匹配及肺内分流对禽类的交叉气流交换影响相对更大[42]。在低氧状态,通气灌注严重不匹配并不影响禽类,因此对交叉气流影响也相对较小,因此禽类的 PaO_2 要高于哺乳类动物[42]。由于 $PaCO_2$ 在所有条件下受影响很小,因此在所有海拔水平,尽管二氧化碳水平及通气相似,但是禽类的 $PaCO_2$ 比哺乳类动物更低

态。相反,二氧化碳交换更少地受肺的限制,交叉气流的优势在低氧以及含氧量正常的状态下得以显现,因此,鸟类的动脉二氧化碳分压($PaCO_2$)总是比哺乳类动物要低(见图 8-2)。

对高氧消耗水平的鸟类而言,交叉气流气体交换的优势对其在高海拔状态下的飞行是必不可少的[42-43]。然而与哺乳类动物相比,在低氧状态下鸟类的弥散限制减少[43-44],通气灌注的不匹配也更少[45](见图 8-3)。而在交叉气流交换下的更低的二氧化碳水平也反映了鸟类对高海拔的适应调节。鸟类对碱中毒的更高的耐受能力可以使它们对高通气有更好的适应力,以此来保持对氧的传输。鸟类脑循环对低二氧化碳的敏感性更差,因此低氧造成的血管扩张使脑血流量增加更为显著[45-47]。同样,在海拔突然变化至 9 000 m 外周血 pH 值差异较大时,鸽子的细胞内 pH 值却相对恒定[48]。这些结果提示了细胞内介质的严格调节更有利于鸟类应对海拔变化,不过细节仍需进一步研究。

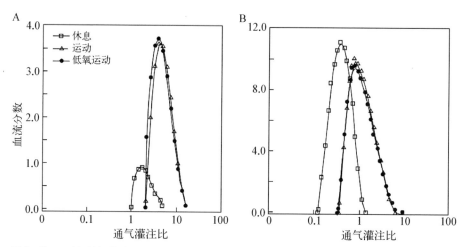

图 8-3 运动与低氧分别在正常健康人个体(A)及鸸鹋(B)对通气灌注失衡的影响。在人类,常氧负重运动后肺灌注分布的对数标准差由休息时的 0.45 增加到常氧负重运动的 0.53,而低氧负重运动($F_1O_2 = 0.125$)则进一步增加到 0.55。在禽类,肺灌注分布的对数标准差在这三种状态中没有明显改变,且一直维持在 0.6 左右[45]

8.4.3 变温动物

目前对两栖类以及爬行类动物在高海拔地区的氧级联反应的研究较少。大多数的变温类动物对低氧刺激的通气反应变化不敏感[49],而它们对慢性低氧刺激的变化仍未知。一般而言,它们是通过减少氧需求来应对低氧的。比如某些种类的蜥蜴是通过减少晒太阳的方式从而降低体表温度及代谢,可相对减少

7％的氧需来应对低氧环境[50]。但这并不是大多数高海拔地区生活变温动物的普遍应对机制。据报道,的喀喀湖蟾蜍与其他无尾类动物相比代谢更低[51]。当然这也不是高海拔地区无尾类动物仅有的特点[20],Packard 就发现不同海拔的 *Boreal chorus* 青蛙的氧消耗是相同的[52]。

其他高海拔地区变温动物的氧传输的适应性调节包括组织气体交换的加强,其中最显著的例子是的喀喀湖蟾蜍的血液特性[51]。这些蟾蜍的皮肤上覆盖有极丰富的毛细血管网络,这些毛细血管可以使它们在水中活跃的摆动以求通过皮肤表面来获得更多的"通气"。的喀喀湖蟾蜍的红细胞体积非常小,血细胞比容高,其 Hb-O_2 亲和力在所有两栖类动物最高($P_{50}=15.6$ Torr,pH 值 $=7.6,10$ ℃)。高血细胞比容和高浓度的血红蛋白并不是高海拔地区无尾目类动物的特征,但低 P_{50} 却是一项对无尾目类动物亚属的研究显示,从海平面至 4 000 m 海拔高度的三种蟾蜍(*Bufo spinulosus limensis*、*B. f. tirolium* 以及 *B. f. favolineatus*)的 P_{50} 中可见,在海拔最高地区生活的蟾蜍的 P_{50} 最低[53]。因此,两栖类动物对高海拔地区的适应性是通过改变 Hb-O_2 亲和力来实现的。相反,爬行类动物并没有显示出海拔与血红蛋白之间的联系[54]。

中央性心脏分流是一项在两栖类以及爬行类动物中决定氧输送的重要因素[55]。Bufo marinus 在急性低氧状态下右向左的分流减少,但目前尚无对比实验来证实[20]。在高海拔地区温度的降低可引起心脏分流的减少,但这一般与活动的改变有关[56]。

8.5　极端高度下的活动

非常巧合的是,地球的最高点接近人类有氧运动能力的最大极限。West 指出人类花了大约 50 年通过额外的氧供给才攀登上了珠穆朗玛峰的最后 300 m。生理学模型也证实了人类如果没有额外的氧供给是无法攀登珠峰的[57],然而 1978 年 Habeler 和 Messner 在无额外氧供给的情况下成功攀上珠峰后,这与原来的认知所悖。因此,在接下来的章节中我们会给大家解释生理学基础与人类有氧运动能力以及鸟类飞行之间的联系。

8.5.1　人类攀登极限高度

如何成为一名出色的极限攀登者？对一名攀登者最基本的测试是有能力攀登峰顶且成功返回,这项测试随着山峰的高度增高而越来越困难[58](见

图 8-4）。攀登者的性别对到达峰顶如珠峰峰顶并安返无明显差异[59]。研究显示 40 岁以下的攀登者年龄与挑战成功与否也无明显区别；40 岁以上则对成功有一定的影响，60 岁以上则可能增加死亡的风险[59]。然而，一个优秀的攀登者最为突出的特征并非其具有明显的生理学优势。比如，尽管最大摄氧量（$\dot{V}O_{2max}$）的增高可能与登顶成功有关，但事实却是它们之间没有明显的相关性。尽管优秀的攀登者有更好的有氧适应能力，但是他们的最大摄氧量却比同样状态的优秀跑步者更低，甚至有些人比没有经过训练的人更低[60]。同样的，优秀的攀岩者与常人相比无氧功能的测定也是一样的。对肌肉纤维的测量也得到了相同的结果：优秀的攀登者的肌肉模型介于跑步者与常人的中间值。然而，攀登者的腿部肌肉的毛细血管-肌纤维比率是增加的[60-61]，这一结果在高海拔的鸟类与在高海拔地区生活的夏尔巴人中也是一样的[62-63]。最基本的毛细血管-肌纤维比率的决定要素主要是低氧、饮食、寒冷暴露以及运动的综合反应，在接下来的章节中将给予解释[64]。

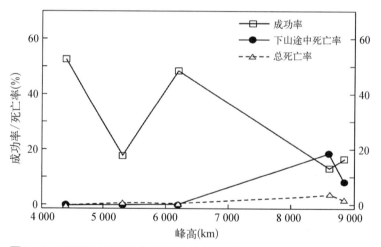

图 8-4 不同海拔高度山峰登顶的成功率及死亡率：雷尼尔山（4 392 m），弗拉科峰（5 306 m），德纳里峰（6 193 m），K2 峰（8 616 m）以及珠穆朗玛峰（8 850 m）。通常而言，成功率随着峰的高度而降低，越困难的峰登顶率越低（如弗拉科峰以及 K2峰）。此外，总死亡率以及成功登顶后的死亡率随着峰的高度而增加。K2 峰是一座海拔相当高以及技术上非常困难攀登的峰，只有小于 13% 的攀登者到达山顶，19% 的攀登者在下山途中死亡[59]

由肺功能仪器测得攀登者的肺容积比基于年龄、身高、性别以及种族的预计值轻度升高[60]，这主要是因为攀登者可耐受高原性肺水肿[65]。然而在其他运动员中这一指标并没有明显的改变。另外提到的是，很多成功的高海拔攀登者有高原性肺水肿的病史[66]。高海拔攀登者与常人以及马拉松跑步者相比，其对低氧通气的反应性更灵敏[67]。基于深大呼吸时的碱中毒所引起的 P_AO_2 的升高以及氧离曲线的左移，可能对攀登者而言是优势所在[68]。此外，他们在海平面时的通气也是升高的[60]，这一现象的机制仍未知。

一般而言，优秀的高海拔攀登者对急性高山病（acute mountain sickness，AMS）、高海拔脑水肿（high altitude cerebral edema，HACE）明显耐受，这可能与他们在低氧刺激时对低氧通气的灵敏反应以及更深大的通气有关[60,67]。对海拔 5 000～8 000 m 高峰的攀登者，特别是没有额外使用氧的攀登者的研究发现，他们在攀登后会出现轻微但是可测得的认知功能损伤以及在 MRI 上会有脑部结构的异常[69-71]。此外，一些认知功能损伤与过度的低氧通气反应有关。对于这一现象的解释是，攀登者对低氧通气的灵敏反应可以代偿性的引起低碳酸血症，以此来使低氧的症状减轻以及攀爬更快，因此他们会忽略低氧介导的脑部损伤，因为低碳酸血症可以引起脑部血管收缩以影响氧输送[69]。

尽管目前尚无直接的研究证实，有限的减重可能增加登顶成功概率的想法是符合逻辑的。因此，西藏的夏尔巴人很早就意识到攀登极地高峰对他们而言的重要性，据报道，他们的体重下降比常人更少[72]。厌食以及食欲不佳是急性高山病最常见的表现；然而随着海拔的进一步升高，会出现食欲变好。在海拔 5 000 m 的高度因为无法维持能量平衡，尽管个体会增加摄入，体重下降仍是不可避免的[7]。体重下降是多因素造成的，包括食欲下降（可能由于控制饱腹感的瘦素增加）、基础代谢率的增加以及额外的能量输出[73]。此外，机体成分的改变，包括肌肉量的损失以及脂肪的损失都可造成体重下降[74]。

以上所提及的生活在高海拔地区的夏尔巴人，主要是藏族人群，因其具有强大的高海拔适应能力而闻名。Edmund Hillary 在登顶珠峰的途中就是由夏尔巴人 Norgay 陪伴的。在北美以及欧洲探险者攀登珠穆朗玛峰的过程中主要是由夏尔巴人作为向导，其中有些成功登顶了。这些夏尔巴人的肺容量以及弥散能力是非常强大的[75]。在当地人中，他们拥有更高的动脉氧饱和度以及更小的 $\Delta P_A - PaO_2$[76]。因此，夏尔巴人与低地生活的原住民相比，在高地适应性运动时其氧耗量、通气、心率以及心输出量均较高[77-78]。磁共振成像显示，与低海拔攀登者相比，夏尔巴人的脑部结构差异不大[79]，这提示夏尔巴人脑的结构未受到明显的改变，尽管其对高通气反应更加灵敏，但脑部血流量的改变并不大。

8.5.2 飞越珠峰的鸟类

斑头雁因其出色的在高海拔生存能力受到广泛研究[54,80-82]。幸运的是，这些关于鸟类在高海拔地区运动能力的数据被整合并研究分析。Scott 和

Milson[83]运用整合的氧交换飞行模型发现,在极端高度下,总通气量(V_1)增高,Hb - O_2亲和力(低P_{50})增高和组织对氧的弥散能力(DtO_2)增高,可以产生最大程度的氧消耗,并为在高海拔下飞行带来最大的便利。这些因素之间也可相互影响,比如当P_{50}降低时DtO_2的增高可使$\dot{V}O_{2max}$产生变化。

最新的研究证实了斑头雁的适应性调节包括了肺总通气量增高[83]斑头雁与其他低海拔的家畜例如北京鸭相比[83],其对低氧通气的反应更强烈。早期的对照研究显示斑头雁对中等程度的低氧通气反应[80],与其他鸭类相比更迟钝,尽管它们对重度低氧的反应更剧烈[83]。在低氧时斑头雁的潮气量较其他鸭类相比也更剧烈,其主要是通过增加有效的副支气管通气而非增加呼吸频率以及增加最大氧消耗来使氧含量得到提高。与灰雁(较鸭子与斑头雁更相近)相比,斑头雁是通过呼吸适应的机制[83],而非改变氧敏感性来提高肺总通气量的。但是,这些结果可以导致其对低碳酸血症敏感性的降低,而对低氧所致的通气反应增高[83]。

高Hb - O_2亲和力也给斑头雁在高海拔飞行带来了益处。斑头雁的Hb - O_2高亲和力带来的低P_{50}使得它们可以很好地适应高海拔[54]。预测的高DtO_2尚未在斑头雁中的研究中得到确定。然而,DtO_2已经在哺乳类动物中被证实是最大氧消耗的决定性因素,因此在禽类动物中可能同样十分重要。同样,禽类动物与哺乳类动物相比,显示了独特的可引起DtO_2增高的肌肉毛细血管的横向吻合[84]。因此,接下来的研究重点是与哺乳类动物相比,DtO_2的增高是否为高海拔飞行带来了明显的优势。

8.6 对高海拔的适应不良

并非所有对高海拔的急性低氧的生理学反应都同样适用于慢性低氧。对于大多数人来说,高海拔疾病都是急性反应。而在高海拔的慢性暴露所造成的慢性适应性综合征在人类以及家畜中同样常见。由于畜牧业经济的发展,高海拔地区的家畜亦得到研究,在将来他们会被作为良好的基因模型被应用于高海拔地区适应性的研究。总体来说,对高海拔地区适应不良的最常见的器官是肺和脑。

8.6.1 脑部的适应不良

8.6.1.1 急性高山病
急性高山病是人类最常见的高海拔疾病,主要的症状表现为在高原地区出现的头痛、恶心呕吐、厌食、头晕、昏睡、乏力以及睡眠障碍。对于所有去高海拔地区旅游的个体中急性高山病的发病率约为 50%。典型的症状在刚到高原的 6～12 h 内发生,症状的发展与海拔升高率、到达的海拔高度、睡眠时的海拔以及之前的环境适应能力有关。急性高山病通常是良性的,具有自限性,多数个体能在数天内恢复。但是有一部分人可发展成为高原脑水肿,若不经治疗可导致生命危险的。急性高山病与高原性脑水肿被认为是脑对高海拔的、适应不良造成的一系列病理生理疾病。急性高山病的发病机制是复杂的,低氧造成脑血流的增加,因此形成的血管性头痛引起亚临床脑水肿是可能发病机制之一。

目前,对急性高山病发病的假说之一是"紧张的大脑"假说[85-86]。低氧暴露造成机体的不良适应使脑血流增加,血脑屏障通透性以及细胞内基质的改变,这些因素可以使脑肿胀。颅内结构主要是由脑实质、脑血流以及脑脊液组成,因此脑实质的肿胀导致颅内压力的增高,代偿性的减少脑血流以及脑脊液。若机体无法代偿性的分流减少脑脊液,颅高压将持续存在,导致急性高山病的症状发生。

8.6.1.2　高原脑水肿

高原脑水肿较急性高山病少见,然而急性高山病相对良性且有自限性,高原脑水肿则是进展性且相对致命的[87]。高原脑水肿在已经患病且存在高原肺水肿的患者中较常见。高原脑水肿的主要表现为在急性高山病或高原肺水肿的患者中出现共济失调或者有典型呕吐、乏力表现,或头痛的急性高山病患者中突然出现意识改变。高原脑水肿患者的磁共振成像提示了脑白质的改变,但是这一现象目前未被确切证实,且仍有发现更多的存在弥漫性的脑肿胀改变[88-90]。

对急性高山病的治疗首先是降低海拔,循序渐进的恢复或者机体逐步适应高海拔[87]。乙酰唑胺是一种碳酸酐酶抑制剂,可以引起代谢性酸中毒,报道用于急性高山病的预防与治疗,可能的机制是刺激通气与增加血氧含量。糖皮质激素地塞米松的抗炎能力强,同样对急性高山病与高原性脑水肿治疗有效,尽管有些人认为由于其存在不良反应,仅限于用于 HACE。对于 HACE 的治疗和 AMS 的治疗类似,但更加紧急的是需即刻降低海拔,吸氧以及地塞米松的使用,均对 HACE 的治疗至关重要[87]。

8.6.2　肺适应不良

8.6.2.1　高原性肺水肿

高原性肺水肿通常在无法适应的个体到达高海拔地区后 2～4 天内出现,复发性的高原性肺水肿是指返回相对低海拔地区后再次回到高海拔地区出现的相关症状^[91]。呼吸困难、咳嗽、运动不耐受以及发绀是高原性肺水肿的早期症状，随着疾病进展，可出现喘息以及粉红色泡沫痰。2%～15%的个体可能需要治疗^[91-92]，而未经统计的亚临床症状患者提示高原性肺水肿的发病率可能更高^[65]。

　　既往高原性肺水肿病史是其发病的主要预测因素；此外，快速的登高以及激烈的运动也与其发病有关^[93]。高原性肺水肿患者在正常氧耗运动时的肺血管耐受能力更强，有更高的肺动脉压力以及肺毛细血管锲压^[93]。此外，高原性肺水肿的患者在低氧时承受更强烈的肺血管收缩以及更高的肺血管压力^[94-97]。关于低氧时肺血管收缩的机制已在第4章中讨论，这些增加的肺血管压力对肺水肿的发生是至关重要的，因为压力介导的机械损伤对高原性肺水肿导致的肺毛细血管改变是主要机制之一^[98-100]。一氧化氮调节的改变同样影响肺血管活性和高原肺水肿的易感性^[101-102]，特别是同时存在低氧通气反应钝化^[103-104]，这些部分解释了肺动脉压力增高的机制。此外，高原性肺水肿易感个体的跨上皮钠转运休闲功能缺陷可引起肺泡液体清除率下降^[105-107]。

　　高原性肺水肿很容易通过降低海拔得到治疗，降低到相对低海拔后个体恢复是相当迅速的，然而未经治疗的高原性肺水肿是致命的。肺血管扩张剂如西地那非、硝苯地平可降低肺循环压力，联合氧疗可降低高原性肺水肿严重度^[108-109]。让人感兴趣的是，有研究表明预防性使用地塞米松可阻止肺动脉压力升高以及在高原性肺水肿的发生，其扩张效应等同于肺血管扩张剂，可能是因为其对肺动脉内皮功能的影响^[110]。

8.6.2.2　牛的高山病

高山病的特征是由于严重肺动脉高压引起的胸部水肿以及右心衰竭。其首先是由对海拔2400 m放牧的牛群研究的卡罗拉多州的兽医所发现^[111]。某一特定家系的牧牛可发生重度低氧引起的肺动脉收缩是导致疾病发生的关键，从低海拔到高海拔的牛群较长期在高海拔地区生存的牛群更易发生^[112]。在对这类牛群的胚胎基因转录研究中发现，这是一种常染色体显性基因导致的先天性疾病^[113-115]。牦牛是在高海拔地区生存的牛科类动物，它们对低氧引起的肺血管收缩的反应迟钝^[116]。因此，基因学以及低氧造成的肺血管收缩所引起的牦牛高山病是让人感兴趣的。

8.6.2.3　家鸡的腹腔积液

在高海拔地区生长的家鸡同样也表现出肺循环障碍。腹腔积液是导致在海拔3500 m高度生长的家鸡疾病与死亡的主要因素^[117]。肺内高压以及右心肥大导致的门脉高压是产生腹腔积液的主要原因^[117]。尽管禽类的低氧性肺动脉收缩与哺乳类动物相似[81,118]，然而其肺动脉高压并非血管阻力增加所致，这一点与牛的高山病不同。禽类的副支气管与哺乳类动物相比是没有相对顺应性的[119-120]，因此鸟类的肺毛细血管在血流量增加时是扩张的。低氧刺激使血流量增加以及肺动脉压力升高[40]。20世纪80年低海拔地区喂养快速生长的鸡子出现腹腔积液的情况也变得十分常见[117]。这与高海拔地区发生腹腔积液病的机制相同，不同的是血流量增加以满足快速增长的氧需量增加之外，而非补偿降低的氧供[40,117]。

引起鸡子肺动脉高压以及腹腔积液的一项合理的假说是，肺无法代偿性地使肺血管变化以满足氧需量的增加。鸡子的肺毛细血管容量与体积相当的鸟类相比明显更小[44]，这可能是人为大规模饲养造成的鸡子体重增加的结果[40]。在选择增加氧需量（饲养导致体重急剧增大）或氧供给（肺毛细血管）的分离，提示了氧供和氧需的基因组学是相对独立的，且可能对自然选择存在不同的敏感性[9]。某些饲养的鸡在高海拔地区的适应能力非常强大[121]，试验也验证了饲养的家鸡在高原的生存适应[122]。因此，从基因学变异角度可以很好地解释饲养的家鸡氧供给与氧需之间的平衡以此来适应高原地区的生存。

8.6.3 多脏器适应不良

8.6.3.1 慢性高山病

慢性高山病也称为"蒙日病"，是一种长期居住在高海拔地区人群易患的疾病，以红细胞增多症、低氧血症为主，严重者甚至会出现肺动脉高压以及右心衰竭为主的综合征[123]。慢性高山病的特点是血红蛋白异常升高。血红蛋白在正常范围内可轻度升高，而在高海拔地区长期生存可使血红蛋白的升高完全超出正常范围[17]。有人认为慢性高山病的起病是低氧通气反应的钝化[124]，这是高原原住民的特征之一[125]。睡眠呼吸障碍也是可能导致的病因。目前有报道显示[126]，慢性高山病起病于围产期，早期患有慢性高山病的患者其母亲可能在怀孕期间有子痫前期，因此有学者认为这可能是疾病的起源。此外，患者还会出现红细胞增多、发绀、静脉曲张、感觉异常、头痛以及耳鸣等症状。关于治疗（转至低海拔地区可以明显减轻症状）主要目标是使低氧血症得到缓解（吸氧，通气刺激）和减缓高血细胞比容（放血疗法）[17]。

8.7 常见的低氧耐受情景

主要综述在高海拔地区成功生存动物的呼吸生理。

8.7.1　氧储备

面对低氧供给，很多高海拔地区生活的物种都借助于生存技巧支持来减少氧耗，包括动物行为以及改变代谢。常见的例子是在高原飞行的鸟类[127]，尽管拍打翅膀的飞行是绝对消耗能量的，但就单位距离而言却并非如此。很多鸟类在迁徙过程中充分利用气流来滑行或者称为"滑翔"来保存能量[128]。值得注意的是目前鸟类最高的飞行记录是由一只叫 Ruppell 的秃鹫保持的，在之前的章节中有所提及。徘徊飞行是十分消耗体力的，约为向前飞行消耗体力的2倍[127]。因此，蜂鸟能在海拔5 000 m的高度筑巢飞行是十分令人惊叹的。尽管氧耗减少以及由于空气密度的减少使得飞行所需的能量增加了，鸟类通过增加翅膀的大小来代偿这一能量缺口[129]。

有证据显示，在低氧状态下底物利用被很多物种运用来支持最大化的 ATP产生[130-131]。此外，低氧导致的代谢减慢已经在很多物种，包括爬行类动物、小型哺乳类动物以及婴儿中被发现。新生的哺乳类动物通过减缓代谢率来应对低氧，从而导致了过度通气的增加[132]。但这一现象与环境温度无关，虽然说低氧会造成生热作用的减少以及降低周围温度[132]。在体积较小的成年动物中也可见，此外，很多变温哺乳类动物如松鼠和土拨鼠，冬眠可使其代谢率降低大约10倍，它们非常能耐受低氧，尤其是在冬眠及觉醒阶段[133]。

成人在从海平面水平到达高海拔地区的数天内很少经历低氧介导的低代谢状态[74]。然而对于藏族人群和安第斯山脉的原住民来说，他们的基础代谢率即使到了低海拔地区也没有明显变化[134]，由此可说明存在一定的氧储备。有趣的是，有研究显示在暴露于间歇性低氧后，优秀的跑步者在运动能力上得以进步[135-136]，因此，给予一定的氧储备后，跑步的速率得以提升。

8.7.2　肺和组织中的有效气体交换

除了减少氧消耗，高海拔地区的另一物种生理学特征是有效的肺气体交换。之前我们提到了在鸟类飞行中交叉气流的气体交换，与哺乳类动物的肺泡气体交换相比是更有效的。斑头雁在飞越喜马拉雅山脉高峰时由于拍打翅膀飞行以此获得的高水平的氧摄取用于支持呼吸。另一让人印象深刻的例子是蜂鸟在从海平面至海拔6 000 m的高度仍保持了一贯的氧摄取[137]，值得一提的是其氧摄取超过了海平面相同体积哺乳类动物的$\dot{V}O_{2max}$。

其他的物种与人类相比，在高海拔地区低氧条件下运动时的气体交换水平较差[138-140]。主要原因是由于通气血流比失衡以及氧传输受限造成的。与之相反的是,只有在对鸟类的研究中发现,在低氧状态下通气血流比失衡是得以改善的,通过增加通气比来减小气体交换的异质性效应[45]。目前还没有关于高低海拔物种通气血流比匹配的对照研究。

较强的组织氧弥散能力有利于低氧状态下的氧传输。长期以来认为,低氧适应使毛细血管纤维比率的增加,以利于氧向组织的传输。当某一物种从低海拔地区转移到高海拔地区时可出现:① 毛细血管纤维数量增加,同时伴随曲度以及侧支的形成,并没有横截面的减少;② 线粒体容积的增加[141]。以此有效地增加了在高海拔时组织对氧的弥散能力。然而目前对很多哺乳类动物,包括人类的研究发现,在低氧暴露时,纤维表面积的减少是导致毛细血管现象的主要原因[142]。正如前述,肌肉纤维的改变是多因素造成的,包括低氧、寒冷和运动等[64],目前仍没有统一明确的论证。

8.7.3　高 Hb-O_2 亲和力

低氧造成的高 Hb-O_2 亲和力是在广泛研究的物种中最常见的特征之一,这在数篇文献中被提及[54,143-144]。在气体交换的模型中发现,高 Hb-O_2 亲和力会在极端海拔肺弥散受限的情况下增加氧摄入[145]。Hb-O_2 的亲和力和机体体积成反比[146]。因此很难跨物种直接比较,比如从老鼠到人类。然而,可通过高海拔或低氧耐受物种与非低氧耐受物种进行比较。图 8-5 显示了不同物种的 P_{50} 水平明确显示了这一关系。

值得注意的是,通过图 8-5 比较哺乳类动物和鸟类发现,在低海拔地区 P_{50} 的绝对值几乎没有明显的差异。相似的,尽管骆驼科具有相对低的 P_{50}(17~22 Torr),但是在高海拔地区却显示出了两面性(产于南美安第斯山脉的驼马、美洲驼、羊驼、小羊驼等都生活在海拔 2 000~5 000 m 的安第斯山脉上),高原地区的骆驼与生活在非洲与亚洲的低海拔地区的骆驼相比,具有更低的 P_{50}。对人类而言,夏尔巴人与低海拔居民相比 P_{50} 更低,但这一现象在安第斯山脉的原住民身上并未得到体现[147]。

氨基酸置换可以解释不同哺乳类动物、鸟类以及两栖类动物之间氧亲和力的不同,比如在安第斯骆驼身上发现,组氨酸替换精氨酸抑制了 β 氨基酸链的 2,3 二磷酸甘油酸聚合成四聚体[148],从而导致 Hb-O_2 亲和力的改变。通过氨基酸置换来抑制调节剂上结合位点,是最常见的改变 Hb-O_2 亲和力的方式(比如恒温动物常见的磷酸化以及两栖类动物的加氯基化),而亚基之间的结合紧密程度决定了亲和力的大小,如低亲和力(紧密型)、高亲和力(疏松型)[54]。因此,通过自然界的筛选使氨基酸置换改变 Hb-O_2 亲和力是导致不同海拔下 P_{50} 不同的主要原因[32,54]。

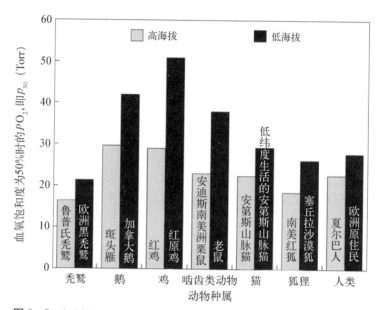

图 8-5 高或低海拔适应性动物对低氧耐受的血氧亲和力 P_{50}（灰色）和相同物种处于低或更低海拔（黑色）的比较。在所有禽类中，普鲁氏秃鹫和欧洲黑秃鹫比鹅或鸡的血氧亲和力更高。欧洲黑秃鹫是在海拔 4 500 m 的高度被发现的，因此并不是低海拔物种，但普鲁氏秃鹫被记载是极端海拔高度被发现的[54]。红原鸡在资料中显示为具有代表性的不同海拔高度生存的物种。在相对中等度的海拔高度中，斑头雁比加拿大鹅有更高的血氧亲和力[153]。资料显示安第斯山脉猫是在不同纬度都可以生活的同一物种动物[154]。关于狐狸的资料显示，南美红狐习惯于海拔 4 000 m 的高处生活而塞丘拉沙漠狐则在海平面生活。人类的资料比较了高海拔居民如夏尔巴人与低海拔地区居民如欧洲原住民的不同。以上所有资料显示，低氧耐受动物 $Hb-O_2$ 的亲和力更高（P_{50} 更低）

由于牵涉到较少的基因突变，以及不需要复杂的生理学调节，$Hb-O_2$ 亲和力的改变是脊椎动物在高海拔生存最常见的适应性变异方式。在氧级联不变的情况下 P_{50} 可进行调整。对在海平面生存的家雀（墨西哥朱雀）与在海拔 3 500米东加利福尼亚生存的粉红雀（粉红腹岭雀）进行比较发现，粉红雀的 P_{50} 更低（31 Torr *vs* 37.4 Torr），但在相同海拔的情况下两者的通气和氧消耗是相近的[149-150]。然而，有研究发现在低氧通气反应时 P_{50} 与 PO_2 之间存在强关联性[151]，提示亚铁血红素对氧亲和力存在通常的适应，且推测参与氧感受[152]。

8.8 总结

尽管生活环境严峻，但仍有不同的物种在高海拔地区生存并生活着。除了很多高海拔哺乳类动物、爬行类动物及高原生活的人类,很多种鸟类也对高海拔适应性强。常见的高海拔适应性生存变化包括通过有效的肺气体交换加强氧传输,极大地提高携氧能力,提高氧储备以此来抵抗高原肺脑疾病。

(陈培莉、李庆云,译)

参 考 文 献

1 Bouverot P, Farner, DS, Heinrich B, et al. Adaptation to Altitude-hypoxia in Vertebrates[M]. Berlin: Springer-Verlag Press, 1986.

2 West J B, Lahiri S, Maret, K H, et al. Barometric pressures at extreme altitudes on Mt Everest: physiological significance[J]. J Appl Physiol, 1983, 54: 1188 – 1194.

3 West, J B. Prediction of barometric pressures at high altitude with the use of model atmospheres[J]. J Appl Physiol, 1996, 81: 1850 – 1854.

4 Shams H, Powell F L, Hempleman S C. Effects of normobaric and hypobaric hypoxia on ventiltion and arterial blood gases in ducks[J]. Respir Physiol, 1990, 80: 163 – 170.

5 Shams H, Scheid P. Effects of hypobaria on parabronchial gas exchange in normoxic and hypoxic ducks[J]. Respir Physiol, 1993, 91: 155 – 163.

6 Loeppky J A, Icenogle M, Scotto P, et al. Ventilation during simulated altitude, normobaric hypoxia and normoxic hypobaria[J]. Respir Physiol 1997, 107: 231 – 239.

7 Ward M P, Milledge J S, West J B. High Altitude Medicine and Physiology[M]. London: Arnold Press, 2000.

8 Luft U C. Aviati on physiology — the effects of altitude handbook of Physiology, Section 3[M]. Washington, DC: American Physiological Society Press, 1965.

9 Powell F L. Functional genomics and the comparative physiology of hypoxia[J]. Ann Rev Physiol, 2003, 65: 203 – 230.

10 West J B. Highest inhabitants in the world[J]. Nature, 1986, 324: 517.

11 Vitzthum V J, Wiley A S. The proximate determinants of fertility in populations exposed to chronic hypoxia[J]. High Alt Med Biol, 2003, 4: 25 – 139.

12 Dunmire W W. An altitudinal survey of reproduction in Peromyscus maniculatus[J]. Ecology, 1960, 41: 174 – 182.

13 Laybourne R C. Collison between a vulture and an aircraft at an altitude of 37, 000 ft[J]. Wilson Bull, 1974, 86: 461 – 462.

14 Tucker, V A Respiratory physiology of house sparrows in relation to high-altitude flight[J]. J Exp Biol, 1968, 48: 55 – 66.

15 Swan L W. Goose of the Himalayas[J]. Nat Hist, 1970, 79: 68 – 75.

16 Monge C, LeonVelarde F. Physiological adaptation to high altitude: oxygen transport in mammals and birds[J]. Physiol Rev, 1991, 71: 1135 – 1172.

17 Leon-Velarde, F, Maggiorini, M, Reeves, J T, et al. Consensus statement on chronic and subacute high altitude diseases[J]. High Alt Med Biol, 2005, 6: 147 – 157.

18 LeonVelarde F，Monge C C. Avian embryos in hypoxic environments[J]. Respir Physiol Neurobiol，2004，141：331－343.

19 Grinnell J，Storer T I. Animal life in the Yosemite [M]. Berkeley：University of California Press，1924.

20 Navas C A，Chaui-Berlinck J G. Respiratory physiology of high-altitude anurans：55 years of research on altitude and oxygen[J]. Respir Physiol Neurobiol，2007，158：307－313.

21 Garland T Jr，Adolph S C. Why not to do two species comparisons — limitations on inferring adaptation[J]. Physiol Zool，1994，67：797－828.

22 Brutsaert T D. Limits on inferring genetic adaptation to high altitude in Himalayan and Andean populations[J]. High Altitude Med Biol，2001，2：211－225.

23 Weil J V，Cherniack N S，Widdicombe J G. Ventilatory control at high altitude // Handbook of physiology the respiratory system[M]. Bethesda：American Physiological Society Press，1986.

24 Wu T，Li S，Ward，M P. Tibetans at extreme altitude Wilderness Environ[J]. Med 2005，16：47－54.

25 Anand I S，Harris E，Ferrari R，Pearce P，et al. Pulmonary hemodynamics of the yak，cattle and cross breeds at high altitude[J]. Thorax，1986，41：696－700.

26 Banchero N，Grover R F. Effect of different simulated altitude on O_2 transport in llama and sheep[J]. Am J Physiol，1972，222：1239－1245.

27 Sillau A H，Cueva S，Valenzuela A，et al. O_2 transport in the alpaca (Lama pacos) at sea level and 3，300 m[J]. Respir Physiol，1976，27：147－155.

28 Hayes J P，O'Connor C S. Natural selection on thermogenic capacity of high-altitude deer mice[J]. Evolution，1999，53：1280－1287.

29 MacMillen R E，Garland T Jr. Adaptive physiology [M] // Advances in the study of peromyscus (Rodentia). Kirkland G L，Layne J N. Lubbock：Texas Tech University Press，1989.

30 Chappell M A，Snyder L. Biochemical and physiological correlates of deer mouse alpha-chain hemoglobin polymorphisms[M]. USA：Proc Natl Acad Sci，1984.

31 Snyder L R G，Hayes J P，Chappell M A. Alpha-chain hemoglobin polymorphisms are correlated with altitude in the deer mouse，Peromyscus maniculatus[J]. Evolution，1998，42：689－697.

32 Storz J F，Sabatino S J，Hoffmann F G，et al. The molecular basis of high-altitude adaptation in deer mice[J]. PLoS Genet，2007，3：e45.

33 Wagner P D. Insensitivity of $\dot{V}O_{2max}$ to hemoglobin－P_{50} as sea level and altitude[J]. Respir Physiol，1997，107：205－212.

34 Hammond K A，Szewczak J M，Krol E. Effects of altitude and temperature on organ phenotypic plasticity along an altitudinal gradient[J]. J Exp Biol，2001，204：1991－2000.

35 Mathieu-Costello O. Muscle capillary tortuosity in high altitude mice depends on sarcomere length[J]. Respir Physiol，1989，76：289－302.

36 Llanos A J，Riquelme R A，Sanhueza E M，et al. The fetal llama versus the fetal sheep：different strategies to withstand hypoxia[J]. High Alt Med Biol，2003，4：193－202.

37 Llanos A J，Riquelme R A，Herrera E A，et al. Evolving in thin air — lessons from the llama fetus in the altiplano[J]. Respir Physiol Neurobiol，2007，158：298－306.

38 Longo L D. Respiratory gas exchange in the placenta handbook of physiology，Section 3，the

respiratory system, volume IV[M]. Bethesda: American Physiological Society Press, 1987.

39 Hochachka P W, Somero G N. Biochemical adaptation[M]. Princeton, New Jersey: Princeton University Press, 1984.

40 Powell F L. Respiration in Sturkie's avian physiology[M]. San Diego: Academic Press, 2000.

41 Powell F L, Scheid P. Physiology of gas exchange in the avian respiratory system in form and function in birds[M]. San Diego: Academic Press, 1989.

42 Powell F L. Birds at altitude//Respiration in health and disease[M]. Stuttgart: G Fisher, 1993.

43 Shams H, Scheid P. Efficiency of parabronchial gas exchange in deep hypoxia: measurements in the resting duck[J]. Respir Physiol, 1989, 77: 135 – 146.

44 Maina J N, King A S, Settle G. An allometric study of pulmonary morphometric parameters in birds, with mammalian comparisons[J]. Phil Trans R Soc Lond B Biol Sci, 1989, 326: 1 – 57.

45 Schmitt P M, Powell F L, Hopkins S R. Ventilation-perfusion inequality during normoxic and hypoxic exercise in the emu[J]. J Appl Physiol, 2002, 93: 1980 – 1986.

46 Grubb B, Mills C D, Colacino J M, et al. Effect of arterial carbon dioxide on cerebral blood flow in ducks[J]. Am J Physiol, 1977, 232: 596 – 601.

47 Grubb B, Colacino J M, Schmidt-Nielsen K. Cerebral blood flow in birds: effect of hypoxia[J]. Am J Physiol, 1978, 234: 230 – 234.

48 Weinstein Y, Bernstein M H, Bickler P E, et al. Blood respiratory properties in pigeons at high altitudes: effects of acclimation[J]. Am J Physiol, 1985, 249: 765 – 775.

49 Shelton G, Jones D R, Milsom W K et al. Control of breathing in ectothermic vertebrates handbook of physiology: the respiratory system, vol 2[M]. Bethesda: American Physiological Society, 1986.

50 Hicks J W, Wood S C. Temperature regulation in lizards: effects of hypoxia[J]. Am J Physiol, 1985, 248: R595 – R600.

51 Hutchison V H, Haines H B, Engbretson G. Aquatic life at high altitude: respiratory adaptations in the Lake Titicaca frog, Telmatobius culeus[J]. Respir Physiol, 1976, 27: 115 – 129.

52 Packar G. Oxygen consumption of montane and piedmont chorus frogs (Pseudacris triseriata)[J]. Physiol Zool, 1971, 44: 90 – 97.

53 Ostojic H, Monge C C, Cifuentes V. Hemoglobin affinity for oxygen in three subspecies of toads (Bufosp) living at different altitudes[J]. Biol Res, 2000, 33: 5 – 10.

54 Weber R E. High-altitude adaptations in vertebrate hemoglobins[J]. Respir Physiol Neurobiol, 2007, 158: 132 – 142.

55 Wang T, Hicks J W. The interaction of pulmonary ventilation and the right-left shunt on arterial oxygen levels[J]. J Exp Biol, 1996, 199: 2121 – 2129.

56 Hedrick M S, Palioca W B, Hillman S S. Effects of temperature and physical activity on blood flow shunts and intracardiac mixing in the toad Bufo marinus[J]. Physiol Biochem Zool, 1999, 72: 509 – 519.

57 West J B, Climbing Mt. Everest without oxygen: analysis of maximal exercise during extreme hypoxia[J]. Respir Physiol, 1983, 52: 265 – 279.

58 Huey R B, Eguskitza, X and Dillon, M Mountaineering in thin air patterns of death and of weather at high altitude[J]. Adv Exp Med Biol, 2001, 502: 225 – 236.

59 Huey R B, Salisbury R, Wang J L, et al. Effects of age and gender on success and death of

mountaineers on Mount Everest[J]. Biol Lett, 2007, 3: 498-500.

60 Oelz O, Howald H, Di Prampero P E, et al. Physiological profile of world-class high-altitude climbers[J]. J Appl Physiol, 1986, 60: 1734-1742.

61 Hoppeler H, Howald H, Cerretelli P. Human muscle structure after exposure to extreme altitude[J]. Experientia, 1990, 46: 1185-1187.

62 Mathieu-Costello O, Agey P J, Wu L, et al. Increased fiber capillarization in flight muscle of finch at altitude[J]. Respir Physiol, 1998, 111: 189-199.

63 Kayser B, Hoppeler H, Claassen H, et al. Muscle structure and performance capacity of Himalayan Sherpas[J]. J Appl Physiol, 1991, 70: 1938-1942.

64 Mathieu-Costello O. Muscle adaptation to altitude: tissue capillarity and capacity for aerobic metabolism[J]. High Alt Med Biol, 2001, 2: 413-425.

65 Cremona G, Asnaghi R, Baderna P, et al. Pulmonary extravascular fluid accumulation in recreational climbers: a prospective study[J]. Lancet, 2002, 359: 303-309.

66 Wiseman C, Freer L, Hung E. Physical and medical characteristics of successful and unsuccessful summiteers of Mount Everest in 2003[J]. Wilderness Environ Med, 2006, 17: 103-108.

67 Schoene R B. Control of ventilation in climbers to extreme altitude[J]. J Appl Physiol, 1982, 53: 886-896.

68 West J B, Hackett P H, Maret K H, et al. Pulmonary gas exchange on the summit of Mount Everest [J]. J Appl Physiol, 1983, 55: 678-687.

69 Hornbein T F, Townes B D, Schoene R B, et al. The cost to the central nervous system of climbing to extremely high altitude[J]. New Engl J Med, 1989, 321: 1714-1719.

70 Garrido E, Castello A, Ventura J L, et al. Cortical atrophy and other brain magnetic resonance imaging (MRI) changes after extremely high-altitude climbs without oxygen[J]. Int J Sports Med, 1993, 14: 232-234.

71 Fayed N, Modrego P J, Morales H. Evidence of brain damage after high-altitude climbing by means of magnetic resonance imaging[J]. Am J Med, 2006, 119: 168e1-168e6.

72 Boyer S J, Blume, F D. Weight loss and changes in body composition at high altitude[J]. J Appl Physiol, 1984, 57: 1580-1585.

73 Rose M S, Houston C S, Fulco C S, et al. Operation everest II: nutrition and body composition[J]. J Appl Physiol, 1988, 65: 2545-2551.

74 Brooks G A, Butterfield G. Metabolic responses of lowlanders to high altitude exposure: malnutrition versus the effects of hypoxia // Lung Biology in health and disease, high altitude[M]. New York: Marcel Dekker, 2001.

75 Havryk A P, Gilbert M, Burgess K R. Spirometry values in Himalayan high altitude residents (Sherpas)[J]. Respir Physiol Neurobiol, 2002, 132: 223-232.

76 Zhuang J, Droma T, Sutton J R, et al. Smaller alveolar-arterial O_2 gradients in Tibetan than Han residents of Lhasa (3 658 m)[J]. Respir Physiol, 1996, 103: 75-82.

77 Sun S F, Droma T S, Zhang J G, et al. Greater maximal O_2 uptakes and vital capacities in Tibetan than Han residents of Lhasa[J]. Respir Physiol, 1990, 79: 151-161.

78 Chen Q H, Ge R L, Wang X Z, et al. Exercise performance of Tibetan and Han adolescents at altitudes of 3,417 and 4,300 m[J]. J Appl Physiol, 1997, 83: 661-667.

79　Garrido E, Segura R, Capdevila A, et al. Are Himalayan Sherpas better protected against brain damage associated with extreme altitude climbs[J]. Clin Sci (Lond), 1996, 90: 81 - 85.

80　Black C P, Tenney S M. Oxygen transport during progressive hypoxia in high-altitude and sea-level waterfowl[J]. Respir Physiol, 1980, 39: 217 - 239.

81　Black C P, Tenney S M. Pulmonary hemodynamic responses to acute and chronic hypoxia in two waterfowl species[J]. Comp Biochem Physiol, 1980, 67: 291 - 293.

82　Faraci F M, Kilgore D L, Fedde M R. Attenuated pulmonary pressor response to hypoxia in bar-headed geese[J]. Am J Physiol, 1984, 247: 402 - 403.

83　Scott, G R, Milsom W K. Flying high: a theoretical analysis of the factors limiting exercise performance in birds at altitude[J]. Respir Physiol Neurobiol, 2006, 54: 284 - 301.

84　Mathieu-Costello O. Morphometric analysis of capillary geometry in pigeon pectoralis muscle[J]. Am J Anat, 1991, 191: 74 - 84.

85　Hackett P H. High altitude cerebral edema and acute mountain sickness: a pathophysiology update [J]. Adv Exp Med Biol, 1999, 474: 23 - 45.

86　Hackett P H. The cerebral etiology of high-altitude cerebral edema and acute mountain sickness[J]. Wilderness Environ Med, 1999, 10: 97 - 109.

87　Hackett P H, Roach R C. High-altitude illness[J]. New Engl J Med, 2001, 345: 107 - 114.

88　Kobayashi T, Koyama S, Kubo K, et al. Clinical features of patients with high-altitude pulmonary edema in Japan[J]. Chest, 1987, 92: 814 - 821.

89　Icenogle M, Kilgore D, Sanders J, et al. (1999) Cranial CSF volume (cCSF) is reduced by altitude exposure but is not related to early acute mountain sickness (AMS) (Abstract)//Hypoxia: into the next millennium[M]. New York: Plenum/Kluwer Academic Publishing, 1999.

90　Muza S R, Lyons T P, Rock P B. Effect of altitude exposure on brain volume and development of acute mountain sickness//Hypoxia: into the next millennium[M]. New York: Kluwer Academic/Plenum, 1999.

91　Schoene R, Swenson E, Hultgren H. High altitude pulmonary edema//High altitude: an exploration of human adaptation[M]. New York: Marcel Dekker, 2001.

92　Hackett P H, Rennie D. The incidence, importance, and prophylaxis of acute mountain sickness[J]. Lancet, 1976, 2: 1149 - 1155.

93　Eldridge M W, Podolsky A, Richardson R S, et al. Pulmonary hemodynamic response to exercise in subjects with prior high-altitude pulmonary edema[J]. J Appl Physiol, 1996, 81: 911 - 921.

94　Hultgren H N, Grover R F, Hartley L H. Abnormal circulatory responses to high altitude in subjects with a previous history of high-altitude pulmonary edema[J]. Circulation, 1971, 44: 759 - 770.

95　Kawashima A, Kubo K, Kobayashi T, et al. Hemodynamic responses to acute hypoxia, hypobaria, and exercise in subjects susceptible to high-altitude pulmonary edema[J]. J Appl Physiol, 1989, 67: 1982 - 1989.

96　Yagi H, Yamada H, Kobayashi T, et al. Doppler assessment of pulmonary hypertension induced by hypoxic breathing in subjects susceptible to high altitude pulmonary edema[J]. Am Rev Respir Dis, 1990, 142: 796 - 801.

97　Grunig E, Mereles D, Hildebrandt W, et al. Stress Doppler echocardiography for identification of susceptibility to high altitude pulmonary edema[J]. J Am Coll Cardiol, 2000, 35: 980 - 987.

98 Hopkins S R, Schoene R B, Henderson W R, et al. Intense exercise impairs the integrity of the pulmonary blood-gas barrier in elite athletes[J]. Am J Respir Crit Care Med, 1997, 155: 1090 - 1094.

99 Hopkins S R, Garg J, Bolar D S, et al. Pulmonary blood flow heterogeneity during hypoxia and high-altitude pulmonary edema[J]. Am J Respir Crit Care Med, 2005, 171: 83 - 87.

100 Swenson E R, Maggiorini M, Mongovin S, et al. Athogenesis of high-altitude pulmonary edema: inflammation is not an etiologic factor[J]. JAMA, 2002, 287: 2228 - 2235.

101 Duplain H, Sartori C, Lepori M, et al. Exhaled nitric oxide in high-altitude pulmonary edema: role in the regulation of pulmonary vascular tone and evidence for a role against inflammation[J]. Am J Respir Crit Care Med, 2000, 162: 221 - 224.

102 Busch T, Bartsch P, Pappert D, et al. Hypoxia decreases exhaled nitric oxide in mountaineers susceptible to high-altitude pulmonary edema[J]. Am J Respir Crit Care Med, 2001, 163: 368 - 373.

103 Hackett P H, Roach R C, Schoene R B, et al. Abnormal control of ventilation in high-altitude pulmonary edema[J]. J Appl Physiol, 1988, 64: 1268 - 1272.

104 Matsuzawa Y, Fujimoto K, Kobayashi T, et al. Blunted hypoxic ventilatory drive in subjects susceptible to high-altitude pulmonary edema[J]. J Appl Physiol, 1989, 66: 1152 - 1157.

105 Sartori C, Allemann Y, Duplain H, et al. Salmeterol for the prevention of high-altitude pulmonary edema[J]. New Engl J Med, 2002, 346: 1631 - 1636.

106 Sartori C, Vollenweider L, Loffler B M, et al. Exaggerated endothelin release in high-altitude pulmonary edema[J]. Circulation, 1999, 99: 2665 - 2668.

107 Mairbaurl H, Schwobel F, Hoschele S, et al. Altered ion transporter expression in bronchial epithelium in mountaineers with high-altitude pulmonary edema[J]. J Appl Physiol, 2003, 95: 1843 - 1850.

108 Oelz O, Maggiorini M, Ritter M, et al. Nifedipine for high altitude pulmonary oedema[J]. Lancet, 1989, 2: 1241 - 1244.

109 Scherrer U, Vollenweider L, Delabays A, et al. Inhaled nitric oxide for high-altitude pulmonary edema[J]. New Engl J Med, 1996, 334: 624 - 629.

110 Maggiorini M, Brunner-La Rocca H P, Peth S, et al. Both tadalafil and dexamethasone may reduce the incidence of high-altitude pulmonary edema: a randomized trial[J]. Ann Intern Med, 2006, 145: 497 - 506.

111 Glover G, Newsom I. Dropsy of high altitudes[J]. Colo Agric Exp Sta Bull, 1915, 204: 3 - 24.

112 Bisgard G E. Pulmonary hypertension in cattle[J]. Adv Vet Sci Comp Med, 1977, 21: 151 - 172.

113 Weir E K, Tucker A, Reeves J T. The genetic factor influencing pulmonary hypertension in cattle at high altitude[J]. Cardiovasc Res, 1974, 8: 745 - 749.

114 Cruz J C, Reeves J T, Russell B E, et al. Embryo transplanted calves: the pulmonary hypertensive trait is genetically transmitted[J]. Proc Soc Exp Biol Med, 1980, 164: 142 - 145.

115 Holt T N, Ramirez G. (1998) Genetic adaptation of cattle to high altitude[J]. Am Zool 1998, 38: 10.

116 Durmowicz A G, Hofmeister S, Kadyraliev T K, et al. Functional and structural adaptation of the yak pulmonary circulation to residence at high altitude[J]. J Appl Physiol, 1993, 74: 2276 - 2285.

117 Julian R J. Ascites in poultry[J]. Avian Pathol, 1993, 23: 419 - 454.

118 Holle J P, Heisler N, Scheid P. Blood flow distribution in the duck lung and its control by respiratory gases[J]. Am J Physiol, 1978, 234: 146 – 154.

119 Powell F L, Hastings R H, Mazzone R W. Pulmonary vascular resistance during unilateral pulmonary arterial occlusion in ducks[J]. Am J Physiol, 1985: 39 – 43.

120 West J B, Watson R R, Fu Z. Major differences in the pulmonary circulation between birds and mammals[J]. Respir Physiol Neurobiol, 2007, 157: 382 – 390.

121 Mejia O, Leon-Velarde F, Monge C C. The effect of inositol hexaphosphate in the high-affinity hemoglobin of the Andean chicken (Gallus gallus) [J]. Comp Biochem Physiol, 1994, 109: 437 – 441.

122 Smith A C, Abplanalp H, Harwood L M, et al. Poultry at high altitude[J]. Calif Agricult, 1959, 13: 8 – 9.

123 Monge C. Life in the Andes and chronic mountain sickness[J]. Science, 1942, 95: 79 – 84.

124 Leon-Velarde F, Richalet J P. Respiratory control in residents at high altitude: physiology and pathophysiology[J]. High Alt Med Biol, 2006, 7: 125 – 137.

125 Weil J V, Byrne-Quinn E, Sodal I E, et al. Acquired attenuation of chemoreceptor function in chronically hypoxic man at high altitude[J]. J Clin Invest, 1971, 50: 186 – 195.

126 Moore L G, Niermeyer S, Vargas E. Does chronic mountain sickness (CMS) have perinatal origins [J]. Respir Physiol Neurobiol, 2007, 158: 180 – 189.

127 Maina J N. What it takes to fly: the structural and functional respiratory refinements in birds and bats[J]. J Exp Biol, 2000, 203: 3045 – 3064.

128 Butler P J, Bishop C M. Flight//Sturkie's avian physiology[M]. San Diego: Academic Press, 2000.

129 Altshuler D L, Dudley R, McGuire, J A. Resolution of a paradox: hummingbird flight at high elevation does not come without a cost[M]. USA: Proc Natl Acad Sci, 2004.

130 Hochachka P W. Mechanism and evolution of hypoxia-tolerance in humans[J]. J Exp Biol, 1998, 201: 1243 – 1254.

131 Hochachka P W, Monge C. Evolution of human hypoxia tolerance physiology[J]. Adv Exp Med Biol, 2000, 475: 25 – 43.

132 Mortola J P. How newborn mammals cope with hypoxia[J]. Respir Physiol, 1999, 116: 95 – 103.

133 Drew K L, Harris, M B, Lamanna J C, et al. Hypoxia tolerance in mammalian heterotherms[J]. J Exp Biol, 2004, 207: 3155 – 3162.

134 Beall C M. Two routes to functional adaptation: Tibetan and Andean high-altitude natives[M]. USA: Proc Natl Acad Sci, 2007.

135 Saunders P U, Telford R D, Pyne D B, et al. Improved running economy in elite runners after 20 days of simulated moderate-altitude exposure[J]. J Appl Physiol, 2004, 96: 931 – 937.

136 Neya M, Enoki T, Kumai Y, et al. The effects of nightly normobaric hypoxia and high intensity training under intermittent normobaric hypoxia on running economy and hemoglobin mass[J]. J Appl Physiol, 2007, 103: 828 – 834.

137 Berger M. Energiewechsel von Kolibris beim Schwirrflug unter Hhenbedingungen[J]. Journal Für Ornithologie, 1974, 115(3): 273 – 288.

138 Dempsey J A, Hanson P G, Henderson K S. Exercised-induced arterial hypoxaemia in healthy human subjects at sea level[J]. J Physiol (Lond), 1984, 355: 161 – 175.

139 Hopkins S R, McKenzie D C, Schoene R B, et al. Pulmonary gas exchange during exercise in athletesⅠ: ventilation-perfusion mismatch and diffusion limitation[J]. J Appl Physiol, 1994, 77: 912-917.

140 Hopkins S R, Bayly W M, Slocombe R F, et al. Effect of prolonged heavy exercise on pulmonary gas exchange in horses[J]. J Appl Physiol, 1998, 84: 1723-1730.

141 Hepple R T, Agey P J, Hazelwood L, et al. Increased capillarity in leg muscle of finches living at altitude[J]. J Appl Physiol, 1998, 85: 1871-1876.

142 MacDougall J D, Green H J, Sutton J R, et al. Operation everest Ⅱ: structural adaptations in skeletal muscle in response to extreme simulated altitude[J]. Acta Physiol Scand, 1991, 142: 421-427.

143 Tenney S M. Functional differences in mammalian hemoglobin affinity for oxygen//Hypoxia and the Brain[M]. Burlington: Queen City Printers, 1995.

144 Weber, R E. Hemoglobin adaptations to hypoxia and altitude-the phylogenetic perspective//Hypoxia and the Brain[M]. Burlington: Queen City Printers, 1995.

145 Bencowitz H Z, Wagner P D, West J B. Effect of change in P_{50} on exercise tolerance at high altitude: a theoretical study[J]. J Appl Physiol, 1982, 53: 1487-1495.

146 Lahiri S. Blood oxygen affinity and alveolar ventilation in relation in body weight in mammals[J]. Am J Physiol, 1975, 229: 529-536.

147 Monge C, Whittembury J. Increased hemoglobin-oxygen affinity at extremely high altitudes[J]. Science, 1974, 186: 843.

148 Poyart C, Wajcman H, Kister J. Molecular adaptation of hemoglobin function in mammals[J]. Respir Physiol, 1992, 90: 3-17.

149 Clemens D T. Ventilation and oxygen consumption in rosy finches and house finches at sea level and high altitude[J]. J Comp Physiol B, 1988, 158: 547-566.

150 Clemens D T. Interspecific variation and effects of altitude on blood properties of rosy finches (Leucosticte arctoa) and house finches (Carpodacus mexicanus)[J]. Physiol Zool, 1990, 63: 288-307.

151 Boggs D F. Hypoxic ventilatory control and hemoglobin oxygen affinity In Hypoxia and the Brain[M]. Burlington: Queen City Printers, 1995.

152 Fidone S J, Gonzalez C, Cherniack N S, et al. Initiation and control of chemoreceptor activity in the carotid body //Handbook of physiology: the respiratory system — control of breathing[M]. Baltimore: Waverly Press, 1986.

153 Saunders D K, Fedde M R. Exercise performance of birds //Comparative vertebrate physiology: phyletic adaptations[M]. San Diego: Academic Press, 1994.

154 Leon-Velarde F, De Muizon C, Palacios J A, et al. Hemoglobin affinity and structure in high-altitude and sea-level carnivores from Peru[J]. Comp Biochem Physiol, 1996, 113: 407-411.

9

无 氧 生 存

戈兰·尼尔森(Göran E. Nilsson)

9.1　前言

大多数脊椎动物在无氧环境下存活时间不超过几分钟。正如第 1 章所指出的,脑的高氧消耗率使其成为无氧损伤的首要器官之一。虽然医学科学很难找到对抗组织无氧损伤的方法,但是,进化过程中多次改变却能解决这一问题,譬如少数脊椎动物能够在完全无氧的情况下存活几个月。然而,遗憾的是只有极少数成功的例子。能耐受无氧的脊椎动物均为水生动物,研究无氧耐受的脊椎动物的最佳模型是鲫鱼(*Carassiuscarassius*)和彩龟(*Chiysemys* 属的一种北美淡水龟)。

这种进化适应性并非偶然现象,因为许多水生动物在栖息地中氧摄取可能暂时停止,原因可能是水中的氧含量被严重耗尽(见第 1 章和第 5 章),或因为龟类肺部呼吸器长时间无法吸入空气,特别是在冬眠期间。在北半球的许多冰雪覆盖的小型湖泊和池塘中可发生特别持久和极端的氧耗竭,由于厚厚的冰盖阻挡了氧弥散以及光合作用所需的阳光,这些水可能会在几个月内变得无氧[1-2]。正是在这样的条件下,鲫鱼和彩龟才能进化出长期耐受无氧的能力。

正如我们所看到的那样,居住在低氧栖息地的水生脊椎动物可通过适应性改变增加其摄氧能力,例如一些鱼类可以呼吸空气(见第 5 章)。当一些淡水龟被迫保持淹没状态,它们也可以改变吸氧的途径。如果水中有氧,淹没的海龟可存活更长时间,因为其具有一定的肺外吸氧能力,原理可能是由于胃肠道上、下部存在丰富的血管,摄取进入胃肠道水中的氧[3-4]。

　　然而,在冰雪覆盖的无氧水中,无氧代谢成为三磷酸腺苷(ATP)生成的唯一可行选择。鲫鱼和彩龟在接近 0 ℃时可能会因无氧而产生耐受性,其无氧耐受性的温度范围可以很宽泛。虽然鲫鱼和彩龟在较高温度下不能在无氧条件下存活数月,但在室温下无氧条件下可很好存活 1~2 天(见图 9-1)。显然,鲫鱼和彩龟无氧耐受具有温度依赖性,主要原因是其代谢率随温度而呈指数增加,从而导致无氧原料储存(糖原)更快消耗。糖原储备的完全耗尽似乎最终限制了鲫鱼和彩龟的无氧存活[5-6]。事实上,以糖原形式储存的葡萄糖是唯一可用于应对无氧的原料。由于与氧化磷酸化密切相关的柠檬酸循环在无氧状态下停止,故蛋白质分解而成的氨基酸不能在无氧情况下作为原料。同样,无氧条件下脂肪氧化也不能实现(氧化作用),在无氧期间,甚至启动 β-氧化逆过程[7]。即使脂肪可产生乙酰-CoA,但仍需要通过柠檬酸循环以产生 ATP。因此,鲫鱼在饥饿时不使用其储存的大量肝糖原,而是将其保存以应对无氧[5]。

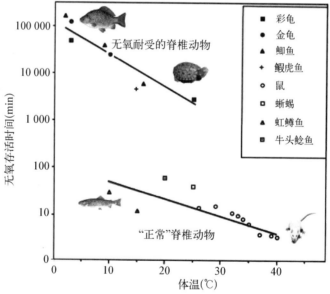

图 9-1　无氧耐受脊椎动物的无氧存活时间与正常脊椎动物相比示意图。如果考虑温度,鳟鱼,蜥蜴和哺乳动物的存活时间无显著差异,但在无氧条件下,无氧耐受性脊椎动物存活的时间要长 1 000 倍。无氧耐受的脊椎动物在低温下无氧存活时间更长,因为它们的糖原储存时间更长(只要它们有原料就能存活);而对于无氧不耐受的脊椎动物,低温会略微增加无氧生存时间,因为 ATP 的消耗减慢进而延缓了退行性死亡过程的启动

另有研究发现，一些脊椎动物在无氧状态可长期存活，包括加利福尼亚盲目虾虎鱼（*Typhlogobius californiensis*），其在 15 ℃ 下耐受无氧 80 h[8]，及澳鳉属的胚胎。后者无氧存活时间非常长（在受精后 32 天诱导的滞育期间，25 ℃ 时存活 2 个月者达 50%），但随着胚胎老化，无氧存活时间迅速下降。滞育期间极度的代谢抑制，包括抑制 Na^+/K^+-ATP 酶水平，可能是无氧耐受的先决条件，并且成年鳉鱼并不特别耐受无氧[9]。在这一章中，我们的重点讨论鲫鱼和淡水龟，以及这些脊椎动物应对无氧生存策略的差异和相似之处。此外，还将提及有关金鱼（异育银鲫）研究中得到的数据，因为金鱼与鲫鱼非常接近。尽管鲫鱼实验几乎毫无例外地是在野外捕获的标本上进行，但对金鱼研究的标本通常来自水产贸易市场，其无氧耐受性似乎低于鲫鱼，这可能是长期驯化的副作用。

应当指出的是，与大多数脊椎动物不同，无氧生存是彩龟和鲫鱼的正常（对照）状态，因此，选择性地阻断各种机制来评估它们在无氧生存中的作用是有可能的。如第 1 章所述，无氧是哺乳动物"灾难"的同义词，尤其是针对脑。任何通过增强或阻断特定机制来延长哺乳动物无氧存活的实验尝试都可能因其他功能的衰败而受到阻碍[10]，因此可以认为，哺乳动物模型不适合研究针对无氧的防御机制，因为这些动物中相关机制并不完善。无氧状态下，哺乳动物的变化不仅快速又复杂，而且通常也难以区分是生理防御机制，抑或反映死亡过程的病理生理事件。

9.2　无氧时的活动水平和代谢

关于鲫鱼和彩龟的无氧耐受性的许多研究都集中在脑上，因为其可能为无氧最敏感器官，也是任何无氧生存策略中最薄弱的环节。与哺乳动物不同，鲫鱼和淡水龟在暴露于无氧时能维持脑 ATP 水平（见图 9-2），从而避免了由于 ATP 驱动功能（例如离子泵）失效引起的所有有害过程。关键问题是如何在无氧条件下维持脑 ATP 水平，而 ATP 生产的唯一可行性选择是无氧糖酵解，其 ATP 产量不足葡萄糖完全氧化的 1/10[11]。

当动物处于无氧状态时，只有两种方法可平衡 ATP 生成和消耗。糖酵解产生的 ATP 显著上调（巴斯德效应），或者 ATP 消耗量大幅减少，这种策略通常被称为"代谢抑制"。正如 Lutz 和 Nilsson[12] 所指出的那样，彩龟和鲫鱼的不同之处在于这两种选择的使用程度，这种差异可通过动物在无氧期间表现出的体

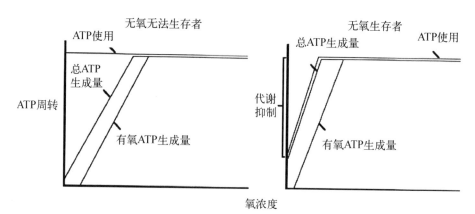

图 9 - 2 无氧状态下，死亡或存活取决于维持 ATP 水平的能力。关键是通过代谢抑制降低 ATP 使用，使得 ATP 消耗和产生达到平衡，这时无氧（糖酵解）ATP 产生就能满足 ATP 的消耗。在无氧不耐受的动物（左）中，无氧（糖酵解）ATP 产生不能补偿有氧（氧化磷酸化）ATP 产生的减少和停止，导致 ATP 水平随着氧水平下降而被动地下降，其主要后果是细胞膜去极化（离子泵 ATP 酶工作停止），进而导致一系列恶化过程。在无氧生存者（右）中，有氧 ATP 产生减缓和停止，最初通过提高无氧 ATP 产生来补偿，且随后通过代谢抑制来减少 ATP 的使用，从而长期维持 ATP 水平

力活动水平清楚地显示出来：无氧彩龟实际上是昏迷的；而鲫鱼尽管活动水平降低，但仍然在无氧中游动。在实验室中，鲫鱼暴露于 9 ℃无氧状态下 5 h，自发游泳活动减少 50%，这可能相当于全身 ATP 使用减少 35%～40%[13]。此外，在自然界中，鲫鱼在冬季可以被困在无氧条件的水域中[14]，并显示保留了一些身体活动。

鲫鱼和彩龟在无氧的循环调整方面也表现出极大的差异。彩龟无氧期间心率和心输出量下降 80% 伴外周血管收缩和心脏自主控制迟钝[15-17]。相比之下，鲫鱼无氧期间，心率、心输出量、每搏输出量、心脏做功，及自主控制甚至通气频率都会维持数天，而外周阻力则下降（见图 9 - 3）[18]。在无氧的最初几分钟内，彩龟和鲫鱼的脑血流量均增加 1 倍。然而，无氧鲫鱼的脑血流量增加[19]，可能是为了保持较高的神经活动水平，随着龟进入近昏迷状态，脑血流在无氧的最初几小时内回落到无氧前水平[17,20]。这两种情况下，脑血流量的增加似乎是由腺苷介导的，因为其可以被氨茶碱（一种腺苷受体阻断剂）完全阻断[19-20]。

鲫鱼和彩龟之间的活动差异也反映在代谢水平上，龟体内的整体代谢（以产热量衡量）降低比鲫鱼幅度更大。在彩龟中测量了体热产生减少 90%～95%[21]，而金鱼与鲫鱼相近，无氧使产热减少到常氧水平的 1/3[22]。针对这些动物，未直接测量脑组织的代谢率。然而，基于无氧条件下乳酸产生的估计表明，无氧龟脑中 ATP 转换率至少下降 70%～80%[23]。其他研究表明，即使无氧

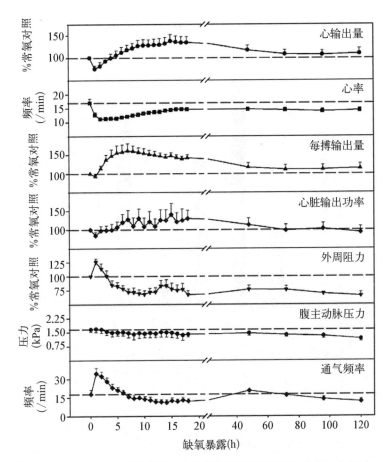

图 9-3 鲫鱼在长期无氧期间具有维持心脏活动的独特能力(此处记录在 8 ℃ 时无氧达 5 天)。经过一些初步调整后,大多数变量稳定在接近常氧水平(阴影 线)。鲫鱼的主要无氧终产物是乙醇,保持心输出量的一个原因可能是需要通过 鳃将乙醇排出体外,这也可以解释鳃通气率的维持。否则,在无氧情况下,鳃通气 可能是一种无谓的能量浪费

糖酵解受到抑制,也可完全满足龟脑能量需求[24]。相比之下,对鲫鱼中远端脑 切片进行乳酸和热量测量(使用 microcalorimetry)表明 ATP 转换减少了 30%, 且糖酵解上调[25]。

蛋白质合成在无氧鲫鱼脑中维持,而在肝脏中下降约 95%,在心肌和骨骼 肌中下降约 50%(见图 9-4)[26]。在主要组织如肌肉和肝脏中,它们共同构成整 体的一半以上,抑制蛋白质合成可对全身代谢率产生显著影响。然而,脑组织的 蛋白质合成并不构成脑能量需求的百分之一或几个百分点,所以在此减少蛋白 质合成可能并无意义,特别是因为鲫鱼在无氧期间保持了许多功能[26]。而在彩

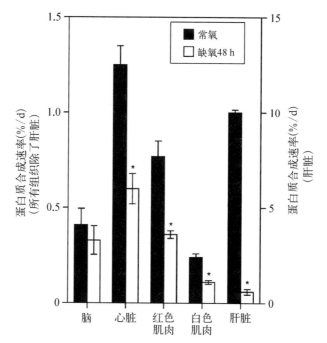

图 9-4 在 8 ℃下暴露于 48 h 无氧的鲫鱼中蛋白质合成率。尽管脑蛋白质合成率不受无氧影响,但在肌肉组织和心脏中下降 50%,在肝脏中下降 95%。从节能的角度来看,变化的模式是有意义的。对于脑而言,由于其体积小(体重的 0.1%)和相对低的蛋白质合成速率,脑中蛋白质合成的任何减少均无价值。相比之下,由于肝脏的体积较大(占体重的 15%)和蛋白质合成速率高(比脑中高 2.5 倍),减少肝脏蛋白质合成可显著减少全身能量消耗。* $P < 0.05$,与常氧组比较

龟中,似乎包括脑在内的所有组织中均有明显的蛋白质合成的抑制作用[27]。实际上,在室温下将龟暴露于无氧 1~6 h 后,在所检查的任何组织(肠、心脏、肝、脑、肌肉和肺)中都不再能检测到蛋白质合成[27]。因此,与鲫鱼相比,龟的极端代谢抑制也反映在蛋白质合成水平上。

像许多暴露于低氧的动物一样[28],如果有机会,无氧金鱼(最有可能是无氧鲫鱼)会转移到较冷的水中[29],从而实现对代谢能量需求的整体抑制。在自然界,鲫鱼和金鱼可能只在接近 0 ℃的越冬期间暴露于无氧状态,因此通常在体温过低的情况下有助于无氧耐受。鲫鱼和彩龟在室温下耐受无氧 1~2 天的能力,显然是适应无氧越冬的表现。季节性和温度在鲫鱼的无氧耐受中的作用长期以来一直被低估或忽视,却是近年来讨论的一个主要焦点[30]。

9.3　代谢适应：乙醇产物或乳酸缓冲

鉴于彩龟和鲫鱼之间代谢抑制程度的明显差异，Lutz 和 Nilsson[12] 提出，有一个关键特征可以使鲫鱼在无氧状态下保持活性：它能够产生乙醇作为主要的无氧终产物，而龟则在无氧中积累乳酸。鲫鱼和金鱼在无氧条件下具有生产乙醇的异乎寻常的能力[31-33]。这种机制的明显优点是避免了乳酸酸中毒。与呼吸空气动物相比，鱼的血中碳酸盐缓冲能力非常有限。其原因是二氧化碳在水中的高溶解度，使二氧化碳排泄量需要达到一定的程度，即鱼血中的总碳酸盐含量通常仅为呼吸空气的脊椎动物的 10% 左右。实际上，由于鱼的血中缓冲能力低，如果鲫鱼必须处理高乳酸和高氢负荷，任何鱼都很难能耐受无氧。

乙醇生成途径似乎仅限于骨骼肌(红色和白色)，并分三步进行。首先，乳酸盐通过乳酸脱氢酶转化为丙酮酸；随后通过丙酮酸脱氢酶(PDH)将丙酮酸转化为乙醛；最后，通过醇脱氢酶(ADH)将乙醛转化为乙醇(见图 9-5)。PDH 是紧

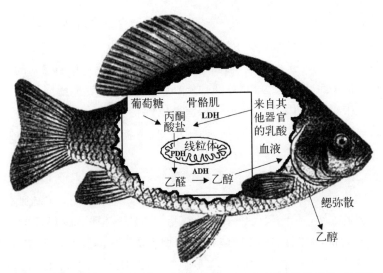

图 9-5　通过生产乙醇，鲫鱼避免了无氧期间乳酸和乳酸脱氢酶的累积。乙醇生成发生在鲫鱼骨骼肌中，丙酮酸盐(在肌肉中产生或来自血液中的乳酸)通过线粒体内膜中的丙酮酸脱氢酶(PDH)转化为乙醛和二氧化碳。进入细胞质后，乙醛通过乙醇脱氢酶(ADH)转化为乙醇。在鲫鱼中，ADH 局限于骨骼肌，这表明乙醇的产生只发生在这种组织中。乙醇的亲脂性使其能够自由地通过细胞膜。因此，乙醇从肌肉扩散到血液中，当乙醇到达鳃时，它弥散到环境水中

密偶联的三酶复合物，通常将丙酮酸转化为乙酰辅酶 A（进入柠檬酸循环）。在其他脊椎动物中，乙醛仅仅是结合于 PDH 复合物的中间体。因此，鲫鱼和金鱼中的乙醇生产途径似乎依赖于异常形式的 PDH，其在无氧期间以某种方式漏出乙醛[34]。目前正在进行分子研究，揭示了鲫鱼和金鱼肌肉组织中独特形式的 PDH 亚基的高表达。这些亚基不仅以正常的 PDH 形式存在，并且它们最有可能在无氧期间产生乙醛[35]。

鲫鱼和金鱼中，只有骨骼肌含有高水平的 ADH，因而包括脑在内的所有其他组织都必须在无氧状态下产生乳酸。血液中的乳酸盐被运输到肌肉，在那里它转化为乙醇。相比之下，非乙醇生产的脊椎动物在肝脏中具有最高的 ADH 活性，其与醛脱氢酶（ALDH）共存，并且在顺序反应中，ADH 和 ALDH 通过将其转化为乙酸盐来使摄入的乙醇解毒。这两种酶在鲫鱼组织中却不共存（大部分 ALDH 仍然存在于肝脏中），这是幸运的，因为 ALDH 其对乙缩醛的亲和力高于 ADH，否则 ALDH 会将乙醛直接转化为乙酸，从而绕过乙醇生成途径[33]。值得一提的是，夏季鲫鱼中乙醇脱氢酶的异常分布也得以保留，即使它不太可能面临无氧[36]。

乙醇很容易穿透细胞膜，因此可能不需要进一步的生物化学适应，乙醇只是从肌肉弥散到血液中，最后通过鳃弥散到达环境水。

至此，一个常见的问题是乙醇在鲫鱼血液中的含量有多高。换句话说，鱼会醉吗？答案是血液中的乙醇水平可能不会升高到足以显著抑制神经活动；稳态水平保持在 10 mmol/L 以下[37]，这相当于消耗 0.5～1.0 L 啤酒的人的血液乙醇水平。这可能需要无氧鲫鱼相对高的心输出量来提供足够的鳃灌注和乙醇排泄速率以避免中毒[18]。因此，在冬季，鲫鱼可以保持无氧，但不会喝醉。然而，维持无氧鲫鱼心输出量的其他作用必须包括将葡萄糖输送到无氧器官，并将乳酸盐移至肌肉中。

虽然乙醇生产允许鲫鱼在免受乳酸酸中毒的情况下忍受长期无氧，但它具有明显的能量缺陷：乙醇是一种富含能量的碳氢化合物，释放到水中会永远丢失。因此，为了在无氧条件下长期存活，秋季和冬季适应环境的鲫鱼具有巨大的糖原储备，可能比任何其他脊椎动物都大，并且似乎限制其无氧耐力的唯一因素是完全耗尽主要储存在肝脏中的糖原[5]。在秋末，肝糖原可构成鲫鱼肝脏质量的 30%，肝脏可占体重的 15%，而其糖原储存量在春季和夏季不到 1/10[38]。此外，肌肉，脑和心脏在秋季显示出非常高的糖原水平[14,38-40]。

然而，彩龟并没有产生乙醇的途径，即使有严重的代谢抑制，彩龟就可能不得不应对血液和组织中高达 200 mmol/L 的乳酸水平,它们必须通过骨和壳中的碳酸钙来缓冲[41]。实际上,数据表明不同彩龟物种的壳缓冲能力与它们抵抗无氧的能力相关,表明乳酸积累是龟无氧生存的一个限制因素[42]。

9.4 无氧时的脑活动

脊椎动物脑的能量需求通常非常高,因为每克脑的能量消耗大约是普通身体组织的 10 倍。在脑使用的能量中,超过 50% 用于维持离子梯度超过细胞膜所需的离子泵输送,这是电活动以及神经递质和代谢物转运的先决条件[43]。因此,抑制电活动策略理论上具有显著的节能效应。实际上,淡水龟似乎非常依赖这种策略。在无氧期间,龟脑电图实际上是一条扁平线,仅有少量小周期活动[44]。此外,通过脑中的电刺激实验诱导的电响应(诱发电位)在无氧龟中被强烈抑制[45-46]。

在鲫鱼中没有记录脑电图(由于水的运动引起的电气干扰),然而,它几乎不像龟在无氧状态中减少活动,鲫鱼在无氧状态仍保持活跃,显然需要将脑"开启"[12,47]。然而,无氧鲫鱼和金鱼的视力和听觉似乎受到抑制。因此,光诱发电位实际上在无氧的鲫鱼视网膜及其脑的视顶盖中消失[48]。同样,金鱼的听神经活动[49]在无氧期间受到强烈抑制。视觉和听觉在长期无氧冬季可能是不太重要的感觉,因此可以暂时牺牲。有趣的是,暴露于无氧的彩龟在视网膜中没有显示出对光诱发电位的深度抑制,这表明彩龟在无氧期间在保持视力上有一些优势[50],可能是由于彩龟需要视觉来检测冰层的消失,从而触发它们移动到水表面。

与无氧敏感的脊椎动物不同,在无氧期间彩龟和鲫鱼脑离子稳态,包括细胞外 $[K^+]$(见图 9-6)和细胞内 $[Ca^{2+}]$ 中没有或仅有轻微的上升[47,51-53]。在无氧期间,龟细胞内 $[Ca^{2+}]$ 的增加缓慢且相对较小,这可能是由缓解乳酸盐负荷所需的骨和龟壳破裂引起的细胞外 $[Ca^{2+}]$ 升高导致[54]。虽然非常高水平的细胞内 $[Ca^{2+}]$ 显然是致命的,但这种中度且可能控制的细胞内 $[Ca^{2+}]$(< 300 nmol/L)升高,实际上可以启动龟的神经保护机制[54-57]。哺乳动物研究表明,细胞内 $[Ca^{2+}]$ 过少可能具有细胞凋亡作用,神经元可能具有 $[Ca^{2+}]$ 生存窗[58-59]。

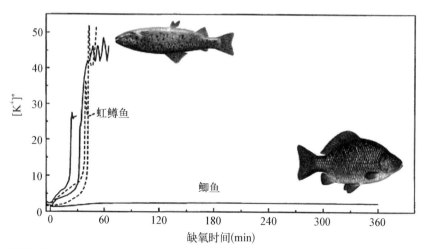

图9-6 暴露于10℃时无氧状态的虹鳟鱼和鲫鱼脑中K⁺的细胞外水平。值得注意的是，鲫鱼脑可耐受无氧，维持细胞外K⁺水平稳定。虹鳟鱼中细胞外K⁺的快速和大量上升（线条代表4个不同的个体）揭示了脑的总体无氧去极化，在无氧哺乳动物脑中可见类似情况。实际上，如果考虑到与温度相关的代谢率差异（10℃ *vs.* 37℃），去极化的时间与哺乳动物的时间相似

9.5 无氧代谢抑制的机制

9.5.1 直接感知能量缺乏

在能量受损的组织中，磷酸化腺苷酸（ATP、ADP和AMP）的净分解可激活保护机制，或者由磷酸化腺苷酸水平的变化引发，或者通过这些主要分解产物：腺苷。一些研究表明了腺苷在无氧耐受中的作用。腺苷被称为报复性代谢产物，因为它具有自己的一系列受体，启动了旨在减少代谢需求和增加能量供应的各种机制[60]。即使龟脑没有显示出ATP水平的任何剧烈变化，在无氧期间，脑ATP、ADP和AMP也会出现小但显著的下降[23]。由于磷酸化腺苷酸的这种净分解，暴露于无氧的龟脑中的细胞外腺苷水平增加了10倍（见图9-7）[61]。腺苷的增加只是暂时的，同时，腺苷引起脑血流量增加[20]。此外，已有报道腺苷导致细胞K⁺流出减少[63]，神经元传导和谷氨酸NMDA受体活性的下调[63-65]和谷氨酸外排的减少[66]（神经递质谷氨酸将在下面进一步讨论）。此外，如果腺苷A1受体在药理学上被抑制，龟脑就会在无氧状态快速去极化[67]。有研究结果还表明，腺苷可能通过参与调节下游细胞凋亡激酶的活性来抑制无氧诱导的龟

脑细胞凋亡[68]。因为腺苷作用能够使 ATP 满足能量需求,故可预测其在龟脑中的有效性。相比之下,在哺乳动物(或任何抗氧化敏感性脊椎动物)中,由腺苷激活的机制也可能存在,但是它们显然不足以在诸如无氧的剧烈事件期间维持能量平衡。

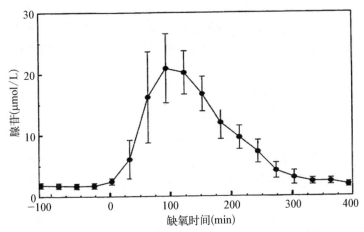

图 9 - 7 室温下暴露于无氧的海龟脑内抑制性神经调节剂腺苷的细胞外水平增加,使用微量透析技术监测腺苷水平

在鲫鱼的无氧生存中腺苷作用的证据不如龟稳定,微透析测量鲫鱼脑迄今未能检测细胞外腺苷的增加(Hylland 和 Nilsson,未发表)。原因之一可能是腺苷释放仅位于局部,微透析探针无法探测。例如,无氧诱导的鲫鱼脑血流量的增加很可能是由腺苷介导的,因为它可以通过用脑中腺苷受体阻滞剂氨茶碱过量补充来阻断。此外,向金鱼肝细胞中加入腺苷导致蛋白质合成和 Na^+/K^+-ATP 酶活性下降,表明其可诱导代谢抑制[69]。此外,金鱼小脑切片中的腺苷可以抑制谷氨酸释放[70]。最后,用腺苷受体阻滞剂氨茶碱处理鲫鱼导致无氧期间乙醇释放到水中的速度增加 3 倍(而对常氧状态的氧耗没有影响),表明腺苷在无氧代谢抑制中的重要作用[71]。

单磷酸腺苷活化蛋白激酶(AMPK)已被称为代谢主开关,特别是在哺乳动物心脏和肌肉中,由 AMP/ATP 比率增加所激活(即磷酸化)来感受细胞能量电荷。被磷酸化后,其可抑制合成代谢的无氧耗能及刺激能量产生的代谢途径。有人研究了无氧鲫鱼脑、金鱼肝脏以及无氧的斑马鱼胚胎,结果发现心脏和肝脏已显示磷酸化 AMPK 水平增高。细胞色素 C 药物性抑制无氧鲫鱼中 AMPK 活性引起乙醇(即代谢速率)的显著增加和细胞能量电荷的下降,但这些变化相对适度并且在无氧期间不会导致死亡。因此,至少在鲫鱼中,AMPK 在激活关键的无氧存活机制中起着重要却有限的作用。

由 ATP 调节的钾离子通道(K_{ATP}通道)在许多(可能是所有)脊椎动物中发生,在低 ATP 水平反应性开放。K_{ATP}通道开放和腺苷 A1 受体活化可能相关,并且它们似乎参与介导无氧龟神经元中的 K^+ 通量降低。K_{ATP}通道的开放导致 K^+ 通量的减少似乎是自相矛盾的,但如果 K_{ATP}通道是参与兴奋性神经传递的超极化结构,则最终结果可能是抑制了脑的电活动。线粒体膜中也存在 K_{ATP}通道样活性,研究表明无氧海龟皮层中这种线粒体电流的激活使线粒体解耦,并使得线粒体 Ca^{2+} 的摄取减少,增加了细胞内 Ca^{2+} 浓度,这反过来又作用于降低 NMDA 型兴奋性谷氨酸受体的活性。关于鱼类,一项研究表明线粒体和细胞膜 K_{ATP}通道在室温下对无氧金鱼心脏具有保护作用。但是这些通道在鲫鱼心脏的耐无氧性中似乎没有发挥任何显著作用,至少在低温下不是。此外,K^+ 通道阻断剂格列本脲对鲫鱼脑内 K^+ 稳态无明显影响。因此,目前有充分的证据表明,K_{ATP}通道在淡水龟无氧存活中的作用是显著的,虽然作用也许有限,但这种作用在鲫鱼中并不确定。

9.5.2 离子通道

由于离子泵是神经元中主要的耗能过程,直接降低离子渗透性可以带来可观的节能效果。20 多年前提出了这种策略[72-73],通常被称为"通道阻滞"。在此之前并未证明该过程存在。第 7 章讨论了"通道阻滞"在潜水动物中可能发挥的作用。减少离子通道活动似乎并没有在鲫鱼的无氧防御中起主要作用,但很明显龟类的无氧耐受性至少部分依赖于神经元膜上 K^+、Na^+ 和 Ca^{2+} 通量地显著下调[74-76],尽管称其为"停滞"似乎过度。例如,无氧龟小脑中电压门控 Na^+ 通道密度降低 40%[75]。电压门控 Na^+ 通道的密度降低可能是无氧龟脑中动作电位阈值增加的原因[77]。

脑中大部分离子通量通过配体门控离子通道发生,配体通常是各种神经递质。因此,这些包括许多神经递质受体下调或允许 Na^+ 和 Ca^{2+} 进入神经元的兴奋性配体门控通道将减少神经活动,从而减少 ATP 的使用。关于无氧龟,最佳研究的配体门控通道是 NMDA 谷氨酸受体。这是一种高通量阳离子通道,对 Ca^{2+} 具有高渗透性。在无氧/缺血性哺乳动物脑中,这种受体由不受控制的谷氨酸释放过度刺激导致大量的 Ca^{2+} 流入,从而激活一系列死亡过程(参见 Lipton,1999 年的综述)。在龟脑中,无氧期间 NMDA 受体活性降低(见图 9-8)[54,78]。这种下调的可能介质包括磷酸酶 1 或 2A[56]、腺苷受体[63],以及最近的 K_{ATP}通道[79]。将腺苷应用于龟脑切片导致 NMDA 受体开放率和全细胞电导减少[63-64,80]。然而,最近的数据已经淡化了腺苷在无氧期间抑制NMDA受体活性的作用[65]。除了NMDA受体之外,还发现AMPA型(另一种主要的外源性阳离子通道)的谷氨酸受体的电导率在无氧性海龟脑中被降低[81]。

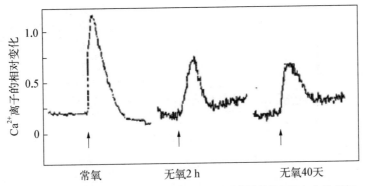

图 9-8 通过刺激脑片切片中的NMDA谷氨酸受体诱导的细胞内Ca^{2+}增加,保持在含氧量正常的条件下或暴露于无氧2 h或40天。箭头示受体激动剂NMDA的应用

在鲫鱼中,神经K^+或Ca^{2+}的通透性或通量似乎在无氧期间得以维持(见图9-9)[53,47]。对无氧1周(12 ℃)鲫鱼兴奋性神经传递相关基因的表达研究表明,维持电压门控Ca^{2+}通道和AMPA受体的表达,电压门控Na^+通道上调50%,NMDA受体的某些亚基下调50%[82]。因此,这项研究没有给出在基因表达水平上兴奋性神经传递广泛减少的迹象。然而,对金鱼进行的一项研究证实了NMDA受体功能下降的迹象。针对来自端脑切片的全细胞膜片钳技术发现,在急性无氧40 min内,NMDA受体活性降低了40%～50%[83]。值得一提的是,鲫鱼NR-1亚基的氨基酸序列是所有NMDA受体功能的关键元素,与其他脊椎动物非常相似,表明鲫鱼的无氧耐受性不依赖于任何脊椎动物。主要的结构变化导致这种主要兴奋性受体的功能改变[82]。

尽管"通道阻滞"可能是无氧彩龟进入近昏迷状态机制的重要组成部分,离子通道活性地显著降低可能与无氧鲫鱼所显示的相对高水平的神经活动不相容。这导致我们采用更快,更有活力的方法,通过这些方法可以改变脑中的神经活动和能量消耗:神经递质释放的变化。

9.5.3 神经递质

无氧不耐受的脑中一个主要的致命性的问题即兴奋性神经递质,如谷氨酸和多巴胺释放到细胞外空间[60,84],这一事件也发生在无氧敏感鱼类的脑中[85]。

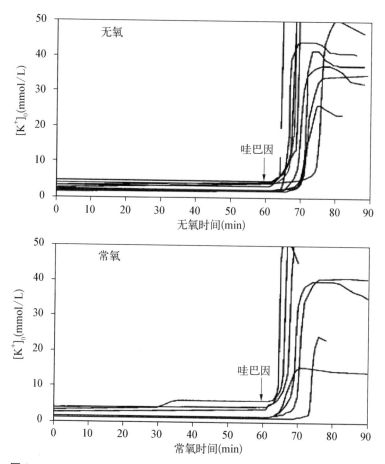

图 9-9 无氧引起的鲫鱼脑 K^+ 渗透性缺乏变化该图显示暴露于常氧和无氧条件下，哇巴图诱导的几种鲫鱼的脑细胞外 K^+ 水平的增加（每条线代表一条鱼）。哇巴图是 Na^+/K^+ 泵的选择性抑制剂，当 Na^+/K^+ 泵被抑制时，K^+ 的流出量应与脑细胞的 K^+ 渗透性相关。常氧和无氧之间，鱼缺乏显著差异，表明 K^+ 渗透性在无氧条件下得以维持

谷氨酸是脊椎动物脑中最丰富的兴奋性神经递质，任何细胞外谷氨酸的增加都可能刺激神经活动，从而增加能量消耗，这正是无氧时脑需要避免的。谷氨酸激活的受体包括上述 NMDA 和 AMPA 受体，而对于哺乳动物的脑，结果可能是 Ca^{2+} 不受控制的流入神经元，从而激活各种致命过程[60]。相比之下，人们发现鲫鱼和淡水龟的脑在无氧期间维持正常的细胞外谷氨酸水平[86-87]。类似地，大多数多巴胺受体是兴奋性的，对龟脑的研究表明多巴胺水平在无氧期间也保持不变[88]。

相比之下，γ-氨基丁酸（GABA）是脊椎动物脑中的主要抑制性神经递质。

它激活离子通道,增加膜对 Cl^-(通过 $GABA_A$ 受体)或 K^+(通过 $GABA_B$ 受体)的电导。在这两种情况下,结果通常是膜电位的超极化或去极化。因此,GABA与谷氨酸起完全相反的作用,因为它抑制膜去极化和动作电位的形成。不足为奇,$GABA_A$ 受体是大多数全身麻醉药物的靶点[89]。无氧耐受脊椎动物无氧时细胞外 GABA 水平升高。在彩龟中,GABA 的升高非常显著,在 6 h 内达到正常氧水平的 80 倍(见图 9-10)[86]。在如此高的水平下,GABA 有望发挥内源性麻醉剂的作用介导无氧彩龟的近昏迷状态。鲫鱼的脑显示出细胞外 GABA 的更温和及更多变量的增加,在 10 ℃无氧 6 h 后,显示平均增加 50%[87]。因此,对于无氧鲫鱼来说,GABA 可能起镇静剂作用,而不是麻醉剂作用。值得注意的是,长期以来,在人类中麻醉一直用于对抗脑低氧或脑外伤的有害影响。无氧彩龟和鲫鱼脑中 GABA 水平的升高表明有这种治疗具有进化先例。

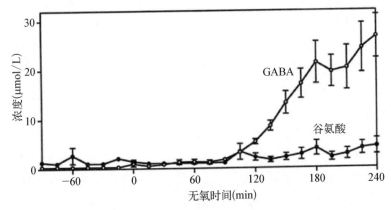

图 9-10 无氧时龟脑内抑制性神经递质 γ 氨基丁酸(GABA)和兴封行神经递质谷氨酸的细胞外水平变化。用微透析法检测神经递质水平发现,虽然 GABA 水平升高了 80 倍,但谷氨酸的水平并没有明显变化[86]

室温下彩龟暴露于无氧 24 h,GABA 的增加伴随着 $GABA_A$ 受体数量的增加,进一步增加 GABA 的抑制作用[90]。相比之下,对鲫鱼 GABA 能神经传递的许多成分基因表达的研究[91]显示,在 8 ℃无氧 1～7 天后,$GABA_A$ 受体亚基的mRNA 水平略有下降,这再次表明相较于龟脑,无氧鲫鱼脑中 GABA 抑制更为轻微。在鲫鱼中,阻断 GABA 受体或 GABA 合成使得鱼在无氧期间释放的乙醇量增加了三倍,这表明 GABA 在无氧鲫鱼中引发全身代谢抑制的重要作用[92]。

当使用微透析测量鲫鱼脑中的细胞外 GABA 水平时,Hylland 和 Nilsson[87]发现流动的高[K^+]盐水溶液通过微透析探针(迫使探针周围的细胞去极化)可导致细胞外 GABA 水平升高 14 倍,而谷氨酸只增加 1 倍[87]。因此,鲫鱼脑中 GABA 释放的潜力似乎远高于谷氨酸。此外,当鲫鱼脑中通过阻断碘乙酸的糖酵解(导致神经 ATP 水平下降)而被迫进入能量缺乏时,它比谷氨酸更快且更大规模地释放 GABA(30 min 后增加 10 倍,2 h 后增加 3 倍)[87]。因此,当面临能量缺乏时,鲫鱼脑中可能具有第二道防线:以 GABA 释放形式出现的"紧急制动",强烈抑制神经活动并使 ATP 水平得以恢复。在无氧期间无氧耐受性脊椎动物中观察到的细胞外 GABA 水平升高的机制尚不清楚,当我们处理脑这样的复杂器官时,这并不奇怪。目前认为存在两种机制,一是涉及从细胞外空间抑制 GABA 再摄取:无氧诱导的基因表达变化的研究发现 GAT2 家族中转运蛋白的 mRNA 水平改变,其负责 GABA 再摄取的主要部分,在无氧期间下降了约 75%;其二是 GABA 和谷氨酸之间紧密的代谢相互关系。GABA 是由谷氨酸脱羧酶直接与谷氨酸合成的。相比之下,谷氨酸的合成和 GABA 的分解都与氧依赖的代谢过程有关,这是因为此代谢过程在所有动物均常见,无氧组织中 GABA 的浓度升高,而谷氨酸的浓度下降,并且变化速率取决于 GABA 和谷氨酸池的大小和周转[13,93]。例如,在 8 ℃暴露于 17 天无氧的鲫鱼中,GABA 的全脑含量增加了 5 倍,谷氨酸的含量也相应下降[5]。这些组织水平的长期变化可能会反映在细胞外水平的类似变化。

关于 GABA 和谷氨酸的代谢相互关系,值得注意的是,GABA 是主要的抑制性神经递质而谷氨酸是主要的兴奋性神经递质,不仅在所有脊椎动物中,而且在许多无脊椎动物中亦如此,包括原始群体如扁虫[94-98]。因此,GABA 和谷氨酸的对立作用似乎在进化早期即被固定,随后维持。Nilsson 和 Lutz[13]认为低氧是潜在的选择压力,优势在于低氧时抑制性神经递质水平自动升高,兴奋性神经递质水平下降,提供启动和维持低氧代谢抑制的机制。

9.6 结论

本章重点阐述了脊椎动物中无氧耐受性的最佳研究实例,北美洲的淡水龟属彩龟,以及鲫鱼属的欧亚鲤科鱼类(鲫鱼和金鱼)。图 9 - 11 显示龟类的无氧生存策略和鱼类的相似和差异之处,它们都在冰覆盖的无氧淡水栖息地中越冬而产生无氧耐受性。通过平衡 ATP 消耗与糖酵解 ATP 产生,二者均在无氧期间保护其脑 ATP 水平,允许其维持离子稳态,从而避免神经细胞去极化,这种去极化在无氧敏感的动物如哺乳动物中可引发一系列致命性问题。

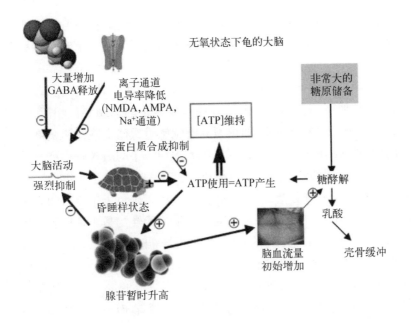

无氧状态下龟的大脑

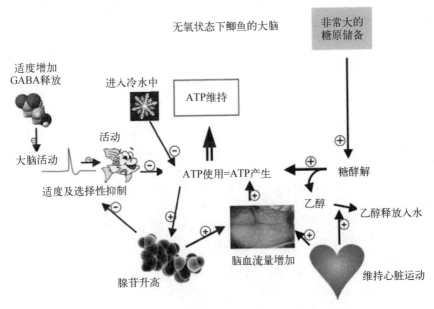

无氧状态下鲫鱼的大脑

图 9-11 淡水龟和鲫鱼的脑在无氧状态下存活的主要机制概述

　　然而,彩龟和鲫鱼的能量保护方式存在很大不同。彩龟显著抑制了脑和心脏的活动:寒冷无氧时,彩龟的心脏每分钟只能跳动一次;龟中的神经抑制最初是通过腺苷释放实现的,而后通过抑制性神经递质 GABA 的大量释放来维持,并结合离子通道电导的下调，包括哺乳动物中的 NMDA 受体，其导致许多不需要的离子通量关闭。在无氧期间，龟基本上麻醉自身并且在无氧期间变得几乎昏迷。

相比之下，鲫鱼在无氧状态下保持活跃，尽管活跃水平较低。除 NMDA 受体外，鲫鱼和金鱼似乎不会抑制离子传导或释放大量的 GABA。相反，它们上调糖酵解并下调选定的神经功能，如视力和听觉感觉黑暗等在无氧的冬季可能不太重要的功能。GABA 活性适度、有规律的增加似乎与鲫鱼脑中能量消耗的抑制程度有关，可将鲫鱼脑中的能量抑制到仍然与某些身体活动相匹配的水平。鲫鱼属有产生乙醇作为主要无氧终产物的能力，从而避免了龟类必须处理巨大乳酸负荷的问题，可能是允许这些鱼在无氧中维持活性的最重要因素。因为龟在无氧期间缺乏处理无氧终产物的能力，其必须将新陈代谢降至最低，并通过从骨骼和壳中释放碳酸盐来提高其血液缓冲能力，以适应不断上升的乳酸水平。

正如在本章开头所指出的那样，彩龟和鲫鱼证明了进化已经解决了长期无氧生存的问题，而生物医学科学同样的尝试却遭受阻碍而令人失望，进展缓慢。显然，对这些动物无氧耐受性的研究，为探寻允许无氧状态长期存活的适应性生理学、生物化学及分子机制提供了独特的机会。

（李宁、李庆云，译）

参 考 文 献

1　Holopainen I J, Hyvärinen H. Ecology and physiology of crucian carp [Carassius carassius (L.)] in small Finnish ponds with anoxic conditions in winter[J]. Verh Internat Verein Limnol, 1985, 22: 2566 - 2570.

2　Ultsch G R. Ecology and physiology of hibernation and overwintering among freshwater fishes, turtles and snakes[J]. Biol Rev, 1989, 64: 435 - 516.

3　Ultsch G R. Jackson D C. Long-term submergence at 3 ℃ of the turtle Chrysemys picta belli in normoxic and severely hypoxic water I. Survival, gas exchange and acid-base status[J]. J Exp Biol, 1982, 96: 11 - 28.

4　Ultsch G R. The viability of nearctic freshwater turtles submerged in anoxia and normoxia at 3 and 10 ℃ [J]. Comp Biochem Physiol, 1985, 81A: 607 - 611.

5　Nilsson G E. Long term anoxia in crucian carp, changes in the levels of amino acid and monoamine neurotransmitters in the brain, catecholamines in chromaffin tissue, and liver glycogen[J]. J Exp Biol, 1990, 150: 295 - 320.

6　Warren D E, Reese S A, Jackson D C. Tissue glycogen and extracellular buffering limit the survival of red-eared slider turtles during anoxic submergence at 3 ℃ [J]. Physiol Biochem Zool, 2006, 79: 736 - 744.

7　Van Raaij M T M, Breukel B J, van den Thillart G E E J M, et al. Lipid metabolism of goldfish, Carassius auratus (L.) during normoxia and anoxia. Indications for fatty acid chain elongation[J]. Comp Biochem Physiol, 1994, 107B: 75-84.

8　Congleton J L. The respiratory response of asphyxia of Typhlogobius californiensis (Teleostei, Gobiidae) and some related gobies[J]. Biol Bull, 1974, 146: 186-205.

9　Podrabsky J E, Lopez J P, Fan T W M, et al. Extreme anoxia tolerance in embryos of the annual killifish Austrofundulus limnaeus, insights from a metabolomics analysis[J]. J Exp Biol, 2007, 210: 2253-2266.

10　Nilsson G E, Lutz P L. Anoxia tolerant brains[J]. J Cereb Blood Flow Met, 2004, 24: 475-486.

11　Hochachka P W, Somero G N. Biochemical adaptation: mechanism and process in physiological evolution[M]. New York: Oxford University Press, 2002.

12　Lutz P L, Nilsson G E. Contrasting strategies for anoxic brain survival: glycolysis up or down[J]. J Exp Biol, 1997, 200: 411-419.

13　Nilsson G E, Lutz P L. Role of GABA in hypoxia tolerance, metabolic depression and hibernation - possible links to neurotransmitter evolution[J]. Comp Biochem Physiol, 1993, 105C: 329-336.

14　Vornanen M, Paajanen V. Seasonal changes in glycogen content and Na^+-K^+-ATPase activity in the brain of crucian carp[J]. Am J Physiol Regul Integr Comp Physiol, 2006, 291: R1482-R1489.

15　Hicks J M, Farrell A P. The cardiovascular responses of the red eared slider (Trachemys scripta) acclimated to either 22 or 5 ℃. I. Effects of anoxia exposure on in vivo cardiac performance[J]. J Exp Biol, 2000, 203: 3765-3774.

16　Hicks J M, Farrell A P. The cardiovascular responses of the red eared slider (Trachemys scripta). acclimated to either 22 or 5 ℃. II. Effects of anoxia on adrenergic and cholinergic control[J]. J Exp Biol, 2000, 203: 3775-3784.

17　Stecyk J A W, Overgaard J, Farrell A P, et al. Alpha-adrenergic regulation of systemic peripheral resistance and blood flow distribution in the turtle Trachemys scripta during anoxic submergence at 5 ℃ and 21 ℃[J]. J Exp Biol, 2004, 207: 269-283.

18　Stecyk J A W, Stensløkken K O, Farrell A P, et al. Maintained cardiac pumping in anoxic crucian carp[J]. Science, 2004, 306: 77.

19　Nilsson G E, Hylland P, Löfman C O. Anoxia and adenosine induce increased cerebral blood flow in crucian carp[J]. Am J Physiol Regul Integr Comp Physiol, 1994, 267: R590-R595.

20　Hylland P, Nilsson G E, Lutz P L. Time course of anoxia induced increase in cerebral blood flow rate in turtles: evidence for a role of adenosine[J]. J Cereb Blood Flow Metab, 1994, 14: 877-881.

21　Jackson D C. Metabolic depression and oxygen depletion in the diving turtle[J]. J Appl Physiol, 1968, 24: 503-509.

22　Van Waversveld J, Addink A D F, van den Thillart G. Simultaneous direct and indirect calorimetry on normoxic and anoxic goldfish[J]. J Exp Biol, 1989, 142: 325-335.

23　Lutz P L, McMahon P'Rosenthal M, et al. Relationships between aerobic and anaerobic energy production in turtle brain in situ [J]. Am J Physiol Regul Integr Comp Physiol, 1984, 247: R740-R744.

24　Storey K B. Metabolic adaptations supporting anoxia tolerance in reptiles, recent advances[J]. Comp Biochem Physiol, 1996, 113B: 23-35.

25 Johansson D, Nilsson G E. Roles of energy status, KATP channels, and channel arrest in fish brain K$^+$ gradient dissipation during anoxia[J]. J Exp Biol, 1995, 198: 2575 - 2580.

26 Smith R W, Houlihan D F, Nilsson G E, et al. Tissue specific changes in protein synthesis rates in vivo during anoxia in crucian carp[J]. Am J Physiol Regul Integr Comp Physiol, 1996, 271: R897 - R904.

27 Fraser K P, Houlihan D F, Lutz P L, et al. Complete suppression of protein synthesis during anoxia with no post-anoxia protein synthesis debt in the red-eared slider turtle Trachemys scripta elegans[J]. J Exp Biol, 2001, 204: 4353 - 4360.

28 Wood S C, Dupre R K, Hicks J W. Voluntary hypothermia in hypoxic animals[J]. Acta Physiol Scand, 1985, 124 (Suppl. 542): 46.

29 Rausch R N, Crawshaw L I, Wallace H L. Effects of hypoxia, anoxia, and endogenous ethanol on thermoregulation in goldfish, Carassius auratus[J]. Am J Physiol Regul Integr Comp Physiol, 2000, 278: R545 - R555.

30 Vornanen M, Stecyk J A, W Nilsson G E. Chapter 9 The anoxia-tolerant crucian carp (Carassius carassius L.)//Fish Physiology, Hypoxia[M]. Richards J G, Farrell A P, Brauner C. Amsterdam: Elesevier/Academic Press, 2009.

31 Shoubridge E A, Hochachka P W. Ethanol, novel endproduct in vertebrate anaerobic metabolism[J]. Science, 1980, 209: 308 - 309.

32 Johnston I A, Bernard L M. Utilization of the ethanol pathway in carp following exposure to anoxia [J]. J Exp Biol, 1983, 104: 73 - 78.

33 Nilsson G E. A comparative study of aldehyde dehydrogenase and alcohol dehydrogenase activity in crucian carp and three other vertebrates, apparent adaptations to ethanol production[J]. J Comp Physiol, 1988, B158: 479 - 485.

34 Mourik J, Raeven P, Steur K, et al. Anaerobic metabolism of red skeletal muscle of goldfish, Carassius auratus (L.)[J]. FEBS Lett, 1982, 137: 111 - 114.

35 Fagernes C, Ellefsen S, Stenslokken K O, et al. Molecular background to ethanol production in crucian carp (Carassius carassius)[J]. Comp Biochem Physiol, 2008, 150A (Suppl. 1): S112.

36 Nilsson G E. Distribution of aldehyde dehydrogenase and alcohol dehydrogenase in summer acclimatized crucian carp (Carassius carassius L.)[J]. J Fish Biol, 1990, 36: 175 - 179.

37 Van Waarde A, van den Thillart G, Verhagen M. Ethanol formation and pH regulation in fish // Surviving hypoxia, mechanisms of control and adaptation[M]. Hochachka P W, Lutz P L, Sick T, et al. Boca Raton: CRC Press, 1993: 157 - 170.

38 Hyvärinen H, Holopainen I J, Piironen J. Anaerobic wintering of crucian carp (Carassius carassius L.). I. Annual dynamics of glycogen reserves in nature[J]. Comp Biochem Physiol, 1985, 82A: 797 - 803.

39 Vornanen M. Seasonal adaptation of crucian carp (Carassius carassius L.). heart, glycogen stores and lactate dehydrogenase activity[J]. Can J Zool, 1994, 72: 433 - 442.

40 Vornanen M, Paajanen V. Seasonality of dihydropyridine receptor binding in the heart of an anoxia-tolerant vertebrate, the crucian carp (Carassius carassius L.)[J]. Am J Physiol Regul Integr Comp Physiol, 2004, 287: R1263 - R1269.

41 Jackson D C. Hibernation without oxygen, physiological adaptations in the painted turtle[J]. J

Physiol, 2002, 543, 731 - 737.

42　Jackson D C, Taylor S E, Asare V S, et al. Comparative shell buffering properties correlate with anoxia tolerance in freshwater turtles[J]. Am J Physiol Regul Integr Comp Physiol, 2007, 292: R1008 - R1015.

43　Erecinska M, Silver I A. Ions and energy in mammalian brain[J]. Prog Neurobiol, 1994, 43: 37 - 71.

44　Fernandes J A, Lutz P L, Tannenbaum A, et al. Electroencephalogram activity in the anoxic turtle brain[J]. Am J Physiol Regul Integr Comp Physiol, 1997, 273: R911 - R919.

45　Feng Z C, Rosenthal M, Sick T J. Suppression of evoked potentials with continued ion transport during anoxia in turtle brain[J]. Am J Physiol Regul Integr Comp Physiol, 1988, 255: R478 - R484.

46　Feng Z C, Sick T J, Rosenthal M. Orthodromic field potentials and recurrent inhibition during anoxia in turtle brain[J]. Am J Physiol Regul Integr Comp Physiol, 1988, 255: R485 - R491.

47　Nilsson G E. Surviving anoxia with the brain turned on[J]. News Physiol Sci, 2001, 16: 218 - 221.

48　Johansson D, Nilsson G E, Døving K B. Anoxic depression of light-evoked potentials in retina and optic tectum of crucian carp[J]. Neurosci Lett, 1997, 237: 73 - 76.

49　Suzue T, Wu G B, Furukawa T. High susceptibility to hypoxia of afferent synaptic transmission in the goldfish sacculus[J]. J. Neurophysiol, 1987, 58: 1066 - 1079.

50　Stensløkken K O, Milton S L, Lutz P L, et al. Effect of anoxia on the electroretinogram of three anoxia-tolerant vertebrates[J]. Comp Biochem Physiol, 2008, 150A: 395 - 403.

51　Sick T J, Rosenthal M, LaManna J C, et al. Brain potassium homeostasis, anoxia, and metabolic inhibition in turtles and rats[J]. Am J Physiol Regul Integr Comp Physiol, 1982, 243: R281 - R288.

52　Nilsson G E, Pérez-Pinzón M, Dimberg K, et al. Brain sensitivity to anoxia in fish as reflected by changes in extracellular potassium-ion activity[J]. Am J Physiol Regul Integr Comp Physiol, 1993, 264: R250 - R253.

53　Johansson D, Nilsson G E, Törnblom E. Effects of anoxia on energy metabolism in crucian carp brain slices studied with microcalorimetry[J]. J Exp Biol, 1995, 198: 853 - 859.

54　Bickler P E. Reduction in NMDA receptor activity in cerebrocortex of turtles (Chrysemys picta) during 6 wk of anoxia[J]. Am J Physiol Regul Integr Comp Physiol, 1998, 275: R86 - R91.

55　Bickler P E, Hansen B M. Hypoxia-intorerant neonatal CA1 neurons: relationship of survial to evoked glutamate release and glutamate receptor-mediated calcium changes in hippocampal slices[J]. Dev. Brain. Res, 1998, 106: 57 - 69.

56　Bickler P E, Donohoe P H. Adaptive responses of vertebrate neurons to hypoxia[J]. J Exp Biol, 2002, 205: 3579 - 3586.

57　Bickler P E. Clinical perspectives, neuroprotection lessons from hypoxia-tolerant organisms[J]. J Exp Biol, 2004, 207: 3243 - 3249.

58　Johnson E M Jr, Koike T, Franklin J. A 'calcium set-point hypothesis' of neuronal dependence on neurotrophic factor[J]. Exp Neurol, 1992, 115: 163 - 166.

59　Zipfel G J, Babcock D J, Lee J M, et al. Neuronal apoptosis after CNS injury, the roles of glutamate and calcium[J]. J Neurotrauma, 2000, 17: 857 - 869.

60　Lipton P. Ischemic cell death in brain neurons[J]. Physiol Rev, 1999, 79: 1431 - 1568.

61　Nilsson G E, Lutz P L. Adenosine release in the anoxic turtle brain, a possible mechanism for anoxic survival[J]. J Exp Biol, 1992, 162: 345 - 351.

62 Pek M, Lutz P L. Role for adenosine in 'channel arrest' in the anoxic turtle brain[J]. J Exp Biol, 1997, 200: 1913 - 1917.

63 Buck L T, Bickler P E. Adenosine and anoxia reduce N-methyl-D-aspartate receptor open probability in turtle cerebrocortex[J]. J Exp Biol, 1998, 201: 289 - 297.

64 Ghai H S, Buck L T. Acute reduction in whole cell conductance in anoxic turtle brain[J]. Am J Physiol Regul Integr Comp Physiol, 1999, 277: R887 - R893.

65 Pamenter M E, Shin D S, Buck L T. Adenosine A1 receptor activation mediates NMDA receptor activity in a pertussis toxin-sensitive manner during normoxia but not anoxia in turtle cortical neurons [J]. Brain Res, 2008, 1213: 27 - 34.

66 Milton S L, Thompson J W, Lutz P L. Mechanisms for maintaining extracellular glutamate in the anoxic turtle striatum[J]. Am J Physiol Regul Integr Comp Physiol, 2002, 282: R1317 - R1323.

67 Pérez-Pinzón M A, Lutz P L, Sick T, et al. Adenosine, a 'retaliatory' metabolite, promotes anoxia tolerance in turtle brain[J]. J Cereb Blood Flow Metab, 1993, 13: 728 - 732.

68 Milton S L, Dirk L J, Kara L F, et al. Adenosine modulates ERK1/2, PI3K/Akt, and p38MAPK activation in the brain of the anoxia-tolerant turtle Trachemys scripta[J]. J Cereb Blood Flow Metab, 2008, 28: 1469 - 1477.

69 Krumschnabel G, Biasi C, Wieser W. Action of adenosine on energetics, protein synthesis and K^+ homeostasis in teleost hepatocytes[J]. J Exp Biol, 2000, 203: 2657 - 2665.

70 Rosati A M, Traversa U, Lucchi R, et al. Biochemical and pharmacological evidence for the presence of A1 but not A2a adenosine receptors in the brain of the low vertebrate teleost Carassius auratus (goldfish)[J]. Neurochem Int, 1995, 26: 411 - 423.

71 Nilsson G E. The adenosine receptor blocker aminophylline increases anoxic ethanol production in crucian carp[J]. Am J Physiol Regul Integr Comp Physiol, 1991, 261: R1057 - R1060.

72 Hochachka P W. Defense strategies against hypoxia and hypothermia [J]. Science, 1986, 231: 234 - 241.

73 Lutz P L, Rosenthal M, Sick T. Living without oxygen, turtle brain as a model of anaerobic metabolism[J]. Mol Physiol, 1985, 8: 411 - 425.

74 Bickler P E. Cerebral anoxia tolerance in turtles, regulation of intracellular calcium and Ph[J]. Am J Physiol Regul Integr Comp Physiol, 1992, 263: R1298 - R1302.

75 Peréz-Pinzón M A, Rosenthal M, Sick T J, et al. Down-regulation of sodium channels during anoxia, a putative survival strategy of turtle brain[J]. Am J Physiol Regul Integr Comp Physiol, 1992, 262: R712 - R715.

76 Pek M, Lutz P L. K^+ ATP channel activation provides transient protection in anoxic turtle brain[J]. Am J Physiol Regul Integr Comp Physiol, 1998, 275: R2023 - R2027.

77 Sick T J, Pérez-Pinzón M, Lutz P L, et al. Maintaining coupled metabolism and membrane function in anoxic brain, a comparison between the turtle and rat[M]//Surviving hypoxia, mechanisms of control and adaptation. Hochachka P W, Lutz P L, Sick T. Boca Raton: CRC Press, 1993, 351 - 363.

78 Bickler P E, Donohoe P H, Buck L. T. Hypoxia-induced silencing of NMDA receptors in turtle neurons[J]. J Neurosci, 2000, 20: 3522 - 3528.

79 Pamenter M E, Shin D S, Cooray M, et al. Mitochondrial ATP-sensitive K^+ channels regulate

NMDAR activity in the cortex of the anoxic western painted turtle[J]. J Physiol, 2008, 586: 1043 - 1058.

80　Buck L T, Bickler P E. Role of adenosine in NMDA receptor modulation in the cerebral-cortex of an anoxia-tolerant tutle (Chrysemys picta belli)[J]. J Exp Biol, 1995, 198: 1621 - 1628.

81　Pamenter M E, Shin D S, Buck L T. AMPA receptors undergo channel arrest in the anoxic turtle cortex[J]. Am J Physiol Regul Integr Comp Physiol, 2008, 294: R606 - R613.

82　Ellefsen S, Sandvik G K, Larsen H K, et al. Expression of genes involved in excitatory neurotransmission in anoxic crucian carp (Carassius carassius) brain[J]. Physiol. Genomics, 2008, 35: 5 - 17.

83　Wilkie M P, Pamenter M E, Alkabie S, et al. Evidence of anoxia-induced channel arrest in the brain of the goldfish (Carassius auratus)[J]. Comp Biochem Physiol, 2008, 148C: 355 - 362.

84　Lutz P L, Nilsson G E. Prentice H. The brain without oxygen[M]. 3rd ed. Dordrecht: Kluwer Academic Publishers, 2003.

85　Hylland P, Nilsson G E, Johansson D. Anoxic brain failure in an ectothermic vertebrate, release of amino acids and K^+ in rainbow trout thalamus[J]. Am J Physiol Regul Integr Comp Physiol, 1995, 269: R1077 - R1084.

86　Nilsson G E, Lutz P L. Release of inhibitory neurotransmitters in response to anoxia in turtle brain [J]. Am J Physiol Regul Integr Comp Physiol, 1991, 261: R32 - R37.

87　Hylland P, Nilsson G E. Extracellular levels of amino acid neurotransmitters during anoxia and forced energy deficiency in crucian carp brain[J]. Brain Res, 1999, 823: 49 - 58.

88　Milton S L, Lutz P L. Low extracellular dopamine levels are maintained in the anoxic turtle brain[J]. J Cereb Blood Flow Metab, 1998, 18: 803 - 807.

89　Franks N P. General anaesthesia, from molecular targets to neuronal pathways of sleep and arousal [J]. Nature Rev Neurosci, 2008, 9: 370 - 386.

90　Lutz P L, Leone-Kabler S A. Upregulation of GABAA receptor during anoxia in the turtle brain[J]. Am J Physiol Regul Integr Comp Physiol, 1995, 268: R1332 - R1335.

91　Ellefsen S, Stenslokken K O, Fagernes C E, et al. Expression of genes involved in GABAergic neurotransmission in anoxic crucian carp brain (Carassius carassius)[J]. Physiol Genomics, 2009, 36: 61 - 68.

92　Nilsson G E. Evidence for a role of GABA in metabolic depression during anoxia in crucian carp (Carassius carassius L.)[J]. J Exp Biol, 1992, 164: 243 - 259.

93　Stensløkken K O, Ellefsen S, Stecyk J A W, et al. Differential regulation of AMP-activated kinase and AKT kinase in response to oxygen availability in crucian carp (Carassius carassius)[J]. Am J Physiol Regul Integr Comp Physiol, 2008, 295: R1803 - R1814.

94　Gerschenfeld H M. Chemical transmission in invertebrate central nervous systems and neuromuscular junctions[J]. Physiol Rev, 1973, 53: 1 - 119.

95　Usherwood P N R. Amino acids as neurotransmitters[J]. Adv Comp Physiol Biochem, 1978, 7: 227 - 309.

96　Koopowitz H, Keenan L. The primitive brain of platyhelminthes[J]. Trends Neurosci, 1982, 5: 77 - 79.

97　McGeer P L, McGeer E G. Amino acid neurotransmitters[M]//Basic neurochemistry. Siegel G J,

Agranoff B, Alberts R W. New York: Raven Press, 1989: 311 – 332.

98 Restifo L L, White K. Molecular and genetic approaches to neurotransmitter and neuromodulator systems in Drosophila[M] // Advances in Insect Physiology. Evans P D, Wigglesworth V B. London: Academic Press, 1990: 115 – 219.

索 引